"十二五"职业教育国家规划教材
经全国职业教育教材审定委员会审定

QITI JIEGOU

砌体结构

（第三版）

主编 胡乃君
副主编 张建新 胡毅方

高等教育出版社·北京

内容提要

本书是“十二五”职业教育国家规划教材立项选题。

本书是编者在原“十一五”国家级规划教材的基础上，结合近年来使用该教材的教学实践修改而成的，基本上保持了原教材的结构体系。全书共分9章，较详细地介绍了现行的《砌体结构设计规范》（GB 50003—2011）的主要内容，包括绪论，砌体材料及砌体的力学性能，现行规范中砌体结构设计的基本原则，无筋砌体受压构件，配筋砌体受压构件，砌体墙、柱的构造措施，混合结构房屋墙体设计，过梁、墙梁、挑梁及雨篷的设计，砌体特种结构。为了强化学生工程技术规范、规程的意识，在书后附有砌体结构设计强制性条文的相关内容。

本书可作为高职高专土建类专业的教材，也可作为函授专科、电大、夜大土建类专业的教材，还可作为土建技术人员的参考书。

图书在版编目(CIP)数据

砌体结构/胡乃君主编. --3版. --北京:高等教育出版社,2014.3 (2018.5重印)
ISBN 978-7-04-033259-9

Ⅰ.①砌… Ⅱ.①胡… Ⅲ.①砌体结构-高等职业教育-教材 Ⅳ.①TU209

中国版本图书馆CIP数据核字(2014)第023626号

策划编辑 张玉海　　责任编辑 刘东良　　封面设计 杨立新　　版式设计 余 杨
插图绘制 尹 莉　　责任校对 刘春萍　　责任印制 赵义民

出版发行 高等教育出版社
社　　址 北京市西城区德外大街4号
邮政编码 100120
印　　刷 北京市联华印刷厂
开　　本 787mm×1092mm 1/16
印　　张 14
字　　数 310千字
购书热线 010-58581118
咨询电话 400-810-0598
网　　址 http://www.hep.edu.cn
　　　　 http://www.hep.com.cn
网上订购 http://www.landraco.com
　　　　 http://www.landraco.com.cn
版　　次 2003年2月第1版
　　　　 2014年8月第3版
印　　次 2018年5月第4次印刷
定　　价 25.10元

物 料 号 33259-A0

出版说明

教材是教学过程的重要载体,加强教材建设是深化职业教育教学改革的有效途径,推进人才培养模式改革的重要条件,也是推动中高职协调发展的基础性工程,对促进现代职业教育体系建设,切实提高职业教育人才培养质量具有十分重要的作用。

为了认真贯彻《教育部关于"十二五"职业教育教材建设的若干意见》(教职成〔2012〕9号),2012年12月,教育部职业教育与成人教育司启动了"十二五"职业教育国家规划教材(高等职业教育部分)的选题立项工作。作为全国最大的职业教育教材出版基地,我社按照"统筹规划,优化结构,锤炼精品,鼓励创新"的原则,完成了立项选题的论证遴选与申报工作。在教育部职业教育与成人教育司随后组织的选题评审中,由我社申报的1 338种选题被确定为"十二五"职业教育国家规划教材立项选题。现在,这批选题相继完成了编写工作,并由全国职业教育教材审定委员会审定通过后,陆续出版。

这批规划教材中,部分为修订版,其前身多为普通高等教育"十一五"国家级规划教材(高职高专)或普通高等教育"十五"国家级规划教材(高职高专),在高等职业教育教学改革进程中不断吐故纳新,在长期的教学实践中接受检验并修改完善,是"锤炼精品"的基础与传承创新的硕果;部分为新编教材,反映了近年来高职院校教学内容与课程体系改革的成果,并对接新的职业标准和新的产业需求,反映新知识、新技术、新工艺和新方法,具有鲜明的时代特色和职教特色。无论是修订版,还是新编版,我社都将发挥自身在数字化教学资源建设方面的优势,为规划教材开发配备数字化教学资源,实现教材的一体化服务。

这批规划教材立项之时,也是国家职业教育专业教学资源库建设项目及国家精品资源共享课建设项目深入开展之际,而专业、课程、教材之间的紧密联系,无疑为融通教改项目、整合优质资源、打造精品力作奠定了基础。我社作为国家专业教学资源库平台建设和资源运营机构及国家精品开放课程项目组织实施单位,将建设成果以系列教材的形式成功申报立项,并在审定通过后陆续推出。这两个系列的规划教材,具有作者队伍强大、教改基础深厚、示范效应显著、配套资源丰富、纸质教材与在线资源一体化设计的鲜明特点,将是职业教育信息化条件下,扩展教学手段和范围,推动教学方式方法变革的重要媒介与典型代表。

教学改革无止境,精品教材永追求。我社将在今后一到两年内,集中优势力量,全力以赴,出版好、推广好这批规划教材,力促优质教材进校园、精品资源进课堂,从而更好地服务于高等职业教育教学改革,更好地服务于现代职教体系建设,更好地服务于青年成才。

高等教育出版社

2014年7月

第三版前言

自本书第二版于2008年由高等教育出版社出版发行以来，被全国不少高职高专院校土建类专业选用。首先，2011年我国新修订的《砌体结构设计规范》已经发布执行，与之相关的建筑结构规范也都作了重大的修改；其次，我国的高职高专培养目标在不断渐变，对相关教材提出了新的要求；另外，本书的选用者和读者，根据自身使用或阅读的情况，对本书提出了一些十分宝贵的意见和建议。本书就是考虑了这些情况进行修订的。

本书根据2011年我国新修订的《砌体结构设计规范》进行修订，仍然把砌体结构的构造和工程质量问题放在显著重要的位置。此外，对砌体结构常见构造问题进行了更为深入地阐述。同时，对一些内容作了适当删节或排入了选修内容的范围。

参加本书修订的有胡乃君（绪论，第3、6章）、刘新民（第1、2章）、张建新（第4、5章）、胡毅方（第7、8章）。胡毅方对第3版内容的取舍和编排提出了很多建设性的意见。本书由胡乃君任主编，张建新、胡毅方任副主编。

本书的修订得到了编者所在单位的大力支持，在此表示衷心的感谢。另外，在修订过程中引用了有关文献和资料，在此一并致谢。

由于编者水平有限，书中难免存在不妥之处，恳请同行专家和读者批评指正。

编　者

2014年7月

第二版前言

本书根据高职高专土木工程类专业的教学要求和现行的《砌体结构设计规范》(GB 50003—2001)编写;坚持突出高职高专教育特色,在原“十五”国家级规划教材基础上作了适当的修改;理论上仍以“必需、够用”为度,注重科学性、先进性、应用性;编排形式与结构上力求通俗易懂、循序渐进、便于自学。本书设计实例的内容深度、广度及格式尽可能与高职高专学生的现实水平基本一致。

本次修订中,为了使学生强化工程技术规范、规程的意识,书后附有砌体结构设计强制性条文;并且增加了近年来砌体结构采用的新材料和新技术,同时还删减了已经相对落后的内容。考虑拓宽专业面和实用的需要,本次修订新增了砌体拱桥和涵洞方面的内容。

为了便于学生自学和理解课程内容,书中编入了较多的计算例题,每章都附有思考题和本章小结。

本书绪论、第7章、第8章由湖南城市学院胡乃君编写,第1章、第2章由平顶山工学院刘新民编写,第3章、第4章由山东农业大学郑晓燕编写,第5章由湖南城市学院孟苗超编写,第6章由湖南城市学院毛广湘编写。本书由胡乃君任主编。

黑龙江建筑职业技术学院赵研审阅了本书,并提出了修改意见,在此表示衷心的感谢。另外,在编写过程中引用了有关文献和资料,并得到了湖南城市学院、平顶山工学院、山东农业大学等单位的大力支持,在此一并致谢。

由于编者水平有限,加之时间仓促,书中难免存在缺点,恳请同行专家和读者批评指正。

编　者

2007年7月

第一版前言

本书是普通高等教育"十五"国家级规划教材(高职高专教育),是编者在总结多年的高职高专教学改革成功经验的基础上,按照新形势下高职高专教育人才培养的特点编写而成的。内容包括:绪论、砌体材料及其性能、现行规范中的砌体结构设计原则,无筋砌体受压构件、配筋砌体受压构件、砌体墙柱的构造措施,混合结构房屋墙体设计,过梁、墙梁、挑梁及雨篷的设计。此外,除了以上传统的砌体结构教材内容外,考虑到高职高专学校土建类专业的整合和拓宽,还写进了砌体特种结构的内容。

本书内容是根据最新颁布的《砌体结构设计规范》(GB 50003—2001)编写的。考虑到21世纪高职高专土建类专业迅猛发展的特点,以及目前高职高专教育的新情况,在编写过程中我们力求文字叙述简练、语言表达清楚。为了便于学生学习和掌握,在每章的开头有学习目标,末尾附有本章小结、思考题和习题。在各章内容的侧重点上,基于对高职高专学生就业岗位性质的考虑,我们把砌体结构的构造及砌体结构的工程质量问题摆到了较重要的位置,以期引起足够的重视。

参加本书编写的有刘新民(第1、2章)、郑晓燕(第3、4章)、胡乃君(绪论,第7、8章)、孟茁超(第5章)、毛广湘(第6章)。本书由胡乃君主编、长春工程学院王爱民主审。在编写过程中引用了有关文献和资料,谨致谢意。同时,感谢湖南城市学院、平顶山工学院、山东农业大学等单位对本书编写给予的大力支持。

由于编者水平有限,加之时间仓促,本书中难免存在不少缺点,恳请同行专家和读者批评指正。

编　者

2003年2月

目　　录

绪　论

0.1 砌体结构发展简史

砌体结构是由各种块材(如砖、各种型号的混凝土砌块、毛石、料石、土块)用砂浆通过人工砌筑而成的一种结构形式。

远在夏代(距今约 4 000 多年),我们的祖先就会用夯土来构筑城墙。殷代(公元前 1388 年—公元前 1122 年)以后又逐渐学会了用自然风干的粘土砖(土坯砖)砌筑房屋。到西周时期(公元前 1122—公元前 771 年)已出现烧制成形的瓦。公元前 403 年—公元前 221 年的战国时期,已出现了烧制而成的大尺寸空心砖,而且这种空心砖在公元前 206 年—公元前 8 年的西汉时期已经得到广泛应用。东晋(公元 317 年—419 年)以后,空心砖的使用已很普通。随着地下考古发掘工作的进展,我们的祖先创造砌体材料及砌体结构的文明史将还可能提前。已有的史料表明,我国砌体结构的历史漫长而悠久。古老而气势磅礴的万里长城(始建于秦代)是中华民族的骄傲。工艺精湛、造型优美的河北赵县的安济桥(建于隋代,距今约 1 400 年),净跨 37.02 m,桥面宽约 10 m,桥长 64.4 m,无论是材料使用、结构受力,还是艺术造型、建筑经济均达到了很高的水平,1991 年被美国土木工程师学会(ASCE)选为第 12 个国际历史上土木工程的里程碑。

建于公元 520 年(南北朝时期)的河南登封县嵩山嵩岳寺塔,塔共 15 层,高约 40 m,完全由砖砌成,是我国最古老的佛塔,它标志着该时期我国在砌体结构技术方面已取得伟大成就。

北宋年间(1055 年),在河北定县建造的料敌塔,高 82 m,共 11 层,为砖楼面,砖砌双层筒体结构,是我国古代保留至今的最高砌体结构。它采用的筒中筒结构体系,仍然是现代高层建筑中采用的结构体系之一。它反映了我国古代结构体系的选取已达到了很高的水平。

明代(1368—1648 年)建造的苏州开元寺的无梁殿和南京灵谷寺的无梁殿是我国古代典型的砖砌穹隆结构。它将砖砌体直接用于房屋建筑中,使抗拉承载力低的砌体结构能跨越较大的空间,显示了我国古代应用砌体结构方面的伟大成就。

从鸦片战争(1840 年)以后到 1949 年新中国成立前的约 100 年的时间内,由于水泥的发明,砂浆强度的提高,促进了砖砌体结构的发展。此时期我国建筑受欧洲建筑风格的影响,开始改变原砌筑空斗墙的薄型砖而烧制八五砖(规格为 216 mm × 105 mm × 43 mm),广泛地用以砌筑实心承重砖墙,建造单层或两、三层的低层房屋。这个时期的砌体材料主要是粘土砖。从设计理论上采用容许应力法进行粗略的估算,而缺乏对砌体房屋结构静力分析的正确理论依据。

1949 年新中国成立后我国逐步开始广泛地采用 240 mm × 115 mm × 53 mm 的标准砖来建造单、多层房屋。砌体结构的潜力得到发挥。在非地震区,厚度为 240 mm 的墙建造到 6 层,加厚以后可以造到 7 层或 8 层。在地震区用砖建造的房屋也达到 6 层或 7 层。

20 世纪 70 年代后期,在重庆市用粘土砖作承重墙建造了 12 层的房屋。砌体结构不仅用于各类民用房屋,而且也在工业建筑中大量采用,不仅作承重结构,也用作围护结构。20 世纪 60 年代中期到 70 年代初,北京市已广泛地利用工业废料制造的粉煤灰砌块或煤灰矿渣混凝土墙板来建造居住建筑。

在国外,采用石材和砖建造各种建筑物也有着悠久的历史。古希腊在发展石结构方面作出了重要的贡献。埃及的金字塔和我国的万里长城一样,因其气势宏伟而举世闻名。公元前432年建成的帕提农神庙,比例匀称,庄严和谐,是古希腊多立克柱式建筑的最高成就。公元前80年建成的古罗马庞培城角斗场,规模宏大,功能完善,结构合理,景观宏伟,其形制对现代的大型体育场仍有着深远的影响。6世纪在君士坦丁堡(今土耳其伊斯坦布尔)建成的索菲亚大教堂,为砖砌大跨结构,东西长77.0 m,南北长71.7 m具有很高的水平。古罗马建筑依靠高水平的拱券结构获得宽阔的内部空间,能满足各种复杂的功能要求。始建于1173年的著名的意大利比萨斜塔塔高58.36 m,以其大角度的倾斜(现倾斜约5°30′)而闻名。1163年始建、1250年建成的巴黎圣母院,宽约47 m,进深约125 m,内部可容纳近万人,它立面雕饰精美,堪为法国哥特式教堂的典型。

1889年,在美国芝加哥由砖砌体、铁混合材料建成的第一幢高层建筑Monadnock,共17层,高66 m。

迄今为止,在世界各地,现代砌体结构仍较广泛地用于建造低层和多层居住与办公建筑,甚至一些高层建筑也采用砌体结构。

0.2 我国砌体结构的现状

如前所述,尽管我国使用砌体结构的历史很长,然而一直到新中国成立前,砌体结构除了用于城墙、桥梁、地下工程及佛塔建筑外,在房屋建筑方面一般仅用于两、三层的低层建筑。至于四层以上的房屋结构,往往采用钢筋混凝土骨架填充墙,或外墙承重,内加钢筋混凝土梁柱的结构。

新中国成立后,砌体开始应用于特种结构,如水池、烟囱、水坝、水槽、料仓及小型桥涵等,房屋建筑的砌筑高度也得到了长足的发展。

我国砌体结构的现状,可以从以下三个方面来进行描述:

(1) 在继承基础上的发展　具体表现在广泛地采用砖砌多层房屋,各种石桥的高度增长幅度很大;石砌拱桥不但拱跨显著加大,而且厚度也大为减小;在非地震区,经过改进的非承重空斗墙用以建造二至四层房屋的承重墙等。这样,砖、石材的强度得以充分的利用。

(2) 采用现代科学技术发展的新成果　具体表现在新材料、新技术和新型结构形式的采用。在新材料方面,包括混凝土空心砌块、硅酸盐和泡沫硅酸盐砌块、各种材料的大型墙板,以及非承重空心砖的采用和不断改进;在新技术方面,包括振动砖墙板、各种配筋砌体(含预应力空心砖楼板)、预应力砖砌圆形水池及钢丝网水泥与砖砌体组合而成的圆水池等;在新型结构方面,包括各种形式的砖薄壳结构。

(3) 具有中国特色的砌体结构设计理论的创立和发展　根据大量的试验和调查研究的资料,于1973年形成并颁布了我国第一部《砖石结构设计规范》(GBJ 3—1973),从而结束了我国长期沿用外国规范的历史。这本开创了我国结构设计先河的《砖石结构设计规范》(GBJ 3—1973),提出了一系列适合我国国情的各种强度计算公式、偏心受压构件计算公式和考虑风荷载下砖砌体房屋空间工作的计算方法等。1988 年颁布的《砌体结构设计规范》(GBJ 3—1988),其中内容涵盖了砌块结构。它的特点之一是采用了各种结构统一的以近似概率理论为基础的极限状态设计法,统一了各种砌体的强度计算公式,将偏心受压计算中的三个系数综合为一个系数,对局部受压的计算进行了较为合理的改进,提出了墙梁、挑梁计算的新方法,并将单层房屋的计算推广到多层房屋。2002 年颁布的《砌体结构设计规范》(GB 50003—2001),是在 1988 年颁布的《砌体结构设计规范》(GBJ 3—1988)的基础上经过全面修订而成的。修订后的规范,注入了新型砌体材料的内容,并对原有的砌体结构设计方法作了适当的调整和补充。2011 年颁布了最新版本的《砌体结构设计规范》(GB 50003—2011),使砌体结构设计规范更为完善和先进。

我国砌体结构的构筑技术,以石拱桥为代表的建筑居世界领先地位;我国砌体结构的设计理论,以其鲜明的特点而位居世界先进行列。

诚然,限于各方面的原因,我国在砌体结构方面的某些研究还有待加强,对某些问题还有待进一步探讨和研究。

0.3 砌体结构的优缺点及应用范围

0.3.1 砌体结构的优缺点

据有关统计资料表明,目前在我国各类房屋的墙体中,砌体结构占大部分。即使在发达国家,砌体结构在墙体中所占的比重也超过了 60%。砌体结构之所以在世界范围内得到如此广泛的应用,是与砌体这种建筑材料具有如下优点分不开的:

(1) 取材方便　天然的石料,配制砂浆的砂子,用来烧砖的粘土等,几乎遍地都是。这使得砌体结构的房屋造价低廉。

(2) 具有良好的耐火、隔声、保温等性能,砖墙房屋还能调节室内湿度,透气性好。同时,砌体结构具有良好的化学稳定性及大气稳定性,抗腐蚀性强,这就保证了砌体结构的耐久性。

(3) 能节约材料　与钢筋混凝土结构相比,砌体结构中水泥、钢材、木材(简称“三材”)的用量均大为减少。

(4) 可连续施工　因为新砌砌体即能承受一定的施工荷载,故不像混凝土结构那样在浇筑混凝土后需要有施工间隙。

(5) 施工设备简单　砌体结构的施工无需特殊的技术设备,因此能普遍推广使用。

国内外不少专家、学者认为:“古老的砖结构是在与其他材料相竞争中重新出世的承重墙体结构”,并预计“粘土砖、灰砂砖、混凝土砌块体是高层建筑中受压构件的一种有竞争力的材料”。

不过,砌体结构还存在着下列缺点:

(1) 自重大而强度不高,特别是抗拉、抗剪强度低。砌体结构,特别是普通砌体结构,由于强度低而截面尺寸一般较大,材料用量多,运输量也自然大。同时,由于自重大,对基础和抗震均不利。

(2) 砌筑工作量大,且常常是手工操作,劳动强度高,施工进度较慢。

(3) 抗震性能差。除了前述自重大的影响因素外,还由于砂浆与砖石等块体之间的粘结力弱,无筋砌体抗拉、抗剪强度低,延性差,因此其抗震性能低。

(4) 烧制粘土砖占用农田,影响农业生产,污染环境。

0.3.2 砌体结构的应用范围

由于砌体结构的上述优点,故其应用范围较为广泛;另一方面,由于砌体结构本身存在的缺点,而又在某些方面限制了它的应用。

由于砌体结构的抗压承载力高,因此适于用作受压构件,如在多层混合结构房屋、外砖内浇结构体系中的竖向承重构件(墙和柱)。此外,采用砌体不但可以建造桥梁、隧道、挡土墙、涵洞等构筑物,也可以建造像坝、堰、渡槽等水工结构,还可以建造如水池、水塔支架、料仓、烟囱等特种结构。在盛产石材的福建,人们用整块花岗石建造楼(屋)面板和梁柱以砌筑多层建筑。

由于传统砌体结构的承载力低,且具有整体性、抗震性能差等缺点,因此限制了它在高层建筑和在地震区建筑中的应用。

0.4 砌体结构的发展趋势

为了充分利用砌体材料的优点并克服砌体结构的缺点,世界各国的砌体结构必将在以下几个方面得以改进和发展。

0.4.1 寻求轻质高强的砌体材料

块材强度和砂浆强度是影响砌体强度的主要因素。采用轻质高强的块材和高强度砂浆,对于减轻结构自重,扩大砌体结构的应用范围有着重要的意义。而要做到"轻质",常常要在材料的孔洞率上做文章。空心砖的孔洞体积占砖的外轮廓所包围体积的百分率,称为孔洞率。为了扩大孔洞率,于是有了空心砖。我国墙用空心砖的空心率一般在40%左右。我国空心砖的产量很低,仅占砖总量的15%左右。而国外空心砖的产量较高,如瑞士的空心砖产量占砖总产量的95%。

国外的高强度砖发展较快,一般砖的强度为40~60 MPa①,有的达到160 MPa,甚至200 MPa。而我国的砖的强度一般为7.5~15 MPa,相差较大。

高强特别是高粘结强度砂浆的生产,在一些国家也发展较快。1978年丹麦掺微硅粉制成的砂浆,其边长为100 mm立方体试块的抗压强度已达到350 MPa。由于砖墙的抗震能力主要取决于砂浆的粘结强度,因此国外早已采用高粘结砂浆。我国砖混结构所占的比例很大,而很多地方又处于抗震设防地区,因此研究开发廉价的高粘结砂浆的意义尤为重要。

① 1 MPa = 1 N/mm^2,本书采用国际单位制,强度与应力单位均为MPa,余同。

0.4.2 加强配筋砌体结构的研究和应用

配筋砌体结构在很大程度上克服了传统砌体结构整体性差、抗震性能差的缺点,而在世界各国得以迅速发展。我国是一个多地震的国家,有三分之一的国土处于抗震设防烈度为7度及其以上的地区,有一百多个大、中城市需要抗震设防。我国又是一个发展中国家,人口众多,用地十分紧张,因此发展抗震性能好、施工简单、造价较低的高层和中层配筋砌体结构体系对我国具有特别重要的意义。

0.4.3 利用工业废料发展混凝土小型砌体

在城市建设中,人们越来越多地利用工业废料,如粉煤灰、炉渣、煤矸石等,制作硅酸盐砖、加气硅酸盐砌块或煤渣混凝土砌块等。这样既处理了城市中的部分工业废料,又缓和了烧粘土砖与农业争地的矛盾。

0.4.4 采用大型墙板减轻砌墙的劳动强度

采用大型墙板作为承重的内墙或悬挂的外墙,可减轻墙体砌筑时繁重的体力劳动,采用各种轻质墙板作隔墙,还可以减轻砌体结构的自重。这有利于建筑工业化、施工机械化,从而加快建筑施工速度,保护农业用地。

0.5 课程特点及学习方法简介

0.5.1 砌体结构课程的特点

在力学、建筑构造、建筑材料等课程之后,开始进入混凝土结构及砌体结构课程的学习,学生们通常不易适应。他们觉得砌体结构“内容杂、概念多、公式多、构造规定繁”,学习时不得要领。为了学好砌体结构课程,首先应对课程的特点有所了解。一般地说,砌体结构课程的特点有以下几个方面:

(1) 研究对象的特殊性　从某种意义上讲,砌体结构是研究砌体材料的力学特性,但它与材料力学中的研究对象既相似而又不尽相同。材料力学研究的是匀质弹性材料构件,在荷载作用下,其截面的应力应变呈直线关系。而砌体则由块体和砂浆两种材料组成,且它们均为非弹性材料,受力后产生非弹性变形。因此,在材料力学中讨论的某些定律和计算方法在本课程中不再完全适用。

(2) 计算理论的不成熟性　砌体结构的计算理论是在大量实验的基础上建立起来的。由于砌块、砂浆的组成很不均匀,它们结合在一起后截面上的应力应变关系变得极为复杂。迄今为止人们对它的认识还很不够,它的计算理论尚有待于进一步研究。

(3) 构造规定的繁杂性　本课程要学习很多有关的构造知识。砌体结构常常用构造规定的方式表达。这些构造规定是长期科学实验和工程经验的总结,为了统一在砌体结构设计中的规定和要求,使其较科学和合理,制定了《砌体结构设计规范》(GB 50003—2011)。

这些规定多而杂，表面上毫无规律可言，这往往使初学者很不适应。

(4) 课程内容的实践性　砌体结构课程内容具有很强的实践性，这不仅体现在它的计算理论对大量试验结果和丰富工程经验的依托，还体现在学习它的目的之一就是为今后进行结构设计打下坚实的基础。

0.5.2 砌体结构课程学习方法简介

针对砌体结构课程的特点，学习时应采取与之相适应的方法。

(1) 重视材料的力学特性　在学习中，必须重视砌块和砂浆各自的物理力学特性，以及将二者组合在一起形成砌体时的内在矛盾。在砌体中，砌块的组砌方式将对其承载能力产生很大的影响。

(2) 充分注意计算公式的适用条件　由于砌体的力学特性及强度理论极其复杂，其计算公式是大量实验结果与理论分析相结合而建立起来的，每一个计算公式必然会附有一定的适用范围和条件。因此，学习中不能生搬硬套，而应根据工程实际运用与之相适应的计算公式。

(3) 重视构造知识的学习　在设计砌体结构或构件时，计算结果和构造规定同等重要。但是，对于纷繁复杂的构造规定，学习时不必去死记硬背，而应弄懂其中的道理，通过平时的作业和课程设计逐步掌握一些基本的构造知识。

(4) 努力参加工程实践，注意综合能力的培养　与其他工程结构设计一样，要搞好砌体结构设计，除了要有坚实的基础理论知识以外，还须综合考虑材料、施工、经济、构造细节等各方面的因素。只有努力参加工程实践，才能逐步掌握对各种因素综合分析的能力。同时，还要注意对结构受力分析计算、整理编写设计计算书、绘制施工图纸等基本技能的严格训练。

第 1 章

砌体材料及砌体的力学性能

学习目标

1. 了解砌体所用材料的种类、强度等级及设计要求。

2. 了解砌体的组成、种类、强度、弹性模量等基本物理力学性能。

3. 重点掌握砌体受压破坏的全过程，理解影响抗压强度的主要因素。能正确采用砌体的各种强度指标。

4. 掌握施工中对砌块的技术要求。

1.1　构成砌体的材料

砌体结构由砖、石和砌块等块体材料用砂浆砌筑而成。砌体可作为房屋的基础、承重墙、过梁，甚至屋盖、楼盖等承重结构，也常作为房屋的隔墙等非承重结构，还可砌筑挡土墙、水池及烟囱等构筑物。

1.1.1　块体材料

我国目前常用的块体有下列几种：

1. 砖

(1) 烧结普通砖　由粘土、页岩、煤矸石或粉煤灰为主要原料，经过焙烧而成的实心或孔洞率不大于规定值且外形尺寸符合规定的砖。分为烧结粘土砖、烧结页岩砖、烧结煤矸石砖、烧结粉煤灰砖等。

我国烧结普通砖的规格为240 mm×115 mm×53 mm，重度①一般为16～19 kN/m^3。这种砖广泛用于一般民用房屋结构的承重墙体及围护结构中，其强度高，耐久性、保温隔热性好，生产工艺简单，砌筑方便。

(2) 烧结多孔砖　以粘土、页岩、煤矸石或粉煤灰为主要原料，经焙烧而成、孔洞率不小于25%，孔的尺寸小而数量多，主要用于承重部位的砖，简称多孔砖。

烧结多孔砖在其厚度方向造成竖向孔洞以减轻砌体的自重。多孔砖可以具有不同的孔形、孔数、重度和孔洞率。烧结多孔砖与烧结普通砖相比具有许多优点：由于孔洞多，可节约粘土及制砖材料，少占农田；节省烧砖燃料和提高烧成速度；在建筑上可提高墙体隔热保温性能；在结构上可减轻自重，从而减小墙体重量，减轻基础的荷载。目前，多孔砖分为P型砖和M型砖，有三种规格，而未规定孔型及孔洞的位置，只规定孔洞率必须在25%以上。这三种规格为KM1、KP1、KP2。其中字母K表示多孔，M表示模数，P表示普通。KM1的规格为190 mm×190 mm×90 mm，KP1的规格为240 mm×115 mm×90 mm，KP2的规格为240 mm×180 mm×115 mm。图1.1a、b为南京地区曾广泛采用的多孔砖。图1.1c为上海、西安等地采用的KP1型多孔砖，图1.1d为广州地区采用的孔洞率为25%的烧结多孔砖。长沙地区采用的多孔砖规格及孔型与广州地区的基本相同。南宁地区采用的多孔砖规格与孔型与上海地区的相仿。

烧结多孔砖在砌筑时，KP1及KP2规格的多孔砖可与烧结普通砖配合使用，也可与同类辅助规格的多孔砖配合使用。

一般多孔砖重度为11～14 kN/m^3，大孔洞多孔砖重度为9～11 kN/m^3，孔洞率可达40%～60%。一般多孔砖可作为房屋的承重墙和隔墙材料，而大孔洞多孔砖目前只用于隔墙。近年来多孔砖在我国部分地区已得到推广和应用，目前正在继续进行研究和改进，其应用范围将会进一步扩大。

---

①　重度指材料在自然状态下单位体积的重量，是工程中常用的物理量。

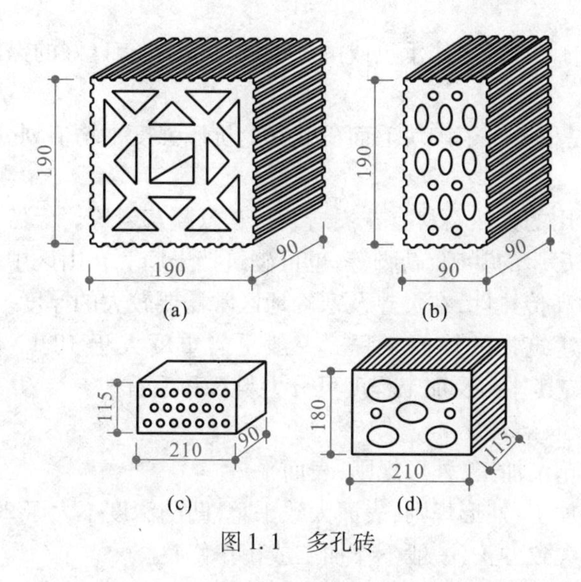

图 1.1　多孔砖

(3) 非烧结砖　以石灰、粉煤灰、矿渣、石英砂及煤矸石等为主要原材料,经坯料制备、压制成型、高压蒸汽养护而成的实心砖,主要有粉煤灰砖、矿渣硅酸盐砖、灰砂砖及煤矸石砖等。这些砖的外形尺寸同烧制普通砖,其重度为 14 ~ 15 kN/m^3,可砌筑清水外墙和基础等砌体结构,但不宜砌筑处于高温环境下的砌体结构。

这类砖由于是压制生产,表面光滑,经高压釜蒸养后表面有一层粉末,用砂浆砌筑时粘结很差,因此砌体抗剪强度较低,对抗震较为不利,地震区应有限制地使用。

2. 砌块

(1) 混凝土砌块　由普通混凝土或轻集料混凝土制成,主规格尺寸为 390 mm × 190 mm × 190 mm,空心率在 25% ~ 50% 的空心砌块,简称混凝土砌块或砌块。把高度在 350 mm 以下的砌块称为小型砌块,如图 1.2 所示;把高度在 350 ~ 900 mm 之间的砌块称为中型砌块,混凝土中型砌块的高度一般为 850 mm,截面形式如图 1.3 所示。高度大于 900 mm 的砌块称为大型砌块。

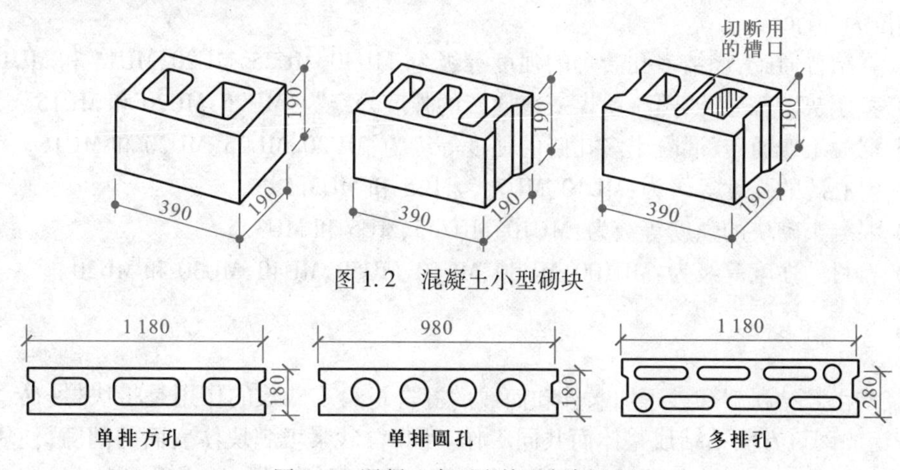

图 1.2　混凝土小型砌块

图 1.3　混凝土中型砌块(卧放竖砌)

(2) 加气混凝土砌块　可用作承重或围护结构材料，具有良好的保温隔热性能，重度在10 kN/m^{3}以下。

砌块的强度等级是根据3个砌块毛面积截面的抗压强度平均值划分的。

3. 石材

在承重结构中，常用的天然石材有花岗岩、石灰岩、凝灰岩等。天然石材抗压强度高，耐久性能良好，故多用于房屋的基础、勒脚等，也可砌筑挡土墙。在山区中易就地取材，当作为墙体材料时，因石材的高传热性，在炎热及寒冷地区常需要较大的厚度。经过打平磨光的天然石料亦常用于重要建筑物的饰面工程。一般重岩重度大于18 kN/m^3，轻岩重度小于18 kN/m^3。天然石料按其外形及加工程度可分为料石和毛石。

(1) 料石

① 细料石　经过精细加工，外形规则，表面平整。

② 粗料石　经过加工，外形规则，表面大致平整，凹凸深度不大于20 mm。

③ 毛料石　外形大致方正，一般不作加工或稍作修整。

(2) 毛石

形状不规则的石块，亦称片石。

4. 砌体结构对块材的基本要求

(1) 砌体所用块材应具有足够的强度，以保证砌体结构的承载力。

(2) 砌体所用块材应有良好的耐久性能，以保证砌体结构在正常使用时满足使用功能的要求。

(3) 砌体所用块材应具有保温隔热性能，以满足房屋的热工性能。

1.1.2　块体材料的强度等级

根据标准试验方法所得的砖石材料或砌块抗压极限强度来划分其强度等级，砌块的强度等级，仅以其抗压强度来确定；而砖的强度等级的确定，除考虑抗压强度外，还应考虑其抗弯强度，这是因为砖厚度较小，应防止其在砌体中过早地断裂。块体强度等级以符号“MU”表示，单位为MPa。

(1) 烧结普通砖、烧结多孔砖等的强度等级为：MU30、MU25、MU20、MU15和MU10。

(2) 蒸压灰砂普通砖、蒸压粉煤灰普通砖的强度等级为：MU25、MU20和MU15。

(3) 混凝土普通砖、混凝土多孔砖的强度等级为：MU30、MU25、MU20和MU15。

(4) 空心砖的强度等级为：MU10、MU7.5、MU5和MU3.5。

(5) 混凝土砌块的强度等级为：MU10、MU7.5、MU5和MU3.5。

(6) 石材的强度等级为：MU100、MU80、MU60、MU50、MU40、MU30和MU20。

1.1.3　砂浆

砂浆是由胶结材料和砂子加水拌和而成的混合材料。砂浆的作用是将块材(砖、石、砌块)按一定的砌筑方法粘结成整体而共同工作。同时，砂浆填满块体表面的间隙，使块体表面应力均匀分布。由于砂浆填补了块体间的缝隙，减少了透气性，故可提高砌体的保温性能及防火、防冻性。

1. 砂浆的分类

砂浆按其组成成分可分为三种：

(1) 纯水泥砂浆　由水泥和砂加水拌制而成，不加塑性掺合料，又称刚性砂浆。这种砂浆强度高、耐久性好，但和易性差，保水性和流动性差，水泥用量大，适于砌筑对强度要求较高的砌体。

(2) 混合砂浆　在水泥砂浆中加入适量塑性掺合料拌制而成。如水泥石灰砂浆、水泥粘土砂浆等。这种砂浆水泥用量减少，砂浆强度降低 10% ~15%，但砂浆和易性好，保水性好，砌筑方便。砌体强度可提高 10% ~15%，同时节约了水泥，适用于一般墙、柱砌体的砌筑，但不宜用于潮湿环境中的砌体。

(3) 非水泥砂浆　即不含水泥的砂浆。如石灰砂浆、粘土砂浆、石膏砂浆。这类砂浆强度较低，耐久性较差，常用于砌筑简易或临时性建筑的砌体。

砂浆质量与其保水性（即保持水分的能力）有很大的关系。缺乏足够保水性的砂浆，在运输和砌筑过程中一部分水分会从砂浆内分离出来，使砂浆的流动性降低，铺抹操作困难，从而降低灰缝质量，影响砌体强度。分离出来的水分容易为砖块所吸收。水分失去过多，不能保证砂浆正常凝结硬化，亦会降低砂浆强度。砂浆中掺入塑性掺合料后可提高砂浆的保水性，从而保证灰缝的质量和砌体的强度。因此，砌体结构通常都采用混合砂浆来砌筑。

2. 砂浆的强度等级

砂浆的强度等级是以用标准方法制作的 70.7 mm 的砂浆立方体在标准条件下养护 28 d，经抗压试验所测得的抗压强度平均值来确定的。

(1) 烧结普通砖、烧结多孔砖、蒸压灰砂普通砖、蒸压粉煤灰普通砖砌体采用的普通砂浆强度等级以符号“M”来表示，分为 M15、M10、M7.5、M5 和 M2.5 五个强度等级。

蒸压灰砂普通砖、蒸压粉煤灰普通砖砌体采用的专用砂浆强度等级以符号“Ms”来表示，分为 Ms15、Ms10、Ms7.5 和 Ms5 四个强度等级。

(2) 混凝土普通砖、混凝土多孔砖、单排孔混凝土砌块和煤矸石混凝土砌块砌体采用的专用砂浆强度等级以符号“Mb”来表示，分为 Mb20、Mb15、Mb10、Mb7.5 和 Mb5 五个强度等级。双排孔或多排孔混凝土砌块砌体采用的砂浆强度等级分为 Mb10、Mb7.5 和 Mb5 三个强度等级。

(3) 毛料石、毛石砌块砌体采用的砂浆强度等级分为 M7.5、M5 和 M2.5 三个强度等级。

当砂浆强度在两个等级之间时，采用相邻较低值。

3. 砌体对砂浆的基本要求

(1) 砂浆应具有足够的强度和耐久性。

(2) 砂浆应具有一定的可塑性，以便于砌筑，提高生产率，保证质量，提高砌体强度。

(3) 砂浆应具有足够的保水性，以保证砂浆正常硬化所需要的水分。

1.1.4　施工中对砖的技术要求

(1) 砖的种类、强度等级必须符合设计要求。用于清水墙、柱表面的砖应边角整齐，色泽基本均匀。

(2) 应控制砖的含水率。常温下,砖在砌筑前应提前半天至一天浇水湿透,以免砌筑时干砖过多吸走砂浆中的水分而影响粘结力,并可除去砖表面的粉尘。为在砌筑中避免产生跑浆现象使砌体走样,不能浇水过多,并严禁砌筑前临时浇水。检查砖含水率的最简易的方法是将砖现场砍断,砖断面四周吸水深度达 15 ~ 20 mm 为宜。

1.2 砌体的种类

砌体是由砖、石和砌块等材料按一定排列方式用砂浆砌筑而成的整体。按受力情况可分为承重砌体与非承重砌体;按砌筑方法分为实心砌体与空心砌体;按材料分为砖砌体、砌块砌体及石砌体;按是否配有钢筋分为无筋砌体与配筋砌体。

1.2.1 无筋砌体

1. 砖砌体

砖砌体常用于内外墙、柱及基础等承重结构中和围护墙及隔断墙等非承重结构中。一般多为实心砌体,组砌方式有一顺一丁、梅花丁、三顺一丁等(图 1.4)。试验表明,按以上方式砌筑的砌体其抗压强度相差不大。

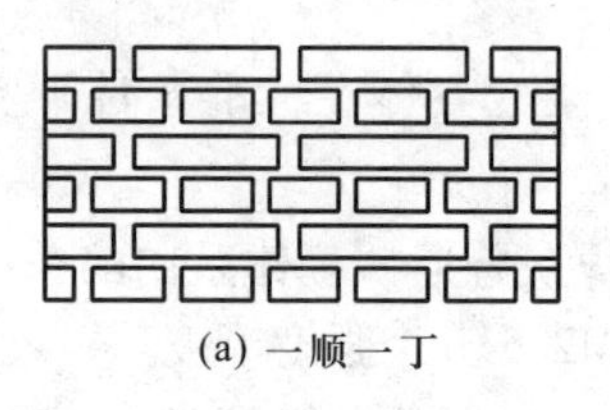
(a) 一顺一丁

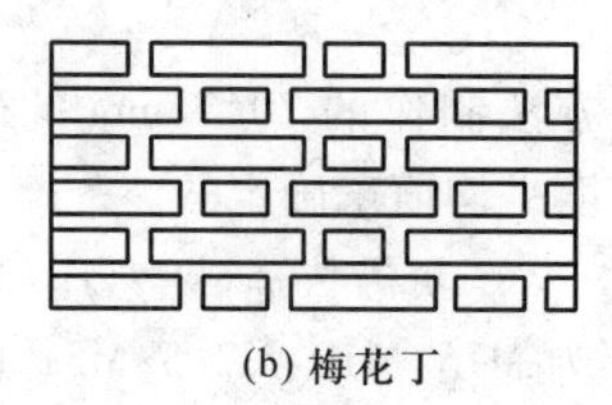
(b) 梅花丁

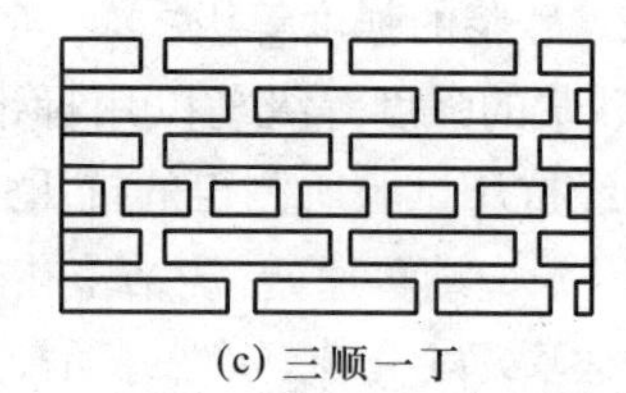
(c) 三顺一丁

图 1.4 砖砌体的砌筑方法

为了符合砖的模数,砖砌体构件的尺寸一般取 240 mm(1 砖)、370 mm$\left(1\frac{1}{2}\text{砖}\right)$、490 mm(2 砖)、620 mm$\left(2\frac{1}{2}\text{砖}\right)$及 740 mm(3 砖)等。有时为了节约材料,实心砖墙体厚度也可按 1/4 砖长的倍数采用,可构成 180 mm、300 mm、420 mm 等尺寸。多孔砖也可砌成 90 mm、180 mm、190 mm、240 mm、290 mm 及 390 mm 厚度的墙体。这种墙厚的缺点是,砌筑时需要砍砖。

空心砌体一般是将砖立砌成两片薄壁,以丁砖相连,中间留有空腔,可在空腔内填充松散材料或轻质材料。这种砌体自重小,热工性能好。如空斗墙,是我国古老、传统的结构形式,这种墙体节省砖 22% ~38% 和砂浆 50%,造价降低 30% ~40%,但其整体性和抗震性能较差。在非地震区可作 1 ~ 3 层小开间民用房屋的墙体,常采用一眠一斗、一眠多斗或无眠斗墙的砌筑方法(图 1.5)。设计时应满足有关构造要求。

在砖砌体施工中为确保质量,应防止强度等级不同的砖混用,应严格遵守施工规范,使配制的砂浆强度符合设计强度的要求。否则,将会引起砌体强度的降低。

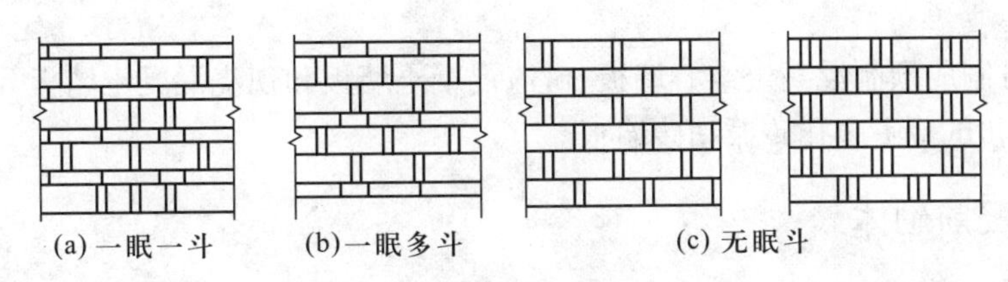

图 1.5　空斗墙体

2. 砌块砌体

由砌块和砂浆砌筑而成的整体称为砌块砌体。砌块砌体的使用决定于砌块的材料及大小。大型砌块尺寸大，便于生产工厂化、施工机械化，有利于提高劳动生产率，加快施工进度；但对企业生产设备和施工能力要求较高。中型砌块尺寸较大，适于机械化施工，可提高劳动生产率，但其型号少，使用不够灵活；小型砌块尺寸较小，型号多，适用范围广，但施工时手工操作量大，生产率低。

砌块墙体设计中，砌块排列要求有规律性，应使砌块类型最少，应排列整齐，尽量减少通缝，使得砌筑牢固。

3. 石砌体

由石材和砂浆或混凝土砌筑而成的整体称为石砌体。石砌体根据石材的种类又分为料石砌体、毛石砌体、毛石混凝土砌体（图 1.6）。

(a) 料石砌体

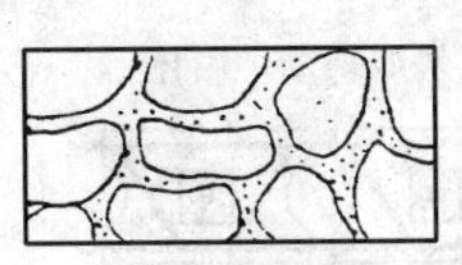

(b) 毛石砌体

(c) 毛石混凝土砌体

图 1.6　石砌体

在产石山区，石砌体应用较为广泛，它可用作一般民用房屋的承重墙、柱和基础，还用作建造拱桥、坝和涵洞等构筑物。

4. 墙板

在墙体中采用预制大型墙板，其尺寸大，高度一般为房屋的层高，宽度可为房屋的一个开间或进深。它有利于建筑工业化和施工机械化，缩短施工周期，提高生产率，是一种有发展前途的墙体体系。

目前采用的主要有大型预制的砖（或砌块）墙板和振动砖墙板。它一般采用专用机械设备，连续铺砌块体和砂浆，如美国采用的高 1.5 ~ 3.0 m、宽 6 ~ 12 m 的混凝土砌块墙板，板厚110 mm。振动砖墙板的制作，一般是在钢模内铺一层 20 ~ 25 mm 厚的高强度砂浆（一般强度为10 MPa），在砂浆上铺一层错缝侧放的砖（1/2 砖厚，砖间缝宽 12 ~ 15 mm），再在砖上铺一层砂浆，同时在板的四周放置钢筋骨架并浇注混凝土，经平板振动器振动后进行蒸汽养护制成，板厚为 140 mm，作外墙时应加设保温隔热层。这种墙板内砂浆由于振动而更加密实、均匀，砌体质量好，抗压强度高，刚度也较大。一般振动砖墙板较普通 240 mm 厚砖墙可节约 50% 的砖，减轻自重 30%，劳动量减少 20% ~30%，缩短工期 20%，降低造价

10% ~20% 。

另外,还可制成预制混凝土空心墙板、矿渣混凝土墙板和现浇混凝土墙板等。南京市有关单位还试制和试验了多孔砖振动砖墙板。

1.2.2 配筋砌体

当荷载较大,如采用砌体构件时,将导致构件截面较大或强度不足。因此,可采用在砌体内不同的部位以不同方式配置钢筋或浇注钢筋混凝土,以提高砌体的抗压强度和抗拉强度,这种砌体被称为配筋砌体。

1. 横向配筋砌体

在砖砌体的水平灰缝内配置钢筋网,称为网状配筋砖砌体或横向配筋砖砌体(图1.7a)。

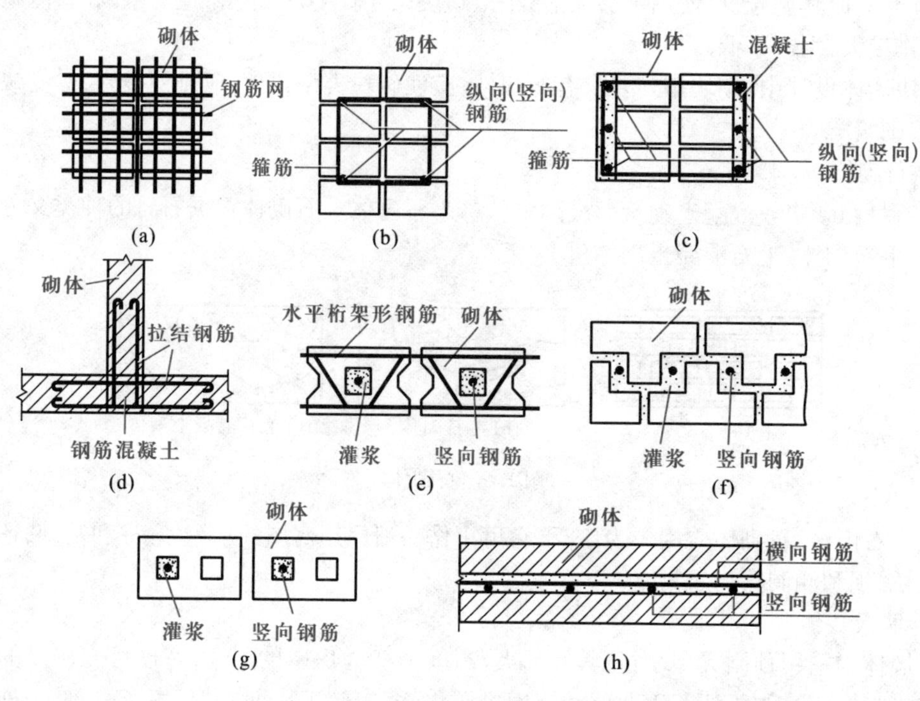

图1.7 配筋砌体形式

2. 纵向配筋砌体

在砖砌体竖向灰缝内或预留的竖槽内配置纵向钢筋以承受拉力或部分压力,称为纵向配筋砖砌体(图1.7b)。

3. 组合砖砌体

由砖砌体和钢筋混凝土或钢筋砂浆构成的砌体称为组合砖砌体。通常将钢筋混凝土或钢筋砂浆做面层(图1.7c),可用作承受偏心压力(偏心距较大)的墙、柱。而在墙体的转角和交接处设置钢筋混凝土构造柱(图1.7d),也是一种组合砖砌体,它能提高一般多层混合结构房屋的抗震能力。

国外的配筋砌体有两类。一类是普通配筋砌体，在砌块或组砌的空洞内配置纵向钢筋，在水平灰缝内设置成桁架形状的配筋；或在内外层砌体的中间空腔内设置纵向和横向钢筋并灌注细石混凝土（或砂浆），如图 1.7e、f、g、h 所示。另一类是预应力砌体，在墙体中采用后张法设置预应力钢筋，在砌体梁中采用先张法设置预应力钢筋。这种预应力砌体提高了砌体结构的抗弯性能、竖向承载力及结构的延性和刚度，有利于抵抗水平荷载的作用。配筋砌体结构是一种有竞争力的新型结构。

1.2.3 砌体的选用原则

在进行砌体结构设计时，应根据各类砌体的不同特点，按以下原则选用：

(1) 因地制宜，就地取材　应根据当地砌体材料的生产供应情况，选择适当的砌体材料，尽量满足经济性要求。

(2) 满足强度要求　多层砌体房屋宜选择重度小、强度高、砌筑整体性好的砌体种类，以满足结构承载力的要求。

(3) 满足使用要求和耐久性要求　砌体材料选用应考虑地区的特点，对于炎热或寒冷地区，砌体应具有较好的保温隔热性能并满足抗冻性要求；在潮湿环境下砌体材料应有较好的耐久性能。

(4) 满足当地施工技术能力　选用砌体材料，还应考虑该种材料在当地的应用程度，当地施工单位的技术条件和水平。

1.3 无筋砌体的受压性能

1.3.1 无筋砌体破坏的三个阶段

砖砌体是由单块砖以砂浆粘结而成的整体。它的受压工作与匀质的整体构件有很大差别。试验表明，砖砌体受压时从加荷到破坏，按照裂缝的出现和发展特点，大致可划分为三个受力阶段，如图 1.8 所示。

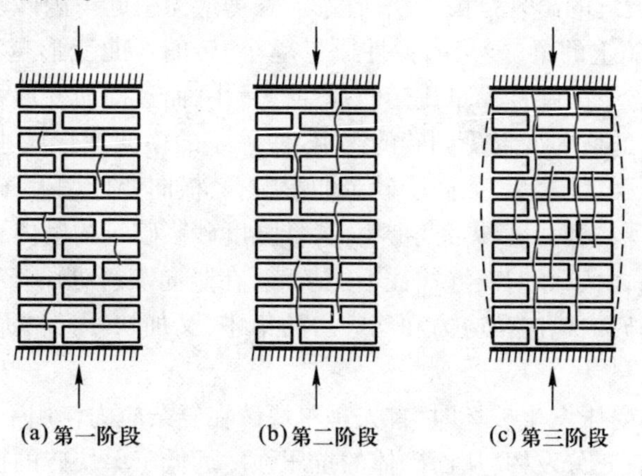

图 1.8　砖砌体标准试件受压破坏过程

第一阶段:在荷载作用下,砌体受压,当荷载增加至破坏荷载的50% ~70%时,由于砌体中的单块砖处于较复杂的拉、弯、剪的复合应力作用下,使得砌体内出现第一条(批)裂缝。

第二阶段:继续加载,随着压力的增加,单块砖内的裂缝不断发展,并沿竖向形成连续的贯穿若干皮砖的裂缝,同时有新的裂缝产生。此时,若停止加荷,裂缝仍将继续发展,砌体此时已临近破坏,处于危险状态。这时的荷载约为破坏荷载的80% ~90%。

第三阶段:随荷载继续增加,砌体中裂缝发展迅速,逐渐加长加宽形成若干条连续的贯通整个砌体的裂缝,从而将砌体分成若干个1/2砖的小立柱,最后小立柱发生失稳破坏(个别砖可能被压碎),整个砌体构件随之破坏,在此过程中,可看到砌体很明显地向外鼓出。

在砌块砌体中,小型砌块的尺寸与砖的尺寸相近,砌体的破坏特征与砖砌体的受压破坏特征类似。中型砌块,尺寸较大,砌体受压后裂缝的出现较晚,一旦开裂,便可形成一条主裂缝而呈劈裂破坏状态。显然,对中型砌块砌体,出现第一条裂缝时的压力与破坏时的压力很接近。

1.3.2　单块砖在砌体中的受力特点

对砌体试件可以观察到,由于砌体内灰缝厚度不均匀,砂浆也不一定饱满和密实,砖的表面也不完全平整和规则。因此,砂浆层与砖石表面不能很理想地均匀接触和粘结。当砌体受压时,砌体中的砖并非单纯地均匀受压,而是处于受压、受弯、受剪等复杂的受力状态之下(图1.9)。

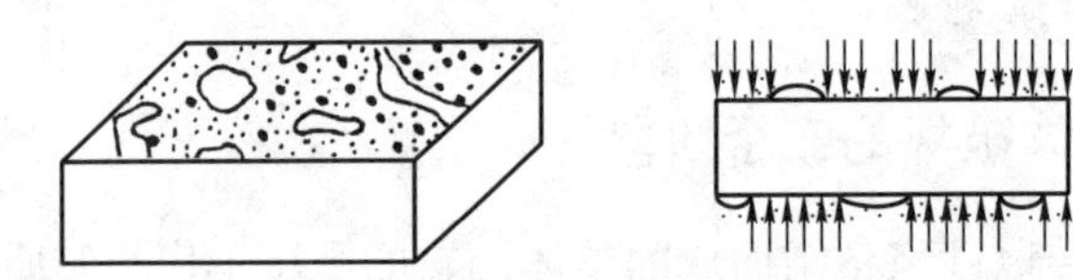

图1.9　砌体内砖的受力状态示意图

砌体中第一批裂缝的出现是由单块砖内的弯、剪应力引起。因砂浆的弹性性质,砖可视为作用在"弹性地基"上的梁,砂浆的弹性模量越小,砖的弯曲变形越大,砖内产生的弯、剪应力也越高。由于砂浆的弹性模量比砖的弹性模量小,而其横向变形系数却比砖的大,因而在压力作用下,砂浆的横向变形受到砖的约束,使砂浆的横向变形减小,砂浆处于三向受压的状态,砂浆的抗压强度增大。而砖受砂浆的影响,其横向变形增大,砖内产生拉应力,加快了单砖内的裂缝出现。低强度砂浆变形率大,低强度砂浆砌筑的砌体裂缝出现也较早。

此外,在砌筑时,由于竖向灰缝往往不能填满,在竖向灰缝处将产生应力集中现象。因此,在竖向灰缝处的砖内横向拉应力和剪应力的集中,又加快了砖的开裂,导致砌体强度的降低。

由此可见,砌体受压发生破坏时,首先是单块砖在复杂应力作用下开裂,到最后破坏时,砖的抗压强度也没有充分发挥,从而砌体的抗压强度远低于单块砖的抗压强度。

1.3.3 影响砌体抗压强度的因素

砌体是一种复合材料,又具有一定的塑性变形性质,因此影响其抗压强度的因素有很多,其主要因素有块体和砂浆的强度、弹塑性性质、灰缝厚度及砌体的砌筑质量、块体的外形尺寸、砖的含水率、试验方法等,现分析如下:

1. 块体和砂浆的强度

试验表明,块体和砂浆的强度高,砌体的抗压强度也高。国外一项研究资料表明:要提高砌体的抗压强度,要优先考虑提高块体的强度,因为砂浆对砌体强度的影响不如块体对砌体强度的影响明显;而在考虑提高块体强度时,应首选提高块体的抗弯强度,因为提高块体抗压强度对砌体的影响不如提高块体抗弯强度明显。该项资料显示:一组试件的砖抗压强度为20.9 MPa,抗弯强度为1.9 MPa,砂浆抗压强度为12.4 MPa,测得其砌体抗压强度为2.5 MPa。另一组试件的砖抗压强度为17.4 MPa,抗弯强度为3.2 MPa,砂浆抗压强度为11.3 MPa,测得其砌体抗压强度为3.6 MPa。

因此,材料验收规范中规定,一定强度的砖,必须有相应的抗弯强度。当砖的抗弯强度符合标准时,砌体强度随砖和砂浆的强度等级的提高而提高。

2. 砂浆的弹塑性性质

砂浆具有明显的弹塑性性质,其弹性模量、可塑性(和易性)对砌体亦有较大的影响。砂浆的弹性模量小,变形率大;砂浆的可塑性好,铺砌时易于铺平,保证水平灰缝的均匀性,可减小砖内的复杂应力,使砌体强度提高。但砂浆的可塑性过大,或弹性模量过小,或强度过低,都会增大砂浆受压的横向变形,对单块砖产生不利的拉应力而使得砌体抗压强度降低。因此,砂浆抗压强度较高,而可塑性又适当,弹性模量大,则砌体的抗压强度较高。

3. 灰缝厚度及砌筑质量的影响

砌筑质量好坏的标志之一是水平灰缝的均匀性与饱满度,两者对砌体抗压强度影响较大。试验研究表明,当饱满度达80%以上时,砌体抗压强度高于规范值约10%。灰缝厚度要薄而均匀,标准厚度为10~12 mm。同时,在保证质量的前提下,快速砌筑,能使砌体硬化前就受压,可增加水平灰缝的密实性,有利于提高砌体的抗压强度。

4. 砖的外形尺寸的影响

砖的尺寸、外形规则程度及表面平整程度不同,将导致灰缝厚度的不均匀性。如厚度较大,砖长过长,表面的凹凸,都将使其受弯、剪作用增大,使砌体过早破坏。砖愈规则、平整,砌体的抗压强度也愈高。

5. 砖的含水率的影响

湖南大学的试验指出:把含水率为10%的砖砌筑的砌体强度取为1,则干燥的砖,其砌体强度为0.8。可见,施工中对砖湿水很重要,但过湿易导致墙面流浆,砖的最佳含水率应为8%~10%。

6. 试验方法的影响

砌体的抗压强度与试验方法及龄期有关。试件的尺寸、形状和加载方法不同,所得抗压强度也不同。随龄期的增长,砌体的强度也提高。加载速度高,所测得砌体强度也高。在长期荷载效应组合作用下,砌体的抗压强度还会有所降低。

1.3.4 砌体的抗压强度

1. 各类砌体轴心抗压强度平均值f_m

近年来对各类砌体抗压强度的试验研究表明,各类砌体轴心抗压强度平均值,主要取决于块体的抗压强度平均值f_1,其次是砂浆的抗压强度平均值f_2,《砌体结构设计规范》(GB 50003—2011)(以下简称《规范》)给出了适用于各类砌体的轴心抗压强度平均值的计算表达式:

$$f_m = k_1 f_1^{\alpha}(1 + 0.07f_2)k_2 \tag{1.1}$$

式中 f_m——砌体的抗压强度平均值,MPa;

f_1,f_2——分别为块材和砂浆的抗压强度平均值,MPa;

k_1——与砌体类别和砌筑方法有关的系数,见表 1.1;

α——与块材高度有关的系数,见表 1.1;

k_2——砂浆强度对砌体强度的修正系数,见表 1.1。

表 1.1 轴心抗压强度平均值的系数

砌体种类	k_1	α	k_2
烧结普通砖、烧结多孔砖、非烧结普通砖	0.78	0.5	当$f_2<1$时,$k_2=0.6+0.4f_2$
混凝土小型空心砌块	0.46	0.9	当$f_2=0$时,$k_2=0.8$
毛料石	0.79	0.5	当$f_2<1$时,$k_2=0.6+0.4f_2$
毛石	0.22	0.5	当$f_2<2.5$时,$k_2=0.4+0.24f_2$

注:k_2在表列条件以外时均等于 1.0。

2. 各类砌体轴心抗压强度标准值f_k

对各类砌体轴心抗压强度标准值f_k,其保证率为 95%,可由下式确定

$$f_k = f_m - 1.645\delta_f \tag{1.2}$$

式中 δ_f——砌体强度的标准差,对各种砖、砌块及毛料石取$0.17f_m$;对毛石取$0.24f_m$。

各类砌体的抗压强度标准值也可由表 1.2 ~ 表 1.6 查出。

表 1.2 砖砌体的抗压强度标准值f_k MPa

砖强度等级	砂浆强度等级					砂浆强度
	M15	M10	M7.5	M5	M2.5	0
MU30	6.30	5.23	4.69	4.15	3.61	1.84
MU25	5.75	4.77	4.28	3.79	3.30	1.68
MU20	5.15	4.27	3.83	3.39	2.95	1.50
MU15	4.46	3.70	3.32	2.94	2.56	1.30
MU10	—	3.02	2.71	2.40	2.09	1.07

表 1.3 混凝土砌块砌体的抗压强度标准值 f_k MPa

砌块强度等级	砂浆强度等级					砂浆强度
	Mb20	Mb15	Mb10	Mb7.5	Mb5	0
MU20	10.08	9.08	7.93	7.11	6.30	3.73
MU15	—	7.38	6.44	5.78	5.12	3.03
MU10	—	—	4.47	4.01	3.55	2.10
MU7.5	—	—	—	3.10	2.74	1.62
MU5	—	—	—	—	1.90	1.13

表 1.4 毛料石砌体的抗压强度标准值 f_k MPa

料石强度等级	砂浆强度等级			砂浆强度
	M7.5	M5	M2.5	0
MU100	8.67	7.68	6.68	3.41
MU80	7.76	6.87	5.98	3.05
MU60	6.72	5.95	5.18	2.64
MU50	6.13	5.43	4.72	2.41
MU40	5.49	4.86	4.23	2.16
MU30	4.75	4.20	3.66	1.87
MU20	3.88	3.43	2.99	1.53

表 1.5 毛石砌体的抗压强度标准值 f_k MPa

毛石强度等级	砂浆强度等级			砂浆强度
	M7.5	M5	M2.5	0
MU100	2.03	1.80	1.56	0.53
MU80	1.82	1.61	1.40	0.48
MU60	1.57	1.39	1.21	0.41
MU50	1.44	1.27	1.11	0.38
MU40	1.28	1.14	0.99	0.34
MU30	1.11	0.98	0.86	0.29
MU20	0.91	0.80	0.70	0.24

表 1.6 沿砌体灰缝破坏时的轴心抗拉强度标准值 $f_{t,k}$、弯曲抗拉强度标准值 $f_{tm,k}$ 和抗剪强度标准值 $f_{v,k}$

MPa

强度类别	破坏特征	砌体种类	砂浆强度等级			
			≥M10	M7.5	M5	M2.5
轴心抗拉	沿齿缝	烧结普通砖、烧结多孔砖、混凝土普通砖、混凝土多孔砖	0.30	0.26	0.21	0.15
		蒸压灰砂普通砖、蒸压粉煤灰普通砖	0.19	0.16	0.13	—
		混凝土砌块	0.15	0.13	0.10	—
		毛石	0.14	0.12	0.10	0.07
弯曲抗拉	沿齿缝	烧结普通砖、烧结多孔砖、混凝土普通砖、混凝土多孔砖	0.53	0.46	0.38	0.27
		蒸压灰砂普通砖、蒸压粉煤灰普通砖	0.38	0.32	0.26	—
		混凝土砌块	0.17	0.15	0.12	—
		毛石	0.20	0.18	0.14	0.10
	沿通缝	烧结普通砖、烧结多孔砖、混凝土普通砖、混凝土多孔砖	0.27	0.23	0.19	0.13
		蒸压灰砂普通砖、蒸压粉煤灰普通砖	0.19	0.16	0.13	—
		混凝土砌块	0.12	0.10	0.08	—
抗剪		烧结普通砖、烧结多孔砖、混凝土普通砖、混凝土多孔砖	0.27	0.23	0.19	0.13
		蒸压灰砂普通砖、蒸压粉煤灰普通砖	0.19	0.16	0.13	—
		混凝土砌块	0.15	0.13	0.10	—
		毛石	0.34	0.29	0.24	0.17

3. 各类砌体的轴心抗压强度设计值

砌体结构在设计与验算时，为保证有相应足够的可靠概率，抗压强度设计值 f 按下式确定

$$f=\frac{f_k}{\gamma_f} \tag{1.3}$$

式中 γ_f——砌体结构的材料性能分项系数，对无筋砌体取 $\gamma_f=1.6$。

龄期为 28 d 的以毛截面计算的各类砌体抗压强度设计值，当施工质量控制等级为 B 级时，应根据块体和砂浆的强度等级分别按表 1.7 ~ 表 1.12 采用。

表 1.7 烧结普通砖和烧结多孔砖砌体的抗压强度设计值 MPa

砖强度等级	砂浆强度等级					砂浆强度
	M15	M10	M7.5	M5	M2.5	0
MU30	3.94	3.27	2.93	2.59	2.26	1.15
MU25	3.60	2.98	2.68	2.37	2.06	1.05
MU20	3.22	2.67	2.39	2.12	1.84	0.94
MU15	2.79	2.31	2.07	1.83	1.60	0.82
MU10	—	1.89	1.69	1.50	1.30	0.67

表 1.8 蒸压灰砂普通砖和蒸压粉煤灰普通砖砌体的抗压强度设计值 MPa

砖强度等级	砂浆强度等级				砂浆强度
	M15	M10	M7.5	M5	0
MU25	3.6	2.98	2.68	2.37	1.05
MU20	3.22	2.67	2.39	2.12	0.94
MU15	2.79	2.31	2.07	1.83	0.82

注：当采用专用砂浆砌筑时，其抗压强度按表中数字采用。

表 1.9 单排孔混凝土砌块和轻骨料混凝土砌块砌体的抗压强度设计值 MPa

砌块强度等级	砂浆强度等级					砂浆强度
	Mb20	Mb15	Mb10	Mb7.5	Mb5	0
MU20	6.30	5.68	4.95	4.44	3.94	2.33
MU15	—	4.61	4.02	3.61	3.20	1.89
MU10	—	—	2.79	2.50	2.22	1.31
MU7.5	—	—	—	1.93	1.71	1.01
MU5	—	—	—	—	1.19	0.70

注：1. 对独立柱或厚度为双排组砌的砌块砌体，应按表中数值乘以 0.7；

2. 对 T 型截面砌体，应按表中数值乘以 0.85。

表 1.10 双排孔或多排孔轻骨料混凝土砌块砌体的抗压强度设计值 MPa

砌块强度等级	砂浆强度等级			砂浆强度
	Mb10	Mb7.5	Mb5	0
MU10	3.08	2.76	2.45	1.44
MU7.5	—	2.13	1.88	1.12
MU5	—	—	1.31	0.78

注：1. 表中的砌块为火山灰、浮石和陶粒轻骨料混凝土砌块；

2. 对厚度方向为双排组砌的轻骨料混凝土砌块砌体的抗压强度设计值，应按表中数值乘以 0.8。

3. 对单排孔混凝土砌块和轻骨料混凝土砌块对孔砌筑砌体的抗压强度设计值可按规范附表查得。

表1.11 毛料石砌体的抗压强度设计值 MPa

毛料石强度等级	砂浆强度等级			砂浆强度
	M7.5	M5	M2.5	0
MU100	5.42	4.80	4.18	2.13
MU80	4.85	4.29	3.73	1.91
MU60	4.20	3.71	3.23	1.65
MU50	3.83	3.39	2.95	1.51
MU40	3.43	3.04	2.64	1.35
MU30	2.97	2.63	2.29	1.17
MU20	2.42	2.15	1.87	0.95

注:对下列各类料石砌体,应按表中数值分别乘以系数:

细料石砌体 1.5

粗料石砌体 1.2

干砌勾缝石砌体 0.8

表1.12 毛石砌体的抗压强度设计值 MPa

毛石强度等级	砂浆强度等级			砂浆强度
	M7.5	M5	M2.5	0
MU100	1.27	1.12	0.98	0.34
MU80	1.13	1.00	0.87	0.30
MU60	0.98	0.87	0.76	0.26
MU50	0.90	0.80	0.69	0.23
MU40	0.80	0.71	0.62	0.21
MU30	0.69	0.61	0.53	0.18
MU20	0.56	0.51	0.44	0.15

1.4 砌体的轴心受拉和受弯性能

砌体构件一般常用来承受竖向荷载,即作受压构件。但有时也用来承受轴心拉力、弯矩和剪力,如水池、过梁和挡土墙等。

砌体抗拉和抗剪强度远远低于其抗压强度。抗压强度主要取决于块体的强度,而在大多数情况下,受拉、受弯和受剪破坏一般均发生于砂浆和块体的连接面上。因此,抗拉、抗弯和抗剪强度取决于砂浆和块体的粘结强度，即与砂浆强度大小直接有关。

砌体受拉、受弯和受剪破坏一般有下述三种形态：

(1) 砌体沿水平通缝截面破坏。

(2) 砌体沿齿缝截面破坏。

(3) 砌体沿竖缝及砖石截面破坏。

《规范》规定砌体轴心抗拉、弯曲抗拉和抗剪强度按统一公式计算。当破坏沿齿缝截面或通缝截面发生时，采用下述公式计算：

砌体轴心抗拉强度平均值

$$f_{t,m}=k_3\sqrt{f_2} \tag{1.4}$$

砌体弯曲抗拉强度平均值

$$f_{tm,m}=k_4\sqrt{f_2} \tag{1.5}$$

砌体抗剪强度平均值

$$f_{v,m}=k_5\sqrt{f_2} \tag{1.6}$$

式中　k_3、k_4 和 k_5——强度影响系数，可由表 1.13 查出。

表 1.13　砌体轴心抗拉强度平均值 $f_{t,m}$、弯曲抗拉强度平均值 $f_{tm,m}$ 和抗剪强度平均值 $f_{v,m}$ 的影响系数

砌体种类	$f_{t,m}=k_3\sqrt{f_2}$	$f_{tm,m}=k_4\sqrt{f_2}$		$f_{v,m}=k_5\sqrt{f}$
	k_3	k_4		k_5
		沿齿缝	沿通缝	
烧结普通砖、烧结多孔砖、混凝土普通砖、混凝土多孔砖	0.141	0.250	0.125	0.125
蒸压灰砂普通砖、蒸压粉煤灰普通砖	0.09	0.18	0.09	0.09
混凝土砌块	0.069	0.081	0.056	0.069
毛石	0.075	0.113	—	0.188

当破坏沿竖缝和砖石截面发生时，按下述公式计算：

砌体轴心抗拉强度平均值

$$f_{t,m}=0.212\sqrt[3]{f_1} \tag{1.7}$$

砌体弯曲抗拉强度平均值

$$f_{tm,m}=0.318\sqrt[3]{f_1} \tag{1.8}$$

龄期为 28 d 的以毛截面计算的各类砌体的轴心抗拉强度设计值、弯曲抗拉强度设计值和抗剪强度设计值，当施工质量控制等级为 B 级时，应按表 1.14 采用。

如有表 1.15 中情况时，砌体强度设计值应进行调整。

表 1.14 沿砌体灰缝截面破坏时砌体的轴心抗拉强度设计值 f_t、弯曲抗拉强度设计值 f_{tm} 和抗剪强度设计值 f_v

MPa

强度类别	破坏特征及砌体种类		砂浆强度等级			
			≥M10	M7.5	M5	M2.5
轴心抗拉	沿齿缝	烧结普通砖、烧结多孔砖	0.19	0.16	0.13	0.09
		混凝土普通砖、混凝土多孔砖	0.19	0.16	0.13	—
		蒸压灰砂普通砖、蒸压粉煤灰普通砖	0.12	0.10	0.08	—
		混凝土砌块	0.09	0.08	0.07	—
		毛石	—	0.07	0.06	0.04
弯曲抗拉	沿齿缝	烧结普通砖、烧结多孔砖	0.33	0.29	0.23	0.17
		混凝土普通砖、混凝土多孔砖	0.33	0.29	0.23	—
		蒸压灰砂普通砖、蒸压粉煤灰普通砖	0.24	0.20	0.16	—
		混凝土砌块	0.11	0.09	0.08	—
		毛石	0.13	0.11	0.09	0.07
	沿通缝	烧结普通砖、烧结多孔砖	0.17	0.14	0.11	0.08
		混凝土普通砖、混凝土多孔砖	0.17	0.14	0.11	—
		蒸压灰砂普通砖、蒸压粉煤灰普通砖	0.12	0.10	0.08	—
		混凝土砌块	0.08	0.06	0.05	—
抗剪	烧结普通砖、烧结多孔砖		0.17	0.14	0.11	0.08
	混凝土普通砖、混凝土多孔砖		0.17	0.14	0.11	—
	蒸压灰砂普通砖、蒸压粉煤灰普通砖		0.12	0.10	0.08	0.06
	混凝土和轻骨料混凝土砌块		0.09	0.08	0.06	—
	毛石		0.21	0.19	0.16	0.11

注:1. 对于用形状规则的块体砌筑的砌体,当搭接长度与块体高度的比值小于1时,其轴心抗拉强度设计值 f_t 和弯曲抗拉强度设计值 f_{tm} 应按表中数值乘以搭接长度与块体高度比值后采用;

2. 表中数值是依据普通砂浆砌筑的砌体确定,采用经研究性试验且通过技术鉴定的专用砂浆砌筑的蒸压灰砂普通砖、蒸压粉煤灰普通砖砌体,其抗剪强度设计值按相应普通砂浆强度等级砌筑的烧结普通砖砌体采用;

3. 对混凝土普通砖、混凝土多孔砖、混凝土和轻骨料混凝土砌块砌体,表中的砂浆强度等级分别为:≥Mb10、Mb7.5 及 Mb5。

表 1.15 砌体强度设计值的调整系数 γ_a

使用情况		γ_a
有吊车房屋砌体,跨度不小于 9 m 的梁下烧结普通砖砌体,跨度不小于 7.5 m 的梁下烧结多孔砖、蒸压灰砂砖、蒸压粉煤灰砖砌体,混凝土和轻骨料混凝土砌块砌体		0.9
对无筋砌体构件截面面积 A 小于 0.3 m² 时		$0.7+A$
对配筋砌体构件,其中砌体截面面积 A 小于 0.2 m² 时		$0.8+A$
用水泥砂浆砌筑的各类砌体	对表 1.7 ~ 表 1.13 的强度设计值	0.9
	对表 1.14 的强度设计值	0.8
当验算施工中房屋的构件时		1.1

*1.5 砌体的受剪性能

1.5.1 砌体受剪时的基本性能及其破坏特征

图 1.10 所示材料单元,当仅承受剪应力 τ 时,其受力称为纯剪(图 1.10a)。若该材料单元承受双轴应力(σ_x 和 σ_y)时,则在一定的斜面上作用有法向应力 σ_θ 和剪应力 τ_θ(图 1.10b),这也是一种受剪状态,它与纯剪的区别在于截面上的法向应力不等于零。当 $\sigma_x=-\sigma_y$ 时,单元中最大剪应力产生于 $\theta=45°$的斜面上,可见纯剪是材料单元承受双轴应力时的一种特定状态。砌体的受剪也可分为截面上法向应力等于零的纯剪和截面上法向应力不等于零的受剪两种情况。

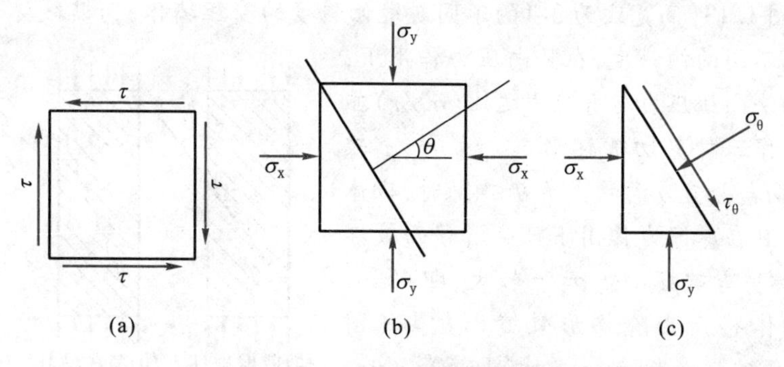

图 1.10 材料单元的受剪状态

下面论述的砌体抗剪强度 f_v,确切地说是指砌体受纯剪作用时的抗剪强度,由于实际上砌体很难遇到承受纯剪力的状态,因此只能采取一些近似试验方法进行测定。如图 1.11 所示试验,受剪面有一个或两个(称为单剪或双剪),在剪力作用下沿灰缝截面破坏,破坏较突然,其强度称为沿通缝截面的抗剪强度。单剪时(图 1.11a、b、c),试验结果的离散性较大,双剪时(图1.11d、e),试验结果的离散性较小,两个受剪面一般不会同时破坏。为了尽量减小试验结果的离散性。《砌体基本力学性能试验方法标准》(GB/T 50129—2011)规定,砖砌体沿通缝截面抗剪试验采用图1.11e所示双剪试件作为标准试件。当采用图1.12所示方法试验时,砌体可能沿阶梯形截面破坏,其强度称为沿阶梯形截面的抗剪强度。理论上对于实际砌体,该强度应是水平灰缝的抗剪强度和竖向灰缝抗剪强度的代数和。但在实际工程中,由于竖向灰缝内砂浆往往不饱满,其抗剪能力很低,故通常不予考虑。因此取砌体沿阶梯形截面的抗剪强度等于它沿水平通缝截面的抗剪强度。当毛石砌体在剪力作用下沿齿缝截面破坏时,其强度仍称为沿齿缝截面的抗剪强度。

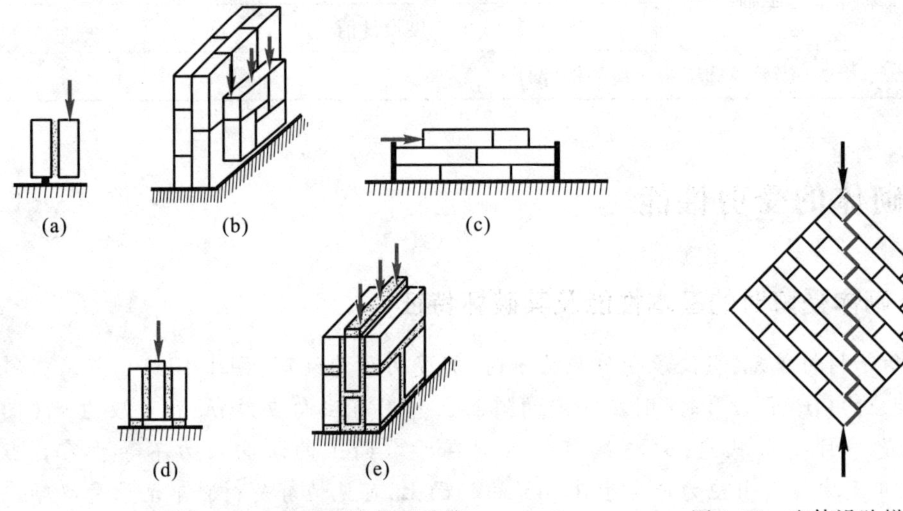

图1.11　砌体沿通缝截面受剪

图1.12　砌体沿阶梯截面受剪

当砌体截面上受剪力和垂直压力同时作用时,其受力性能和破坏特征与上述纯剪情况有较大差别,图1.13(高宽比为3:1的不同灰缝倾斜度的受压墙体)为其破坏形态。由于砌体的灰缝具有不同的倾斜度,在竖向压力作用下,通缝截面上的法向压应力与剪应力之比(σ_y/τ)亦不同,故可能有三种剪切破坏形态。当σ_y/τ较小,即通缝方向与竖直方向的夹角$\theta \leq 45°$时,砌体将沿通缝受剪且在摩擦力作用下产生滑移而破坏(图1.13a),称剪摩破坏。当σ_y/τ较大,即$45° < \theta \leq 60°$时,砌体将产生阶梯形裂缝而破坏(图1.13b),称剪压破坏。当σ_y/τ更大,即$60° < \theta \leq 90°$时,砌体基本沿压应力作用方向产生裂缝而破坏(图1.13c),称斜压破坏。

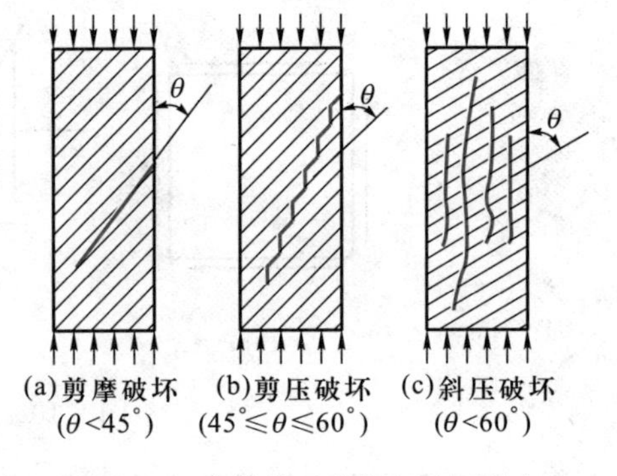

图1.13　砌体的三种剪切破坏形态

1.5.2　影响砌体抗剪强度的因素

影响砌体抗剪强度的因素较多,主要有以下几点:

(1) 材料强度的影响　块体和砂浆的强度对砌体的抗剪强度均有影响,其影响程度与砌体受剪后可能产生的破坏形态有关。对于剪摩和剪压破坏形态,由于破坏沿砌体灰缝截面,如采用的砂浆强度高,其抗剪强度增大,此时块体强度的影响很小。对于斜压破坏形态,由于砌体沿压力作用方向开裂,如采用的块体强度高,砌体抗剪强度增大,此时砂浆强度的影响很小。

(2) 垂直压应力的影响　垂直压应力σ_y的大小决定着砌体的剪切破坏形态,也直接影响砌体的抗剪强度。对于剪摩破坏形态,由于水平灰缝中砂浆产生较大的剪切变形,故受剪面上的垂直压应力产生的摩擦力,将减小或阻止砌体剪切面的水平滑移。因此,随垂直压应力的增大,砌体抗剪强度亦随着提高,如图1.14中直线A所示。当σ_y增加到一定数值时,砌体的斜截面上有可能因抗主拉应力的强度不足而产生剪压破坏,此时垂直压应力的增大,对砌体抗剪强度的影响趋于平缓,其增加幅度不大,如图1.14中曲线B和C交叉区段所示。当σ_y更大时,砌体产生斜压破坏,此时随σ_y的增大将使砌体抗剪强度降低,如图1.14中曲线C所示。

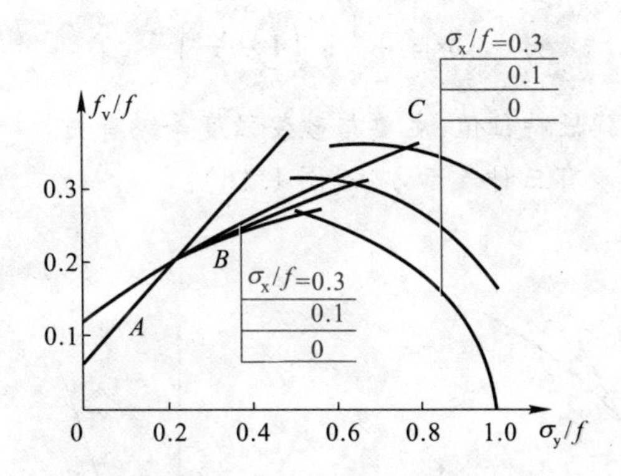

图1.14　垂直压应力对砌体抗剪强度的影响

(3) 砌筑质量的影响　砌筑质量对砌体抗剪强度的影响,主要与砂浆的饱满度和块体在砌筑时的含水率有关。如空心砖砌体沿齿缝截面受剪试验表明,当砌体内水平灰缝砂浆饱满度大于92%,竖向灰缝内未灌砂浆;或当水平灰缝砂浆饱满度大于62%,竖向灰缝内砂浆饱满;或当水平灰缝砂浆饱满度大于80%,竖向灰缝内砂浆饱满度大于40%,砌体抗剪强度可达规定值。但当水平灰缝砂浆饱满度为70%～80%,竖向灰缝内未灌砂浆,砌体抗剪强度较规定值降低20%～30%。

有的试验研究认为,随砖砌筑时含水率的增加砌体抗剪强度相应提高,与它对砌体抗压强度的影响规律一致。但较多试验结果表明,砖的含水率对砌体抗剪强度的影响,存在一个较佳含水率,当砖的含水率约为10%时砌体抗剪强度最高。

(4) 试验方法的影响　砌体抗剪强度也与试件的形式、尺寸以及加载方式有关,其影响程度如砌体受剪破坏特性中所述。

1.5.3 砌体抗剪强度

砌体的抗剪强度主要取决于水平灰缝中砂浆与块体的粘结强度。

龄期为28 d的各类砌体的抗剪强度设计值f_v(以毛截面计算),可按表1.14采用。对于烧结普通砖、烧结多孔砖砌体,抗剪强度设计值与其沿通缝截面的弯曲抗拉强度设计值相等。

*1.6 砌体的弹性模量、摩擦因数和线膨胀系数

1.6.1 砌体弹性模量

由于砌体为弹塑性材料,受压时,随着压应力的增加,应变增加,应变增长速度较应力增加快。应力－应变关系呈曲线性质。根据砖砌体的受压试验结果,应力－应变曲线如图1.15所示。

根据国内外研究资料,砌体的曲线可按下列对数规律采用

$$\varepsilon = -\frac{1}{\xi}\ln\left(1-\frac{\sigma}{f_m}\right) \tag{1.9}$$

式中 ξ——砌体变形的弹性特征值,主要与砂浆强度等级有关。

砌体受压时,弹性模量有三种表示方法(图1.16):

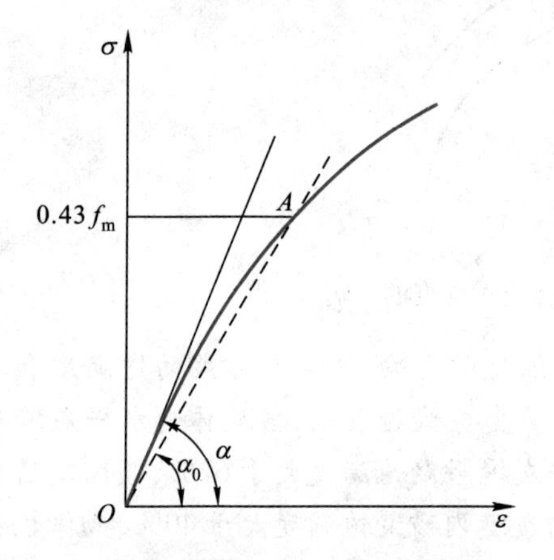

图1.15 砌体轴心受压应力－应变曲线

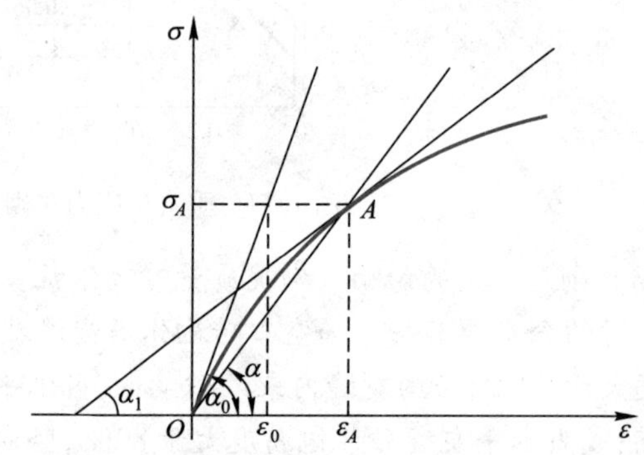

图1.16 砌体受压变形模量的表示方法

(1) 初始弹性模量 在应力－应变曲线的原点作切线,其斜率称为初始弹性模量,即

$$E_0 = \frac{\sigma_A}{\varepsilon_e} = \tan\alpha_0 \tag{1.10}$$

(2) 切线弹性模量 在$\sigma-\varepsilon$曲线上任意点作切线,其应力增量与应变增量之比即为A点切线模量,即

$$E_t = \frac{d\sigma_A}{d\varepsilon_A} = \tan\alpha_1 \tag{1.11}$$

(3) 割线模量 在应力－应变曲线上由原点过任意点A作割线,其斜率即为割线模量,即

$$E=\frac{\sigma_A}{\varepsilon_A}=\tan\alpha \tag{1.12}$$

在实用上为反映砌体在一般受力情况下的工作状态，取 $\sigma=0.43f_m$ 时的割线模量(或变形模量)作为砌体的弹性模量。其大小与砌体类型、砂浆强度等级及砌体抗压强度设计值 f 有关。设计时可按表1.16采用。

表1.16　砌体的弹性模量　MPa

砌体种类	砂浆强度等级			
	≥M10	M7.5	M5	M2.5
烧结普通砖、烧结多孔砖砌体	$1600f$	$1600f$	$1600f$	$1390f$
蒸压灰砂砖、蒸压粉煤灰砖砌体	$1060f$	$1060f$	$1060f$	$960f$
混凝土砌块砌体	$1700f$	$1600f$	$1500f$	—
粗、毛料石、毛石砌体	7300	5650	4000	2250
细料石、半细料石砌体	22000	17000	12000	6750

注：轻骨料混凝土砌块砌体的弹性模量，可按表中混凝土砌块砌体的弹性模量采用。

1.6.2　砌体剪变模量

根据材料力学公式，剪变模量为 G，则

$$G=\frac{E}{2(1+\nu)} \tag{1.13}$$

式中　ν——为砌体的泊松比，一般对砖砌体为0.1~0.2；砌块砌体为0.3。计算结果为

$$G=(0.38-0.43)E$$

近似取

$$G=0.4E \tag{1.14}$$

1.6.3　砌体线膨胀系数 α_T

砌体的线膨胀系数和收缩系数列于表1.17供采用。

表1.17　砌体的线膨胀系数和收缩系数

砌体类别	线膨胀系数 10^{-6}/℃	收缩系数/(mm/m)
烧结粘土砖砌体	5	-0.1
蒸压灰砂砖、蒸压粉煤灰砖砌体	8	-0.2
混凝土砌块砌体	10	-0.2
轻骨料混凝土砌块砌体	10	-0.3
料石和毛石砌体	8	—

注：表中的收缩系数系由达到收缩允许标准的块体砌筑28 d的砌体收缩系数，当地方有可靠的砌体收缩试验数据时，亦可采用当地的试验数据。

1.6.4 摩擦因数μ

砌体和常用材料的摩擦因数列于表1.18供选用。

表1.18 摩擦因数

材料类别	摩擦面情况	
	干燥的	潮湿的
砌体沿砌体或混凝土滑动	0.70	0.60
木材沿砌体滑动	0.60	0.50
钢沿砌体滑动	0.45	0.35
砌体沿砂或卵石滑动	0.60	0.50
砌体沿粉土滑动	0.55	0.40
砌体沿粘性土滑动	0.50	0.30

本章小结

1. 块材和砂浆可分为不同的种类，每一种类有着各自不同的特点，适用于不同的情况。块材和砂浆的强度等级主要是以其抗压强度的平均值来划分的。

2. 砌体的种类有无筋砌体、配筋砌体。不同种类的砌体具有不同的特点，选用时，应本着因地制宜、就地取材的原则，根据建筑物荷载的大小和性质，并满足建筑物的使用和耐久性等方面的要求合理选用。

3. 砖砌体轴心受压破坏过程可分为三个阶段，在不同阶段，裂缝的开展情况有所不同。砖砌体抗压强度明显低于它所用砖的抗压强度，这是因为砖砌体中的砖是处于压、弯、剪、拉复合应力状态。

4. 砌体在轴心受拉、弯曲受拉、受剪时分别有不同的破坏形态。其轴心抗拉、弯曲抗拉、受剪强度均低于砌体抗压强度。

5. 砌体强度标准值是取具有95%保证率的强度值，砌体强度的设计值为砌体强度标准值除以材料强度分项系数γ_f，取$\gamma_f=1.6$。

6. 在实际工程中，取压应力$\sigma=0.43f_m$的割线模量作为砌体的受压弹性模量。

思考题

1. 在砌体中,砂浆有什么作用?砖与砂浆常用的强度等级有哪些?施工中对砖的技术要求如何?

2. 砌体结构设计时对块体和砂浆有哪些基本要求?

3. 砖砌体轴心受压时分哪几个受力阶段?它们的破坏特征如何?

4. 在轴心受压状态,砌体中单块砖及砂浆处于怎样的应力状态?对砌体强度有何影响?

5. 影响砌体抗压强度的因素有哪些?

6. 为什么砖砌体抗压强度远小于单砖的抗压强度?

7. 在何种情况下可按砂浆强度为零来确定砌体强度?

8. 轴心受拉、弯曲受拉及受剪破坏主要取决于什么因素?

9. 砌体的受压弹性模量是如何确定的?它主要与哪些因素有关?

第 2 章

现行规范中砌体结构设计的基本原则

学习目标

1. 了解极限状态的概念。
2. 了解结构上的作用、作用效应和结构抗力的概念及其随机特性。
3. 了解我国规范中关于砌体结构设计的理论基础——可靠度理论。
4. 掌握我国规范的砌体结构设计方法——近似概率极限状态设计方法。

2.1 结构的可靠度理论

2.1.1 结构上的作用 F

结构上的作用是使结构产生内力、变形、应力和应变的原因。结构上的作用分为直接作用和间接作用。直接作用是指施加在结构上的集中荷载和分布荷载,如构件的自重、人的重量、积雪重量和风压等。间接作用是指引起结构外加变形或约束变形的其他作用,如温度变化、支座沉降和地震作用等。通常所说的“荷载”即指直接作用。

2.1.2 作用效应 S

各种作用施加在结构上,在结构内所产生的内力和变形,总称为作用效应 S。当作用为“荷载”时,其效应可称为荷载效应。荷载 Q 与荷载效应 S 之间一般呈线性关系,即

$$S = CQ \tag{2.1}$$

式中 C——荷载效应系数,常数。

2.1.3 结构抗力 R

结构抵抗内力和变形的能力称为结构抗力。结构抗力是材料性能、构件的几何参数及计算模式的函数。

2.1.4 结构的极限状态

结构设计的主要目的是要保证所建造的结构安全适用,并能够在规定的期限内满足各种预期的功能要求,即安全性、适用性和耐久性,它们总称为结构的可靠性。

整个结构或结构的一部分超过某一特定状态(如达到极限承载力、失稳或变形、裂缝宽度超过规定的限值等),而不能满足设计规定的某一功能要求时,此特定状态即为该功能的极限状态。结构的极限状态分为两类:承载能力极限状态和正常使用极限状态。

2.1.5 结构设计问题的随机性质

概率论表明,一个事件可能有多种结果,但事先不能肯定会发生哪一种结果时,把具有这种不确定性的现象称为随机现象,这一事件称为随机事件。表示随机出现各种结果的变量称为随机变量。

楼面上的人群荷载,屋面上的雨、雪荷载,墙面所受的风荷载等,它们可能出现,也可能不出现,数值或大或小,因此具有随机性质。结构构件在配料制作过程中不可避免地存在误差,其重量、尺寸就不可能与设计值绝对相等。地震、地基沉降、温度变化等间接作用也具有随机性质。由于作用的随机性,作用效应也具有随机性。

由于材料性能、构件的几何参数以及计算模式的精确程度等的随机性,因此结构抗力也具有随机性,是一个随机变量。如同一施工现场按同一配合比制作的砂浆,其强度、变

形及其他物理力学性能都会有不同程度的差异，制作和安装的误差等都将影响结构抗力的大小。

2.1.6 结构的功能函数

当只有作用效应 S 和结构抗力 R 两个基本变量时，定义下式为结构的功能函数

$$Z=R-S \tag{2.2}$$

随结构(或构件)作用条件的变化，功能函数有以下三种可能的结果：

(1) $Z>0$，即 $R>S$ 时，结构可靠；

(2) $Z<0$，即 $R<S$ 时，结构失效；

(3) $Z=0$，即 $R=S$ 时，结构处于极限状态。

因此，结构安全可靠地工作必须满足 $Z\geqslant 0$，结构所处的状态可以用图 2.1 表示。

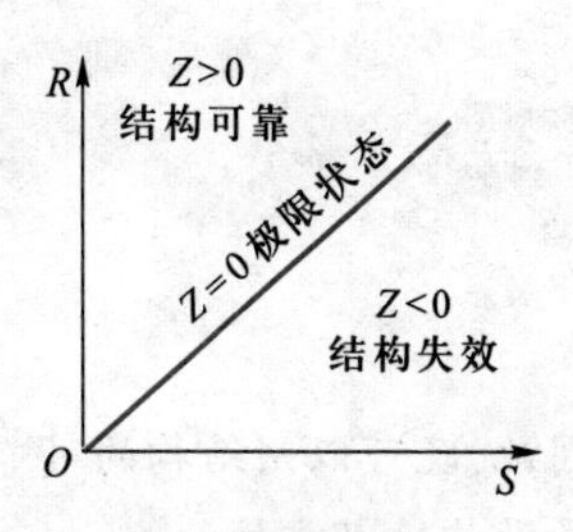

图 2.1 结构所处的状态

由于结构抗力 R 和作用效应 S 都是随机变量，所以结构的功能函数 Z 也是一个随机变量。

把 $Z\geqslant 0$ 这一事件出现的概率称为可靠概率(保证率)，记为 P_S；把 $Z<0$ 这一事件出现的概率称为失效概率，记为 P_f，即

$$P_S+P_f=1 \tag{2.3}$$

2.1.7 结构的可靠度

1. 结构的可靠度的定义

结构的可靠度是指结构在规定的时间内，在规定的条件下，完成预定功能的概率。这个规定的时间为设计基准期，即 50 年。规定的条件为正常设计、正常施工和正常维护使用。而规定的条件下的预定功能即指结构的安全性、适用性和耐久性。因此，结构可靠度是结构可靠性的概率度量。

*2. 结构的可靠度的计算

假定 R 和 S 是相对独立的，且均服从正态分布，则结构的功能函数 Z 也服从正态分布。则 Z 的平均值和标准差分别为

$$\mu_Z=\mu_R-\mu_S \tag{2.4}$$

$$\sigma_Z=\sqrt{\sigma_R^2+\sigma_S^2} \tag{2.5}$$

变异系数为

$$\delta_Z=\frac{\sigma_Z}{\mu_Z}=\frac{\sqrt{\sigma_R^2+\sigma_S^2}}{\mu_R-\mu_S} \tag{2.6}$$

结构功能函数的分布曲线如图 2.2 所示，横坐标表示结构功能函数 Z，纵坐标表示结构功能函数的频率密度 f_z。纵坐标以左 $Z<0$，因此图中阴影面积表示结构的失效概率 P_f；而纵坐标以右 $Z>0$，因此纵坐标以右曲线与坐标轴围成的面积表示结构的可靠概率 P_S。因此有

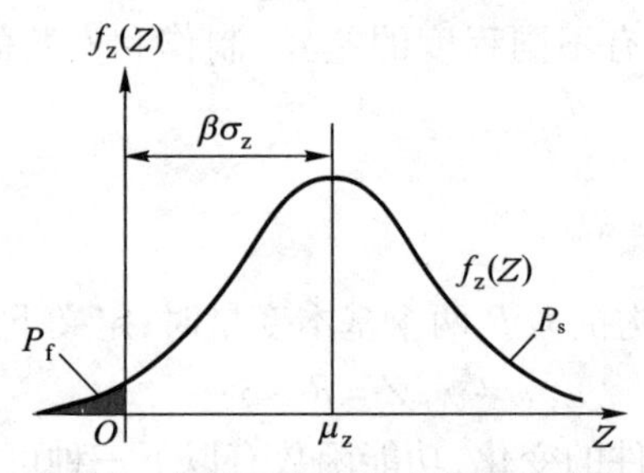

图 2.2 失效概率与安全指标的关系

$$P_S = \int_0^{+\infty} f_Z(Z)\mathrm{d}Z \tag{2.7}$$

$$P_f = \int_{-\infty}^{0} f_Z(Z)\mathrm{d}Z \tag{2.8}$$

即

$$P_S + P_f = 1 \quad 或 \quad P_S = 1 - P_f$$

因此，既可以用结构的可靠概率 P_S 来度量结构的可靠性，也可以用结构的失效概率 P_f 来度量结构的可靠性。

由于影响结构可靠性的因素十分复杂，目前从理论上计算概率是有困难的，因此《建筑结构可靠度设计统一标准》(GB 50068—2001)中规定采用近似概率法，并规定采用平均值 μ_Z 和标准差 σ_Z 及可靠指标 β 代替失效概率来近似地度量结构的可靠度。图 2.2 表示了它们之间的关系

$$\beta = \frac{\mu_Z}{\sigma_Z} = \frac{\mu_R - \mu_S}{\sqrt{\sigma_R^2 + \sigma_S^2}} \tag{2.9}$$

可见，β 值愈大，失效概率 P_f 的值愈小；反之，β 值愈小，失效概率 P_f 的值就愈大。可靠指标与失效概率是一一对应的，见表 2.1。

表 2.1 可靠指标 β 与失效概率 P_f 之间的对应关系

β	P_f	β	P_f
1.0	1.59×10^{-1}	3.2	6.90×10^{-4}
1.3	6.68×10^{-2}	3.5	2.33×10^{-4}
2.0	2.28×10^{-2}	3.7	1.10×10^{-4}
2.5	6.21×10^{-3}	4.0	3.17×10^{-5}
2.7	3.50×10^{-3}	4.2	1.30×10^{-5}
3.0	1.35×10^{-3}	4.5	3.40×10^{-6}

为使设计人员正确选择合适的可靠指标进行设计，《建筑结构可靠度设计统一标准》(GB 50068—2001)根据结构破坏可能产生的后果的严重性(危及生命安全、造成经济损失、产生社会影响等)，将建筑结构划分为三个安全等级，见表 2.2。

《建筑结构可靠度设计统一标准》(GB 50068—2010)规定的结构构件按承载力极限状态设计时的可靠指标见表 2.3。

表 2.2　建筑结构的安全等级

安全等级	破坏后果	建筑物类型
一级	很严重	重要的房屋
二级	严重	一般的房屋
三级	不严重	次要的房屋

注:1. 对于特殊的建筑物,其安全等级可根据具体情况另行确定;

2. 对地震区的砌体结构设计,应按国家现行《建筑工程抗震设防分类标准》(GB 50223—2008),根据建筑物重要性区分建筑物类别。

表 2.3　规定的可靠指标 β

破坏类型	安全等级		
	一级	二级	三级
延性破坏	3.7	3.2	2.7
脆性破坏	4.2	3.7	3.2

地震区的砌体结构设计,应按《建筑抗震设计规范》(GB 50011—2010)根据建筑物重要性确定安全等级。

*2.2　安全度表达方法的历史演变

砖石材料是一种历史悠久的、传统的建筑材料。在 19 世纪,欧洲就建造了大量的砖石结构建筑,而且使用砖石作为多层房屋的承重材料。早期砖石结构构件的截面尺寸完全是凭经验确定的,所以往往尺寸较大,从欧洲遗留的一些早期建筑中就可见到。而后,逐渐开始采用弹性理论的许可应力计算方法。

在 20 世纪 30 年代后期,前苏联发现按弹性理论计算的结果与试验结果不相符合,继而对偏心受压构件的计算采用了修正系数;到 20 世纪 40 年代初期,前苏联按破坏阶段计算方法,在其 1955 年颁布的《砖石及钢筋砖石结构设计标准及技术规范》(HNTY120—55)中又进一步采用了三系数按极限状态的计算方法。

我国是在 1952 年开始对偏心受压构件的计算采用修正系数以便于比较正确地估算其承载能力,后来又相继采用了破坏阶段和三系数按极限状态的计算方法。

在三系数法中,对承载能力的计算,采用了三个系数,即荷载系数 n、材料强度系数 K 和工作条件系数 m,以分别考虑结构的可能超载(当纵向力减小反为不利时,则应考虑实际自重可能较标准重量偏低,即这时 $n<1$)、材料强度变异(降低)、工作条件的不同和计算假定的误差等因素。

实际上,所有影响结构安全度的因素,目前还很难作为随机变量处理而加以统计。

我国1973年颁布的《砖石结构设计规范》(GBJ 3—1973),规定砖石结构设计计算应按材料平均强度的单一安全系数法(总安全系数法)进行,而安全系数则采取多系数分析,单一系数表达的半统计、半经验的方法确定。对于无筋砖石结构来说,因其主要为单一材料,取平均强度计算亦比较合理。因此,构件截面承载能力 N_u,按根据破坏阶段试验结果所建立的经验公式并取材料平均(极限)强度计算,而内力 N 则根据标准荷载确定,N 应不超过 N_u/K,以保证有足够的安全储备,K 即称为安全系数。单一安全系数法计算的优点,除安全系数的确定是按半统一、半经验的方法而较为合理外,同时有一个比较明确的安全系数值,计算也较简便。

1988年颁布的《砌体结构设计规范》(GBJ 3—1988,最新版为GB 50003—2011)中规定,根据国家颁布的《建筑结构可靠度设计统一标准》(GBJ 68—1984,最新版为GB 50068—2001),采用以近似概率理论为基础的极限状态设计方法。

2.3 概率极限状态设计法

砌体结构设计在理论上应根据失效概率或可靠指标来度量结构的可靠性。但在实际应用时,计算过程较复杂,而且需要掌握足够的实测数据,包括各种影响因素的统计特征值。就目前来讲,有许多影响因素的不定性还不能用统计方法确定,所以此方法还不能普遍用于实际设计工作中,《规范》只是以可靠度理论作为设计的理论基础。实际设计时,引入荷载分项系数、材料分项系数和结构重要性系数等分项系数,并且找出可靠指标与分项系数的对应关系,从而以分项系数代替可靠指标,使结构设计方法在形式上与传统的方法相似,也是按极限状态方法进行设计。

《规范》采用以概率理论为基础的极限状态设计方法,以可靠指标度量结构构件的可靠度,采用分项系数的设计表达式进行计算。砌体结构应按承载能力极限状态设计,并满足正常使用极限状态的要求。

2.3.1 砌体结构按承载能力极限状态设计

砌体结构按承载能力极限状态设计时,应按下列公式中最不利组合进行计算

$$\gamma_0\left(1.2S_{GK}+1.4S_{Q1K}+\gamma_L\sum_{i=2}^{n}\gamma_{Qi}\psi_{Ci}S_{QiK}\right)\leqslant R\quad(f,a_k,\cdots)\tag{2.10}$$

$$\gamma_0\left(1.35S_{GK}+1.4\gamma_L\sum_{i=1}^{n}\psi_{Ci}S_{QiK}\right)\leqslant R\quad(f,a_k,\cdots)\tag{2.11}$$

$$f=f_K/\gamma_f$$

$$f_K=f_m-1.645\sigma_f$$

式中 γ_0——结构重要性系数,对安全等级为一级或设计使用年限为50年以上的结构构件,不应小于1.1;对安全等级为二级或设计使用年限为50年的结构构件,不应小于1.0;对安全等级为三级或设计使用年限为1~5年的结构构件,不应

小于0.9；

γ_L——结构构件的抗力模型不定性系数，设计年限为50年时，$\gamma_L=1.0$；设计年限为100年时，$\gamma_L=1.1$；

S_{GK}——永久荷载标准值的效应；

S_{Q1K}——在基本组合中起控制作用的一个可变荷载标准值的效应；

S_{QiK}——第i个可变荷载标准值的效应；

$R(f,a_K,\cdots)$——结构构件的抗力函数；

γ_{Qi}——第i个可变荷载的分项系数；

ψ_{Ci}——第i个可变荷载的组合值系数，一般情况下应取0.7，对书库、档案库、储藏室或通风机房、电梯机房应取0.9；

f——砌体的强度设计值；

f_k——砌体的强度标准值；

γ_f——砌体结构的材料性能分项系数，一般情况下，宜按施工控制等级为B级考虑，取$\gamma_f=1.6$，当为C级时，取$\gamma_f=1.8$；当为A级时，取$\gamma_f=1.5$；

f_m——砌体的强度平均值；

σ_f——砌体强度的标准差；

a_k——几何参数标准值。

注意：(1) 施工质量控制等级划分要求应符合《砌体结构工程施工质量验收规范》(GB 50203—2011)的规定。

(2) 当楼面活荷载标准值大于4 kN/m² 时，式中系数1.4应为1.3。

2.3.2 砌体结构作为刚体时的整体稳定性

当砌体结构作为一个刚体，需验算整体稳定性时，例如倾覆、滑移、漂浮等，应按式(2.12)、式(2.13)中最不利组合进行验算

$$\gamma_0\left(1.2S_{G2K}+1.4S_{Q1K}+\sum_{i=2}^{n}S_{Q1K}\right)\leqslant 0.8S_{G1K} \tag{2.12}$$

$$\gamma_0(1.35S_{G2K}+1.4\gamma_L\sum_{i=1}^{n}\Psi_{Ci}S_{QiK})\leqslant 0.8S_{G1K} \tag{2.13}$$

式中 S_{G1K}——起有利作用的永久荷载标准值的效应；

S_{G2K}——起不利作用的永久荷载标准值的效应。

由上述可见，我国《规范》在进行结构构件承载力计算时，主要是通过将荷载的标准值乘以大于1的荷载分项系数，而将材料强度标准值除以大于1的材料性能分项系数，使结构构件的失效概率控制在允许范围内，以确保结构具有足够的可靠度。

根据砌体结构的特点，砌体结构正常使用极限状态的要求，一般情况下可由相应的构造措施来保证，有关砌体结构的构造问题将在以后章节介绍。

本章小结

1. 结构的极限状态分两类：承载力极限状态和正常使用极限状态。

2. 结构的可靠性是指安全性、适用性和耐久性。

3. 结构的可靠度是指结构在规定的时间内，在规定的条件下，完成预定功能的概率。它是结构可靠性的概率度量。

4. 结构的可靠指标与失效概率是一一对应的。

思考题

1. 什么是结构上的作用和作用效应？它们之间有何关系？

2. 作用效应与结构抗力有何区别？

3. 试述结构可靠度的定义，并说明结构可靠性与结构可靠度的关系。

4. 试说明可靠概率与失效概率之间的关系，失效概率与可靠指标之间的关系。

5. 什么是结构的极限状态？分为哪两种类型？砌体结构设计时是如何保证结构不超过这两类极限状态的？

6. 写出砌体结构按承载能力极限状态的设计表达式，并简要解释其物理意义。

7. 为什么说我国现行的设计方法是以概率理论和可靠度理论为基础？是通过哪些因素体现的？

第 3 章

无筋砌体受压构件

学习目标

1. 了解影响无筋砌体受压构件承载力的主要因素。

2. 重点掌握无筋砌体受压构件承载力计算公式及其适用的范围，了解偏心距限值的工程意义。

3. 了解无筋砌体局部受压的力学特征，认识验算局部受压承载力的重要性，熟练掌握局部受压承载力验算的基本公式。

4. 掌握砌体中梁下设置垫块的构造及其计算方法。

3.1 受压短柱的受力状态及计算公式

3.1.1 轴心受压短柱

在轴心压力作用下,短柱截面的应力是均匀分布的,如图 3.1a 所示。该应力达到砌体抗压强度 f 时,轴心受压短柱的承载力 N_u 为

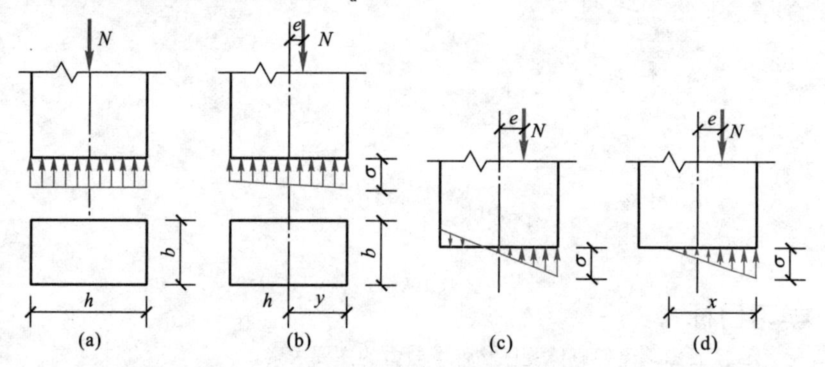

图 3.1 按匀质弹性体确定的截面应力图

$$N_u = Af \tag{3.1}$$

式中 A——柱截面面积;

f——砌体抗压强度设计值。

3.1.2 偏心受压短柱

当轴向压力偏心距较小时(图 3.1b),截面虽然全部受压,但应力分布不均匀,破坏将发生在压应力较大一侧。当轴向压力的偏心距进一步增大时,截面将出现受拉区(图 3.1c),此时如果应力未达到砌体的通缝抗拉强度,受拉边不会开裂。如果偏心距继续增大(图 3.1d),受拉边就会开裂,此时只有砌体局部的受压区压应力与轴向力平衡。

如把砌体看作匀质弹性体,并按材料力学公式计算,则截面压应力较大边缘的应力 σ(图3.1b、c、d)为

$$\sigma = \frac{N_e}{A} + \frac{N_e e}{I}y = \frac{N_e}{A}\left(1 + \frac{ey}{i^2}\right)$$

当上述边缘应力达到砌体抗压强度 f 时,该柱能承受的压力为

$$N_e = \frac{1}{1 + ey/i^2}Af \tag{3.2}$$

令 $\varphi_1 = \dfrac{1}{1 + ey/i^2}$,则对于矩形截面柱

$$\varphi_1 = \frac{1}{1 + 6e/h}$$

式中 e——轴向力的偏心距;

h——矩形截面沿轴向力偏心方向的边长;

φ_1——按材料力学公式计算砌体的偏心影响系数；

i——截面的回转半径，$i=\sqrt{I/A}$；

y——截面重心到压应力较大边缘的距离。

大量的砌体受压试验表明，按上述材料力学公式计算得出的砌体的偏心影响系数，其承载力远低于试验结果。事实上，由于砌体具有弹塑性性能，偏压砌体截面上应力呈曲线分布，如图 3.2 所示。对于偏心距较大的受压构件，当受拉边缘的应力大于砌体沿通缝截面的弯曲抗拉强度时，将会产生水平裂缝。随着裂缝的发展，受压面积逐渐减小，该受压部分砌体，由于具有局部受压性质，其强度会有一定的提高（见本章 3.4 节）。这些影响对砌体的承载力都是有利的，但在材料力学公式中未考虑这些因素。

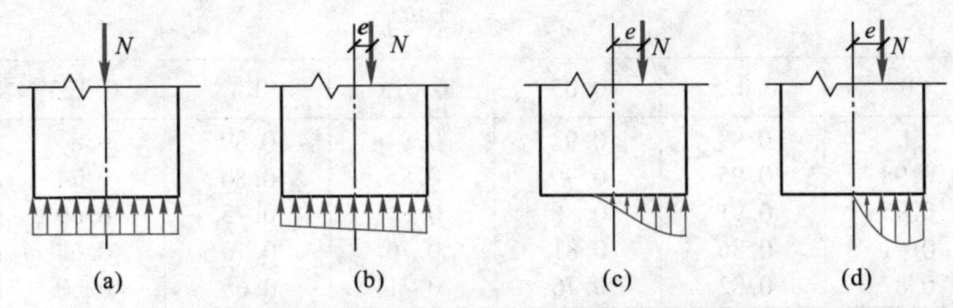

图 3.2　砌体受压时塑性影响下截面应力变化

根据我国大量的试验资料，经统计分析，砌体受压时的偏心影响系数可按下式计算

$$\varphi_e=\frac{1}{1+(e/i)^2} \tag{3.3}$$

式中　i——截面回转半径；

φ_e——砌体受压时偏心影响系数。

对于矩形截面砌体

$$\varphi_e=\frac{1}{1+12(e/h)^2} \tag{3.4}$$

对于 T 形截面砌体

$$\varphi_e=\frac{1}{1+12(e/h_T)^2} \tag{3.5}$$

式中　h_T——T 形截面的折算厚度，$h_T=3.5i$。

如此，砌体偏心受压短柱承载力计算公式为

$$N_u=\varphi_e Af \tag{3.6}$$

3.2　受压长柱的受力状态及计算公式

3.2.1　轴心受压长柱

细长柱在承受轴心压力时，往往由于侧向变形过大而发生纵向弯曲破坏，所以在承载力计算中要考虑稳定系数 φ_0 的影响。根据材料力学压杆稳定理论，综合考虑砖和砂浆强度及其他因素对构件纵向弯曲的影响，《规范》规定按下式计算轴心受压柱的稳定系数

$$\varphi_0 = \frac{1}{1 + \eta\beta^2} \tag{3.7}$$

式中 η——与砂浆强度 f_2 有关的系数，$f_2 \geqslant 5$ MPa 时，$\eta = 0.0015$；$f_2 = 2.5$ MPa 时，$\eta = 0.002$；$f_2 = 0$时，$\eta = 0.009$。

β——构件的高厚比，其取值见表 3.1～表 3.3 的规定。当 $\beta \leqslant 3$，$\varphi_0 = 1$。

如此，轴心受压长柱的承载力为

$$N_u = \varphi_0 A f \tag{3.8}$$

表 3.1 影响系数 φ（砂浆强度等级≥M5）

β	$\frac{e}{h}$或$\frac{e}{h_T}$						
	0	0.025	0.05	0.075	0.1	0.125	0.15
≤3	1	0.99	0.97	0.94	0.89	0.84	0.79
4	0.98	0.95	0.90	0.85	0.80	0.74	0.69
6	0.95	0.91	0.86	0.81	0.75	0.69	0.64
8	0.91	0.86	0.81	0.76	0.70	0.64	0.59
10	0.87	0.82	0.76	0.71	0.65	0.60	0.55
12	0.82	0.77	0.71	0.66	0.60	0.55	0.51
14	0.77	0.72	0.66	0.61	0.56	0.51	0.47
16	0.72	0.67	0.61	0.56	0.52	0.47	0.44
18	0.67	0.62	0.57	0.52	0.48	0.44	0.40
20	0.62	0.57	0.53	0.48	0.44	0.40	0.37
22	0.58	0.53	0.49	0.45	0.41	0.38	0.35
24	0.54	0.49	0.45	0.41	0.38	0.35	0.32
26	0.50	0.46	0.42	0.38	0.35	0.33	0.30
28	0.46	0.42	0.39	0.36	0.33	0.30	0.28
30	0.42	0.39	0.36	0.33	0.31	0.28	0.26

β	$\frac{e}{h}$或$\frac{e}{h_T}$					
	0.175	0.2	0.225	0.25	0.275	0.3
≤3	0.73	0.68	0.62	0.57	0.52	0.48
4	0.64	0.58	0.53	0.49	0.45	0.41
6	0.59	0.54	0.49	0.45	0.42	0.38
8	0.54	0.50	0.46	0.42	0.39	0.36
10	0.50	0.46	0.42	0.39	0.36	0.33
12	0.47	0.43	0.39	0.36	0.33	0.31
14	0.43	0.40	0.36	0.34	0.31	0.29
16	0.40	0.37	0.34	0.31	0.29	0.27
18	0.37	0.34	0.31	0.29	0.27	0.25
20	0.34	0.32	0.29	0.27	0.25	0.23
22	0.32	0.30	0.27	0.25	0.24	0.22
24	0.30	0.28	0.26	0.24	0.22	0.21
26	0.28	0.26	0.24	0.22	0.21	0.19
28	0.26	0.24	0.22	0.21	0.19	0.18
30	0.24	0.22	0.21	0.20	0.18	0.17

表 3.2 影响系数 φ（砂浆强度等级≥M2.5）

β	$\frac{e}{h}$或$\frac{e}{h_T}$						
	0	0.025	0.05	0.075	0.1	0.125	0.15
≤3	1	0.99	0.97	0.94	0.89	0.84	0.79
4	0.97	0.94	0.89	0.84	0.78	0.73	0.67
6	0.93	0.89	0.84	0.78	0.73	0.67	0.62
8	0.89	0.84	0.78	0.72	0.67	0.62	0.57
10	0.83	0.78	0.72	0.67	0.61	0.56	0.52
12	0.78	0.72	0.67	0.61	0.56	0.52	0.47
14	0.72	0.66	0.61	0.56	0.51	0.47	0.43
16	0.66	0.61	0.56	0.51	0.47	0.43	0.40
18	0.61	0.56	0.51	0.47	0.43	0.40	0.36
20	0.56	0.51	0.47	0.43	0.39	0.36	0.33
22	0.51	0.47	0.43	0.39	0.36	0.33	0.31
24	0.46	0.43	0.39	0.36	0.33	0.31	0.28
26	0.42	0.39	0.36	0.33	0.31	0.28	0.26
28	0.39	0.36	0.33	0.30	0.28	0.26	0.24
30	0.36	0.33	0.30	0.28	0.26	0.24	0.22

β	$\frac{e}{h}$或$\frac{e}{h_T}$					
	0.175	0.2	0.225	0.25	0.275	0.3
≤3	0.73	0.68	0.62	0.57	0.52	0.48
4	0.62	0.57	0.52	0.48	0.44	0.40
6	0.57	0.52	0.48	0.44	0.40	0.37
8	0.52	0.48	0.44	0.40	0.37	0.34
10	0.47	0.43	0.40	0.37	0.34	0.31
12	0.43	0.40	0.37	0.34	0.31	0.29
14	0.40	0.36	0.34	0.31	0.29	0.27
16	0.36	0.34	0.31	0.29	0.26	0.25
18	0.33	0.31	0.29	0.26	0.24	0.23
20	0.31	0.28	0.26	0.24	0.23	0.21
22	0.28	0.26	0.24	0.23	0.21	0.20
24	0.26	0.24	0.23	0.21	0.20	0.18
26	0.24	0.22	0.21	0.20	0.18	0.17
28	0.22	0.21	0.20	0.18	0.17	0.16
30	0.21	0.20	0.18	0.17	0.16	0.15

表 3.3 影响系数 φ(砂浆强度0)

β	$\frac{e}{h}$或$\frac{e}{h_T}$						
	0	0.025	0.05	0.075	0.1	0.125	0.15
≤3	1	0.99	0.97	0.94	0.89	0.84	0.79
4	0.87	0.82	0.77	0.71	0.66	0.60	0.55
6	0.76	0.70	0.65	0.59	0.54	0.50	0.46
8	0.63	0.58	0.54	0.49	0.45	0.41	0.38
10	0.53	0.48	0.44	0.41	0.37	0.34	0.32
12	0.44	0.40	0.37	0.34	0.31	0.29	0.27
14	0.36	0.33	0.31	0.28	0.26	0.24	0.23
16	0.30	0.28	0.26	0.24	0.22	0.21	0.19
18	0.26	0.24	0.22	0.21	0.19	0.18	0.17
20	0.22	0.20	0.19	0.18	0.17	0.16	0.15
22	0.19	0.18	0.16	0.15	0.14	0.14	0.13
24	0.16	0.15	0.14	0.13	0.13	0.12	0.11
26	0.14	0.13	0.13	0.12	0.11	0.11	0.10
28	0.12	0.12	0.11	0.11	0.10	0.10	0.09
30	0.11	0.10	0.10	0.09	0.09	0.09	0.08

β	$\frac{e}{h}$或$\frac{e}{h_T}$					
	0.175	0.2	0.225	0.25	0.275	0.3
≤3	0.73	0.68	0.62	0.57	0.52	0.48
4	0.51	0.46	0.43	0.39	0.36	0.33
6	0.42	0.39	0.36	0.33	0.30	0.28
8	0.35	0.32	0.30	0.28	0.25	0.24
10	0.29	0.27	0.25	0.23	0.22	0.20
12	0.25	0.23	0.21	0.20	0.19	0.17
14	0.21	0.20	0.18	0.17	0.16	0.15
16	0.18	0.17	0.16	0.15	0.14	0.13
18	0.16	0.15	0.14	0.13	0.12	0.12
20	0.14	0.13	0.12	0.12	0.11	0.10
22	0.12	0.12	0.11	0.10	0.10	0.09
24	0.11	0.10	0.10	0.09	0.09	0.08
26	0.10	0.09	0.09	0.08	0.08	0.07
28	0.09	0.08	0.08	0.08	0.07	0.07
30	0.08	0.07	0.07	0.07	0.07	0.06

3.2.2 偏心受压长柱

在偏心压力作用下，细长柱的侧向变形又形成一个附加偏心距，使得荷载偏心距增大，这样的相互作用加剧了柱的破坏。图3.3为偏心受压构件，设纵向弯曲而产生的附加偏心距为 e_i，若以新的偏心距 $e+e_i$ 代替式(3.3)中原偏心距 e，可得受压长柱考虑纵向弯曲时的偏心距影响系数为

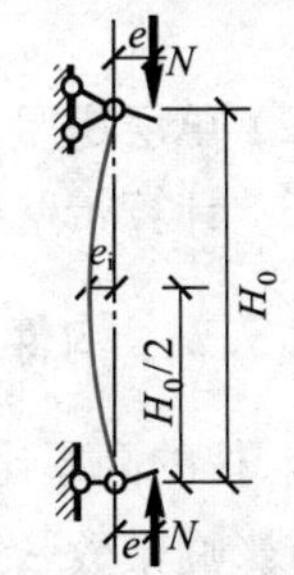

图3.3 偏心受压构件的纵向弯曲

$$\varphi=\frac{1}{1+\left(\frac{e+e_i}{i}\right)^2} \tag{3.9}$$

在轴心压力下，$e=0$ 时 $\varphi=\varphi_0$，故得

$$e_i=i\sqrt{(1/\varphi_0)-1}$$

将上式 e_i 代回式(3.9)，可得任意截面的偏心受压构件承载力的影响系数为

$$\varphi=\frac{1}{1+\frac{[e+i\sqrt{(1/\varphi_0)-1}]^2}{i^2}} \tag{3.10}$$

对于矩形截面构件，$i=h/\sqrt{12}$，将式(3.7)中的 φ_0 代入上面 e_i 的计算公式中，则

$$e_i=h\beta\sqrt{\alpha/12} \tag{3.11}$$

将式(3.11)代入公式(3.9)，从而可得《规范》给出的高厚比和轴向力偏心距对受压构件承载力的影响系数的计算公式

$$\varphi=\frac{1}{1+12\left[\frac{e}{h}+\sqrt{\frac{1}{12}\left(\frac{1}{\varphi_0}-1\right)}\right]^2} \tag{3.12}$$

对于T形截面构件，以折算厚度 h_T 代替式(3.12)中的 h 来计算 φ 值。从式中不难看出，当 $\varphi_0=1$ 时，影响系数即等于砌体的偏心影响系数 φ_e；当 $e=0$ 时，影响系数等于砌体受压时的稳定系数($\varphi=\varphi_0$)，所以式(3.12)较为合理。

3.3 无筋砌体受压承载力计算

3.3.1 受压承载力计算公式

根据以上分析，无筋砌体受压构件承载力按以下统一公式计算

$$N\leqslant\varphi fA \tag{3.13}$$

式中 N——荷载设计值产生的轴向力；

φ——高厚比 β 和轴向力的偏心距 e 对受压构件承载力的影响系数，按表3.1～表3.3采用；

f——砌体抗压强度设计值，按表1.7～表1.12采用；

A——截面面积，对各类砌体均应按毛截面计算。

对带壁柱墙的计算截面翼缘宽度按下列规定采用：

(1) 多层房屋，当有门窗洞口时，可取窗间墙宽度；当无门窗洞口时，可取壁柱高度的1/3；

(2) 单层房屋，可取壁柱宽加2/3墙高，但不大于窗间墙宽度和相邻壁柱间距离；

(3) 计算带壁柱槁的条形基础时，可取相邻壁柱间的距离。

3.3.2 构件高厚比β的计算

墙、柱的高厚比β是衡量砌体长细程度的指标，它等于构件计算高度H_0与其厚度之比，在计算影响系数φ或查φ表时，构件高厚比β应按下列公式计算：

对于矩形截面

$$\beta=\gamma_{\beta}\frac{H_0}{h} \tag{3.14a}$$

对于T形截面

$$\beta=\gamma_{\beta}\frac{H_0}{h_T} \tag{3.14b}$$

式中 H_0——受压构件的计算高度（对单层厂房和多层房屋的墙、柱，可按表5.1的规定采用）；

h——矩形截面轴向力偏心方向的边长，当轴心受压时，为截面较小边边长；

H_T——T形截面的折算厚度，可近似取为$3.5i$，此处i为截面回转半径，$i=\sqrt{I/A}$；

γ_{β}——不同砌体材料构件的高厚比调整系数，按表3.4的规定取值。

表3.4 高厚比调整系数γ_{β}

砌体材料类别	γ_{β}
烧结普通砖、烧结多孔砖	1.0
混凝土普通砖、混凝土多孔砖、混凝土及轻骨料混凝土砌块	1.1
蒸压灰砂普通砖、蒸压粉煤灰普通砖、细料石、半细料石	1.2
粗料石、毛石	1.5

注：对灌孔混凝土砌块砌体，γ_{β}取1.0。

3.3.3 受压承载力计算时应注意的问题

对矩形截面构件，当轴向力偏心方向的截面边长大于另一方向的边长时，除按偏心受压计算外，还应对较小边长方向按轴心受压验算。

当轴向力偏心距e较大时，截面受拉区水平裂缝将显著开展，受压区面积相应地减少，构件的承载力大大降低。考虑经济性和合理性，《规范》提出轴向力的偏心距e按荷载设计值计算并不应超过$0.6y$（y为截面重心到轴向力所在偏心方向截面边缘的距离）。

当梁或屋架端部支承反力的偏心距较大时，可在其端部下的砌体上设置具有"中心装置"的垫块或缺口垫块（图3.4）。"中心装置"和缺口尺寸视需要而定，当然还可采用修改尺寸的方法。

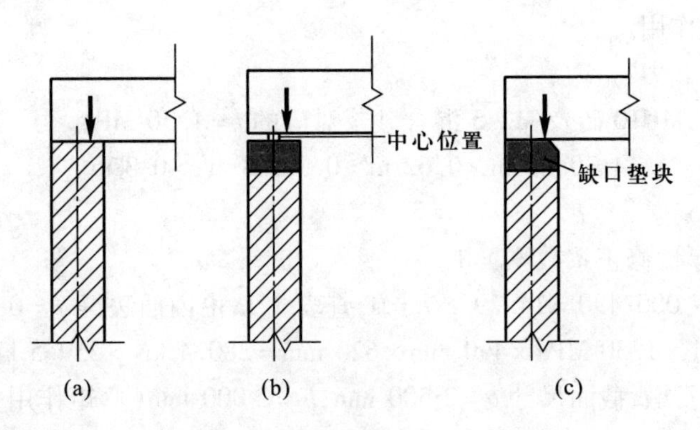

图3.4 设置垫块减小偏心距

根据《规范》规定，砌体的受压承载力计算可归纳如下：

① $e \leqslant 0.6y$ 的受压构件，仅按式(3.13)进行受压承载力计算即可。

② 当 $0.6y < e \leqslant 0.95y$ 时，构件除应按式(3.13)进行承载力验算外，尚应对截面受拉边水平裂缝的裂缝宽度加以限制，即按下式进行正常使用极限状态验算

$$N_S \leqslant \frac{f_{tm,k}A}{Ae/W-1} \tag{3.15}$$

$$f_{tm,k} = 1.6 f_{tm}$$

式中 N_S——按荷载的短期效应组合计算的轴向力；

$f_{tm,k}$——砌体沿通缝截面的弯曲抗拉强度标准值；

f_{tm}——砌体沿通缝截面的弯曲抗拉强度设计值，按表1.14采用；

W——截面抵抗矩。

③ 当 $e > 0.95y$ 时，由于偏心距过大，有可能截面一旦开裂就很快发生破坏而丧失承载能力。因此，《规范》规定此时应按砌体通缝弯曲抗拉强度确定截面承载力，即要求砌体截面的最大拉应力不超过砌体弯曲抗拉强度设计值。据此得到的承载力计算公式为

$$N \leqslant \frac{f_{tm}A}{Ae/W-1} \tag{3.16}$$

式中 N——轴向力设计值。

［例3.1］ 某砖柱高 $H=7$ m，截面尺寸为490 mm×620 mm，采用强度等级为MU10的砖及M2.5的混合砂浆砌筑，柱的计算高度 $H=H_0=7$ m，柱顶承受轴向压力标准值 $N_k=150.71$ kN，砖砌体的重度为19 kN/m³，试验算柱底截面是否安全（$\gamma_0=1$）。

［解］ (1) 求柱底部截面的轴向力设计值

组合1：$N=1.4N_k+\gamma_G G_k=1.4\times150.71\ \text{kN}+1.2\times(0.49\times0.62\times7\times$

19) kN = 259.5 kN

组合2：$N=1.4\times0.7N_k+\gamma_G G_k=1.4\times0.7\times150.71\ \text{kN}+1.35\times(0.49\times0.62\times7\times19)\ \text{kN}=202.24\ \text{kN}$

组合1起控制作用。

(2) 求柱的承载力

由表1.7查得，MU10砖及M2.5混合砂浆对应的$f=1.30\ \text{MPa}$。

$$A=0.49\ \text{m}\times0.62\ \text{m}=0.303\,8\ \text{m}^2>0.3\ \text{m}^2$$

取$\gamma_a=1$（见表1.15）。

对于砖柱，高厚比修正系数$\gamma_\beta=1$。

由$\beta=H_0/h=7\,000/490=14.29$，$e/h=0$，查表3.1，由内插法得$\varphi=0.71$，则

$$\varphi fA=0.71\times1.30\ \text{MPa}\times490\ \text{mm}\times620\ \text{mm}=280.4\ \text{kN}>259.5\ \text{kN}（安全）$$

［例3.2］ 某石墩，截面尺寸$b=2\,500\ \text{mm}$，$h=2\,000\ \text{mm}$（弯矩作用方向），采用MU40的粗料石及M7.5的混合砂浆砌筑，石墩承受轴向压力设计值$N=6\,400\ \text{kN}$，弯矩设计值$M=2\,308\ \text{kN}\cdot\text{m}$，石墩高8 m。验算石墩是否安全（$H_0=H=8\ \text{m}$）。

［解］ (1) 计算偏心矩e

$$e=M/N=2\,308\ \text{N}\cdot\text{m}/6\,400\ \text{N}=0.360\,6\ \text{m}$$

$$e/y=0.360\,6/1=0.360\,6<0.6$$

故该墩只需按式(3.13)进行承载力计算。

(2) 承载力计算

由MU40粗料石及M7.5混合砂浆查表1.11，得

$$f=1.2\times3.43\ \text{MPa}=4.116\ \text{MPa}$$

查表3.4，高厚比修正系数$\gamma_\beta=1.5$，则

$$\beta=\gamma_\beta H_0/h=1.5\times8/2=6$$

$$e/h=0.360\,6/2=0.180\,3$$

据此查表3.1，由内插法得

$$\varphi=0.580$$

则石墩的承载力为

$$\varphi fA=0.580\times4.116\ \text{MPa}\times2\,500\ \text{mm}\times2\,000\ \text{mm}=11\,936\ \text{kN}>6\,400\ \text{kN}（安全）$$

［例3.3］ 图3.5所示一带壁柱的砖墙，采用砖MU10、混合砂浆M5砌筑，计算高度为5 m。试计算当轴向力作用在该墙壁截面重心O点、A点及B点时的承载力。

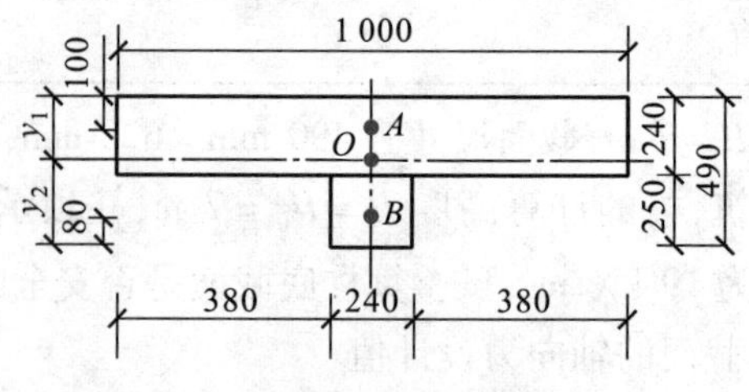

图3.5 例3.3附图

［解］ (1) 截面几何特征计算

截面面积:$A = 1\ \text{m} \times 0.24\ \text{m} \times 0.25\ \text{m} = 0.3\ \text{m}^2$

截面重心位置:$y_1 = (1 \times 0.24 \times 0.12 + 0.24 \times 0.25 \times 0.365)\ \text{m}^3/\text{m}^2 = 0.169\ \text{m}$

$$y_2 = 0.49\ \text{m} - 0.169\ \text{m} = 0.321\ \text{m}$$

截面惯性矩:

$$I = [1 \times 0.169^3/3 + (1-0.24) \times (0.24-0.169)^3/3 + 0.24 \times 0.321^3/3]\ \text{m}^4 = 0.004\ 3\ \text{m}^4$$

T 形截面回转半径:$i = \sqrt{I/A} = \sqrt{0.004\ 3\ \text{m}^4/0.3\ \text{m}^2} = 0.12\ \text{m}$

T 形截面的折算厚度:$h_T = 3.5i = 3.5 \times 0.12\ \text{m} = 0.42\ \text{m}$

(2) 轴向力作用在截面 O 点时的承载力计算

此时属于轴心受压,砖砌体 $\gamma_\beta = 1$,又

$$\beta = H_0/h_T = 5/0.42 = 11.9$$

查表 3.1,由内插法得

$$\varphi = \varphi_0 = 0.825$$

查表 1.7 得

$$f = 1.50\ \text{MPa}$$

该墙的承载力为

$$N = \varphi Af = 0.825 \times 0.3\ \text{m}^2 \times (1.50 \times 10^3)\ \text{kN/m}^2 = 371.25\ \text{kN}$$

(3) 轴向力作用在截面 A 点时的承载力计算

此时为偏心受压,荷载设计值产生的偏心距为

$$e = y_1 - 0.1\ \text{m} = 0.169\ \text{m} - 0.1\ \text{m} = 0.069\ \text{m}$$

又

$$e/h_T = 0.069/0.42 = 0.164$$

$$e/y_1 = 0.069/0.169 = 0.408 < 0.6$$

故仅进行受压承载力计算。

查表 3.1,由内插法得

$$\varphi = 0.494$$

所以该墙的承载力为

$$N = \varphi Af = 0.494 \times 0.3\ \text{m}^2 \times (1.50 \times 10^3)\ \text{kN/m}^2 = 222.3\ \text{kN}$$

(4) 轴向力作用在截面 B 点时的承载力计算

此时为偏心受压,荷载设计值产生的偏心距为

$$e = y_2 - 0.08\ \text{m} = 0.321\ \text{m} - 0.08\ \text{m} = 0.241\ \text{m}$$

又

$$e/h_T = 0.241/0.42 = 0.574$$

$$0.6 < e/y_2 = 0.241/0.321 = 0.751 < 0.95$$

故除进行受压承载力计算外,尚须进行正常使用极限状态验算。

$e/h_T=0.574$,已超出表3.1的规定,故按式(3.12)计算得

$$\varphi=0.098$$

所以该墙的承载力为

$$N=\varphi Af=0.098\times 0.3\ \text{m}^2\times(1.50\times 10^3)\ \text{kN/m}^2=44.1\ \text{kN}$$

按式(3.15)验算:

截面抵抗矩 $W=I/y_1=0.0043\ \text{m}^4/0.169\ \text{m}=0.025\ \text{m}^3$

$$N_S=\frac{1.6Af_{tm}}{Ae/W-1}=\frac{1.6\times 0.3\ \text{m}^2\times(0.11\times 10^3)\ \text{kN/m}^2}{0.3\ \text{m}^2\times 0.241\ \text{m}/0.025\ \text{m}^3-1}=27.9\ \text{kN}$$

取平均荷载系数为1.27,则由荷载设计值产生的轴向力为

$$N=1.27\times 27.9\ \text{kN}=35.43\ \text{kN}$$

该墙的承载力为两者较小值,即为35.43 kN。

3.4 局部均匀受压

3.4.1 局部均匀受压的工程现象

压力仅作用在砌体的部分面积上的受力状态称为局部受压。如在砌体局部受压面积上的压应力呈均匀分布,则称砌体的局部为均匀受压,如图3.6所示。

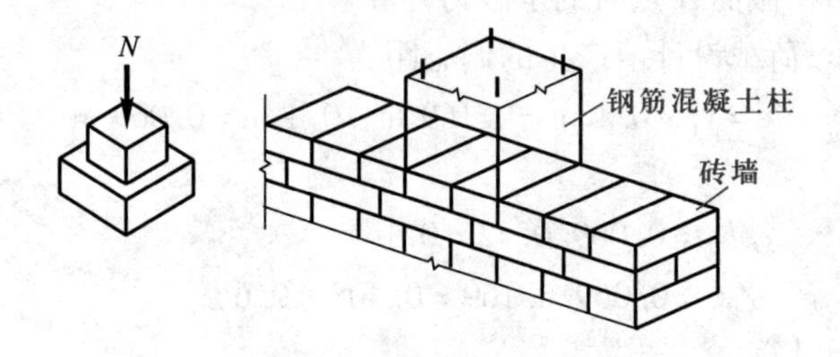

图3.6 砌体的局部均匀受压

3.4.2 局部抗压强度提高系数

在局部压力作用下,局部受压砌体产生纵向变形,而周围未直接受压的砌体像套箍一样阻止其横向变形。因此,直接受压的砌体处于双向或三向受压状态,局部抗压强度大于一般情况下的抗压强度,这就是“套箍强化”作用的结果。

此外,试验发现,由于砖的搭缝,在几皮砖下荷载实际已扩散到未直接受荷的面积上,即所谓“力的扩散”作用。这两种作用都使得局部抗压强度高于全截面受压时砌体的抗压强度。

砌体抗压强度为f,砌体的局部抗压强度可取为γf。γ值大于1,称为局部抗压强度提高系数。《规范》根据试验研究结果给出了局部抗压强度提高系数的计算公式,即

$$\gamma = 1 + 0.35\sqrt{A_0/A_l - 1} \tag{3.17}$$

式中 A_l——局部受压面积；

A_0——影响砌体局部抗压强度的计算面积，按本书3.4.3节规定采用。

3.4.3 影响局部抗压强度的计算面积

影响局部抗压强度的计算面积 A_0 可按图3.7确定。

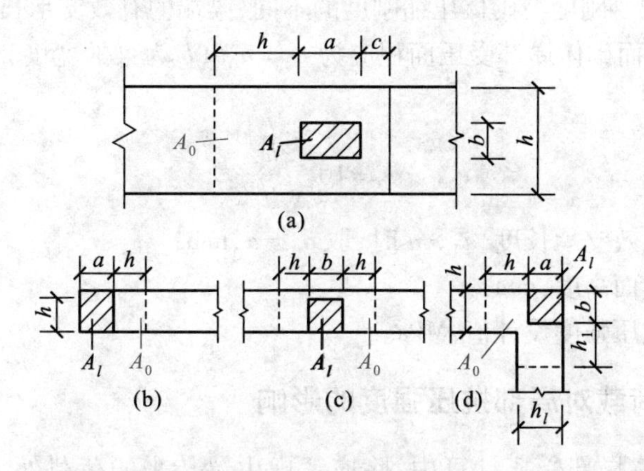

图3.7 影响局部抗压强度的计算面积 A_0

(1) 图3.7a，$A_0 = (a + c + h)h$，算出的 γ 应满足 $\gamma \leqslant 2.5$；

(2) 图3.7b，$A_0 = (a + h)h$，算出的 γ 应满足 $\gamma \leqslant 1.25$；

(3) 图3.7c，$A_0 = (b + 2h)h$，算出的 γ 应满足 $\gamma \leqslant 2$；

(4) 图3.7d，$A_0 = (a + h)h + (b + h_1 - h)h_1$，算出的 γ 应满足 $\gamma \leqslant 1.5$；

(5) 对于多孔砖砌体和要求灌实的混凝土砌块砌体，在上述(1)、(3)、(4)的情况下，尚应符合 $\gamma \leqslant 1.5$；对未灌实的混凝土砌块砌体，$\gamma = 1.0$。

在以上公式和图中，a、b 为矩形局部受压面积 A_l 的长边和短边；h、h_1 为墙厚或柱的较小边长；c 为矩形局部受压面积的外边缘至构件边缘的较小距离，大于 h 时应取为 h。

3.4.4 局部均匀压力的承载力计算

局部受压时，尽管该受压面上的砌体局部抗压强度比砌体的抗压强度高，但由于作用于局部面积上的压力很大，如不准确进行验算，则有可能成为整个结构的薄弱环节而造成破坏。

砌体截面中受局部均匀压力的承载力按下式计算

$$N_l \leqslant \gamma f A_l \tag{3.18}$$

式中 N_l——局部受压面上轴向力的设计值；

γ——砌体局部抗压强度提高系数；

f——砌体的抗压强度设计值，可不考虑强度调整系数 γ_0 的影响；

A_l——局部受压面积。

3.5 局部不均匀受压计算

3.5.1 梁端的有效支承长度

如图3.8a所示，梁端支承处砌体局部受压时，其压应力的分布是不均匀的，同时由于梁端的转角以及梁的抗弯刚度与砌体压缩刚度的不同，梁端的有效支承长度 a_0 可能小于梁的实际支承长度 a。因而砌体局部受压面积应为 $A_l=a_0b$（b 为梁的宽度），梁端的有效支承长度 a_0 为

$$a_0=10\sqrt{\frac{h_c}{f}} \tag{3.19}$$

式中 a_0——梁端有效支承长度，$a_0>a$ 时，取 $a_0=a$，mm；

h_c——梁的截面高度，mm；

f——砌体抗压强度设计值，MPa。

3.5.2 上部荷载对局部抗压强度的影响

梁端支承处砌体局部受压计算中，除应考虑由梁传来的荷载外，还应考虑局部受压面积上由上部荷载设计值产生的轴向力。但由于支座下砌体的压缩，以致梁端顶部与上部砌体脱开而形成内拱作用，所以计算时要对上部传来的荷载作适当的折减。梁上砌体作用有均匀压应力 σ_0 的试验（图3.8b）表明，随着 σ_0 的增大，上部砌体的压缩变形增加，梁端顶部与砌体的接触面也增大，内拱作用逐渐削弱，卸载的有利影响即逐渐减小。根据试验研究结果，为了偏于安全，《规范》规定，当 $A_0/A_l\geqslant3$ 时不考虑上部荷载的影响。

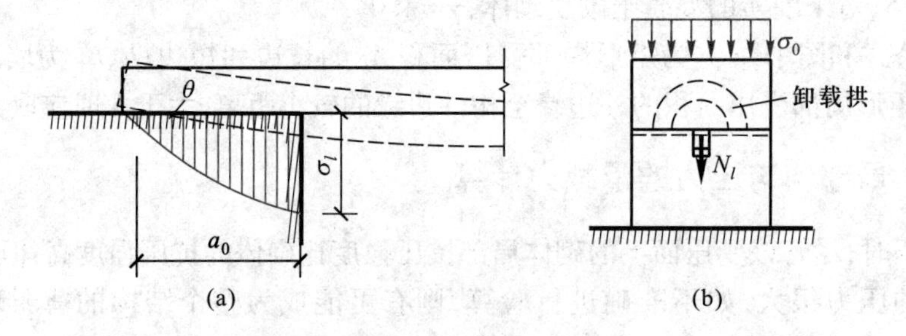

图3.8 梁端支承处砌体的局部受压

3.5.3 梁端支承处砌体局部受压承载力计算

梁端支承处砌体局部受压承载力应按下式计算

$$\psi N_0+N_l\leqslant\eta\gamma fA_l \tag{3.20}$$

式中 ψ——上部荷载的折减系数，$\psi=1.5-0.5A_0/A_l$，当 $A_0/A_l\geqslant3$ 时，取 $\psi=0$；

N_0——局部受压面积内上部轴向力设计值，$N_0=\sigma_0 A_l$，σ_0 为上部平均压应力设计值；

η——梁端底面压应力图形的完整系数，一般可取为 0.7，对于过梁和墙梁可以取 1.0；

A_l——局部受压面积，$A_l=a_0 b$，b 为梁宽，a_0 为梁端有效支承长度，可按式(3.19)计算。

3.6 提高砌体局部受压承载力的工程措施

3.6.1 设置预制刚性梁垫

为了提高梁端下砌体的承载力，可在梁支座下设置垫块，以保护支座下砌体的安全。图 3.9 表示设有预制垫块的梁端局部受压。

当梁端下设有预制刚性垫块时（图 3.9），垫块下砌体局部受压承载力应按下式计算

$$N_0+N_l \leqslant \varphi\gamma_1 f A_b \tag{3.21}$$

$$N_0=\sigma_0 A_b$$

$$A_b=a_b b_b$$

式中 N_0——垫块面积 A_b 内上部轴向力设计值；

φ——垫块上 N_0 及 N_l 合力的影响系数，采用表 3.1 中 $\beta\leqslant 3$ 时的 φ 值，N_l 的作用点可近似取距砌体内侧 $0.4a_0$ 处，但这里 a_0 按式(3.22)计算；

γ_1——垫块外砌体面积的有利影响系数，$\gamma_1=0.8\gamma$，但不小于 1.0，γ 为砌体局部抗压强度提高系数，按式(3.17)以 A_b 代替 A_l 计算；

A_b——垫块面积；

a_b——垫块伸入墙内的长度；

b_b——垫块的宽度。

如图 3.10 所示，当带壁柱墙的壁柱内设有垫块时，其计算面积应取壁柱面积，不应计算翼缘部分，即 $A_0=a_p b_p$。壁柱垫块伸入翼墙内的长度不应小于 120 mm。

刚性垫块的厚度 t_b 不宜小于 180 mm，自梁边算起的垫块挑出长度不宜大于垫块厚度 t_b。

当现浇垫块与梁端整体浇筑时，垫块可在梁高范围内设置。

特别需要指出的是，试验表明，刚性垫块上表面梁端有效支承长度 a_0 不同于砌体上梁端有效支承长度，即按式(3.19)计算的结果仅适用于砌体上梁端有效支承长度，于是《规范》根据试验结果给出了刚性垫块上表面 a_0 的计算公式

$$a_0=\delta_l\sqrt{\frac{h_c}{f}} \tag{3.22}$$

式中 δ_l——刚性垫块的影响系数，可按表 3.5 规定取值。

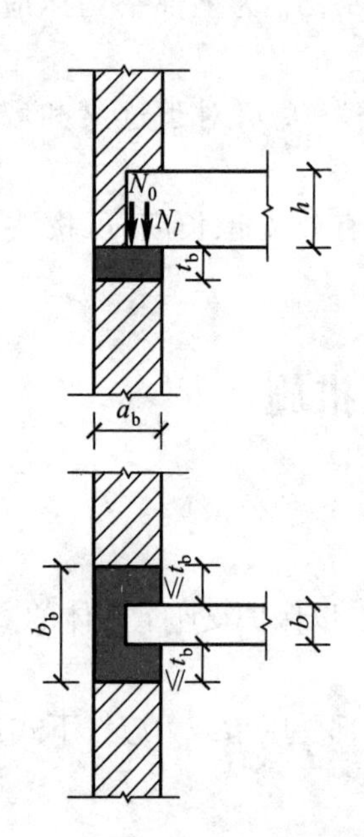

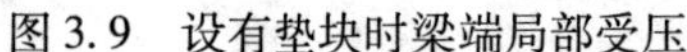

图 3.9 设有垫块时梁端局部受压

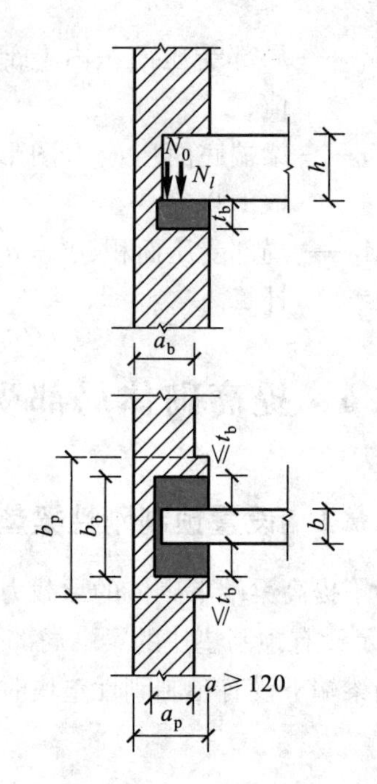

图 3.10 壁柱上设有垫块时梁端局部受压

表 3.5 系数 δ_l 值表

σ_0/f	0	0.2	0.4	0.6	0.8
δ_l	5.4	5.7	6.0	6.9	7.8

3.6.2 设置与梁整体现浇的垫块

现浇钢筋混凝土梁也可采用与梁端现浇成整体的垫块(图 3.11),受力时垫块与梁端一起变形,与梁端未设垫块时的受力情况类似,这时梁端支承处砌体的局部受压可按式(3.20)计算,但应以 b_b 代替 b,即式中 $A_l = a_0 b_b$。

3.6.3 灌实空心砌块砌体孔洞

对于混凝土小型空心砌块砌体,当局部受压承载力不满足式(3.18)、式(3.20)要求时,应将 A_0 范围内的砌体孔洞用不低于砌块材料强度等级的混凝土灌实,灌实部分的高度,由局部荷载作用面算起不少于三皮,此时砌体抗压强度设计值可按表 1.9 表注规定采用。

3.6.4 设置垫梁

当梁或屋架端部支承处的砌体上设有长度大于 πh_0(h_0 为垫梁的折算厚度)的垫梁时,梁下应力分布如图 3.12 所示。垫梁受上部荷载 N_0 和集中局部荷载 N_l 的作用,为保证其局部受压承载力,梁下的最大压应力 σ_{max} 须满足 $\sigma_{max} \leqslant \gamma f$ 的要求。按弹性力学方法分析并考虑砌体的受力性能,垫梁下砌体的局部受压承载力按下式计算

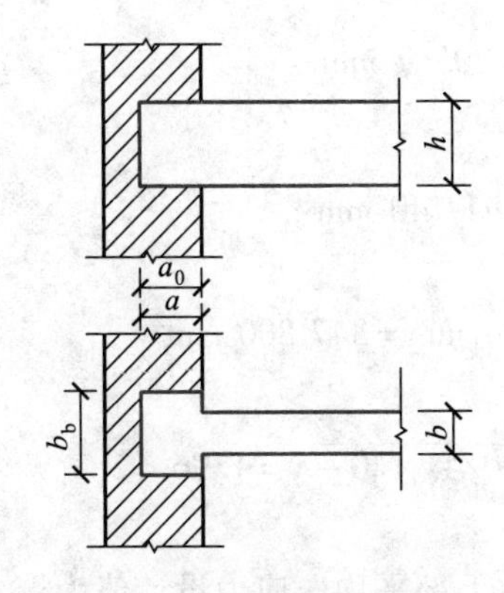

图 3.11　与梁端整浇的垫块

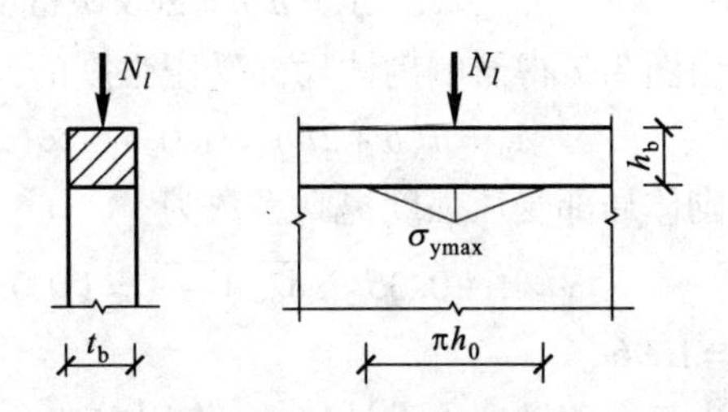

图 3.12　垫梁局部受压

$$N_0 + N_l \leqslant 2.4\delta_2 b_b h_0 f \tag{3.23}$$

$$N_0 = \pi b_b h_0 \sigma_0 / 2$$

$$h_0 = 2\sqrt[3]{\frac{E_b I_b}{Eh}}$$

式中 N_0——垫梁 $\pi b_b h_0/2$ 范围内由上部传来的轴向力设计值；

σ_0——上部荷载设计值产生的平均压应力；

b_b——垫梁在墙厚方向的宽度；

δ_2——当荷载沿墙厚方向均匀分布时，$\delta_2=1$，不均匀分布时，$\delta_2=0.8$；

h_0——垫梁折算高度；

E_b, I_b——垫梁的弹性模量和截面惯性矩；

E——砌体的弹性模量；

h——墙体厚度。

[例 3.4]　验算某小型厂房的外纵墙上梁端下砌体的局部受压承载力(图 3.13)。已知梁截面尺寸为 200 mm × 550 mm，梁端实际支承长度 $a = 240$ mm，荷载设计值产生的梁端支承反力 $N_l = 80$ kN，梁底墙体截面由上部荷载产生的轴向力 $N_l = 150$ kN，窗间墙截面为1 200 mm × 370 mm，采用 MU10 的粘土砖和 M2.5 的混合砂浆砌筑。

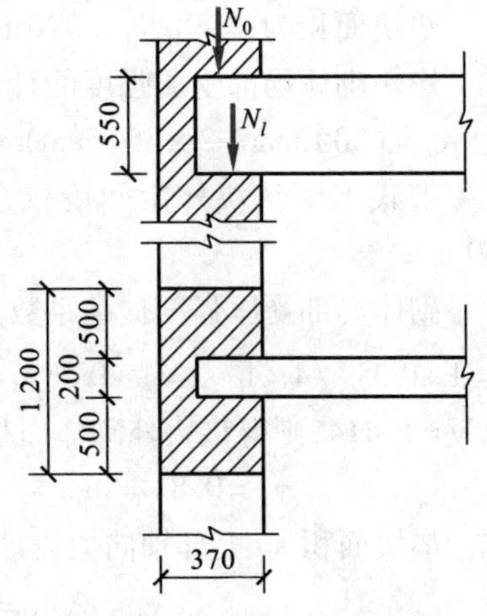

图 3.13　例 3.4 附图

[解]　梁端支承处砌体局部受压承载力应按式(3.20)计算，即

$$\psi N_0 + N_l \leqslant \eta\gamma f A_l$$

由表 1.7 查得

$$f = 1.3 \text{ MPa}$$

梁端底面压应力图形完整系数 $\eta = 0.7$。

梁端有效支承长度为

$$a_0 = 10\sqrt{\frac{h_c}{f}} = 10 \times \sqrt{\frac{550}{1.3}}\ \text{mm} = 205.7\ \text{mm}$$

梁端局部受压面积为

$$A_l = a_0 b = 205.7\ \text{mm} \times 200\ \text{mm} = 41\ 140\ \text{mm}^2$$

由图3.7得影响砌体局部受压强度的计算面积

$$A_0 = h(b+2h) = 370\ \text{mm} \times (200 + 2 \times 370)\ \text{mm} = 347\ 800\ \text{mm}^2$$

砌体局部受压强度提高系数为

$$\gamma = 1 + 0.35\sqrt{A_0/A_l - 1} = 1 + 0.35\sqrt{347\ 800/41\ 140 - 1} = 1.96 < 2$$

取 $\gamma = 1.96$。

由于上部轴向力设计值 N_u 作用在整个窗间墙上，故上部平均压应力设计值为

$$\sigma_0 = N_u/(370 \times 1\ 200) = 165\ 000\ \text{N}/(370\ \text{mm} \times 1\ 200\ \text{mm}) = 0.37\ \text{MPa}$$

则局部受压面积内上部轴向力设计值为

$$N_0 = \sigma_0 A_l = 0.37\ \text{MPa} \times 41\ 140\ \text{mm}^2 = 15.22\ \text{kN}$$

上部荷载折减系数

$$\psi = 1.5 - 0.5(A_0/A_l)$$

由 $A_0/A_l = 347\ 800/41\ 140 = 8.5 > 3$，故取 $\psi = 0$，则

$$\eta\gamma f A_l = 0.7 \times 1.96 \times 1.30\ \text{MPa} \times 41\ 140\ \text{mm}^2 = 73.38\ \text{kN} < \psi N_0 + N_l = 80\ \text{kN}$$

故局部受压承载力不满足要求。

［例3.5］ 如上题，因不能满足砌体局部受压强度的要求，试在梁端设置垫块并进行验算。

［解］ 如图3.14所示，在梁下设预制钢筋混凝土垫块，取垫块高 $t_b = 180$ mm，平面尺寸 $a_b \times b_b = 370\ \text{mm} \times 500\ \text{mm}$，则垫块自梁边两侧各挑出 $150\ \text{mm} < t_b = 180$ mm，符合要求。

按式(3.21)，即 $N_0 + N_l \leqslant \varphi\gamma_1 f A_b$ 验算。

已查得 $f = 1.30$ MPa。

垫块面积为 $A_b = a_b b_b = 370\ \text{mm} \times 500\ \text{mm} = 185\ 000\ \text{mm}^2$

影响砌体局部受压强度的计算面积为

$$A_0 = (500\ \text{mm} + 2 \times 350\ \text{mm}) \times 370\ \text{mm} = 444\ 000\ \text{mm}^2$$

上式中因垫块外窗间墙仅余350 mm，故垫块外取 $h = 350$ mm。

砌体局部受压强度提高系数为

$$\gamma = 1 + 0.35\sqrt{A_0/A_l - 1} = 1 + 0.35\sqrt{444\ 000/185\ 000 - 1} = 1.414 < 2$$

取 $\gamma = 1.414$，则得垫块外砌体面积的有利影响系数为

$$\gamma_1 = 0.8\gamma = 0.8 \times 1.414 = 1.131$$

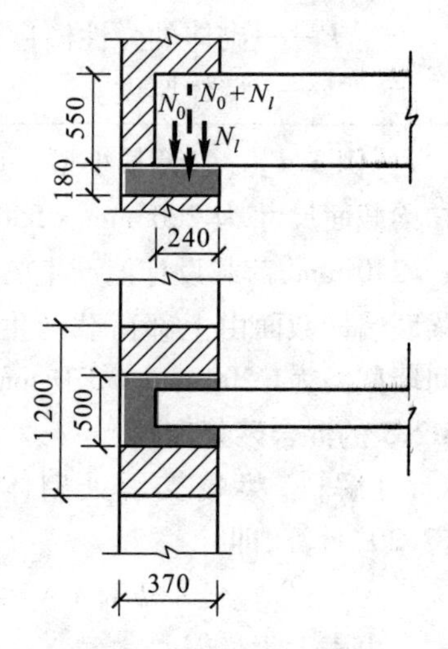

图3.14 例3.5附图

垫块面积 A_b 上部轴向力设计值为

$$N_0 = \sigma_0 A_b = 0.37\ \text{MPa} \times 185\ 000\ \text{mm}^2 = 68.5\ \text{kN}$$

$$N_l = 80\ \text{kN}$$

$$\sigma_0/f = 0.37/1.30 = 0.28$$

查表3.5,由内插法得

$$\delta_l = 5.82$$

刚性垫块上表面梁端有效支承长度为

$$a_0 = \delta_l \sqrt{\frac{h_c}{f}} = 5.82 \times \sqrt{\frac{550\ \text{mm}}{1.3\ \text{MPa}}} = 119.7\ \text{mm}$$

求 N_0 及 N_l 合力对垫块形心的偏心距 e:

N_l 对垫块形心的偏心距为

$$370\ \text{mm}/2 - 0.4 \times 119.7\ \text{mm} = 137.1\ \text{mm}$$

N_0 作用于垫块形心,则

$$e = (N_l \times 137.1) \times (N_l + N_0) = (80\ \text{kN} \times 137.1\ \text{mm})/(80\ \text{kN} + 68.5\ \text{kN}) = 73.86\ \text{mm}$$

由 $e/h = e/a_b = 73.86\ \text{mm}/370\ \text{mm} = 0.2$,$\beta \leqslant 3$,查表3.2得

$$\varphi = 0.68$$

由式(3.21)得

$$\varphi\gamma_1 fA_b = 0.68 \times 1.131 \times 1.30\ \text{MPa} \times 185\ 000\ \text{mm}^2$$
$$= 184.96\ \text{kN} > N_0 + N_l = 68.5\ \text{kN} + 80\ \text{kN} = 148.5\ \text{kN}$$

满足局部受压要求。

[例3.6] 在例3.5中,若垫块与梁端整浇,试进行局部受压承载力验算。

[解] 此时的局部受压应按式(3.20)验算,但是取 $A_l = a_0 \times b_b$。

垫块面积:$A_l = a_0 b_b = 205.7\ \text{mm} \times 500\ \text{mm} = 102\ 850\ \text{mm}^2$

影响砌体局部受压强度的计算面积为

$$A_0 = 444\ 000\ \text{mm}^2$$

砌体局部受压强度提高系数为

$$\gamma = 1 + 0.35\sqrt{A_0/A_l - 1} = 1 + 0.35\sqrt{444\ 000/102\ 850 - 1} = 1.64 < 2$$

取 $\gamma = 1.64$。

局部受压面积内上部轴向力设计值为

$$N_0 = \sigma_0 A_l = 0.37\ \text{MPa} \times 102\ 850\ \text{mm}^2 = 38.05\ \text{kN}$$

上部荷载折减系数 $\psi = 1.5 - 0.5(A_0/A_l)$,由

$A_0/A_l = 444\ 000\ \text{mm}^2/102\ 850\ \text{mm}^2 = 4.3 > 3$,故取 $\psi = 0$,则

$$\eta\gamma f A_l = 0.7 \times 1.64 \times 1.30\ \text{MPa} \times 102\ 850\ \text{mm}^2 = 153.5\ \text{kN} > \psi N_0 + N_l = 80\ \text{kN}$$

满足局部受压要求.

[例3.7] 在例3.5中,如改设置钢筋混凝土垫梁,试验算其局部受压承载力。

[解] 取垫梁截面尺寸为240 mm×240 mm,用C20混凝土,$E_b = 25\ 500\ \text{MPa}$,砌体的弹性模量为

$$E = 1\ 390f = 1\ 390 \times 1.3\ \text{MPa} = 1\ 807\ \text{MPa}$$

$$h_0 = 2\sqrt[3]{\frac{E_b I_b}{Eh}} = 2\sqrt[3]{\frac{25\ 500\ \text{MPa} \times 240\ \text{mm} \times (240\ \text{mm})^3}{1\ 807\ \text{MPa} \times 240\ \text{mm}}} = 506.7\ \text{mm}$$

$$N_0 = \pi t_b h_0 \sigma_0 / 2 = \pi \times 240\ \text{mm} \times 506.7\ \text{mm} \times 0.37\ \text{MPa}/2 = 70.64\ \text{kN}$$

$$N_0 + N_l = 70.64\ \text{kN} + 80\ \text{kN} = 150.64\ \text{kN}$$

荷载沿墙厚方向不均匀分布，取 $\delta_2 = 0.8$，由式（3.23）得

$$2.4\delta_2 t_b h_0 f = 2.4 \times 0.8 \times 240\ \text{mm} \times 506.7\ \text{mm} \times 1.30\ \text{MPa} = 303.5\ \text{kN} > N_0 + N_l = 150.64\ \text{kN}$$

所以，梁下的局部受压是安全的。

3.7 轴心受拉

如图 3.15 所示的圆形水池，在水压力作用下为轴心受拉构件。

轴心受拉构件的承载力计算按下列公式进行

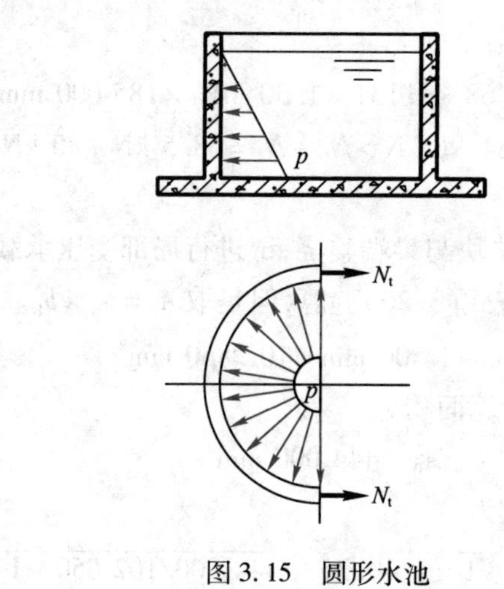

图 3.15 圆形水池

$$N_t \leqslant A f_t \tag{3.24}$$

式中 N_t——荷载设计值产生的轴心拉力；

f_t——砌体轴心抗拉强度设计值，按表 1.14 采用；

A——截面面积。

3.8 受弯构件

受弯的砌体构件，往往伴随着剪力作用，对受弯构件，除进行受弯计算外，还应进行受剪计算（图 3.16）。

受弯承载力应按下式计算

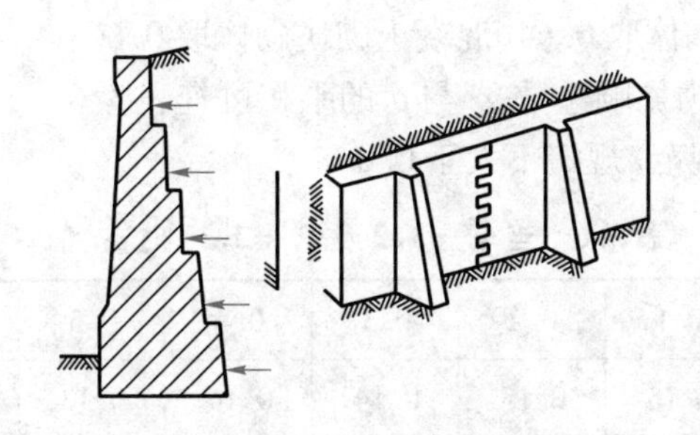

图 3.16　挡土墙

$$M \leqslant f_{tm} W \tag{3.25}$$

式中　M——荷载设计值产生的弯矩；

f_{tm}——砌体的弯曲抗拉强度设计值，按表 1.14 采用；

W——截面抵抗矩。

受弯构件的受剪承载力应按下式计算

$$V \leqslant f_v b z \tag{3.26}$$

$$z = I/S$$

式中　V——荷载设计值产生的剪力；

f_v——砌体的抗剪强度设计值，按表 1.14 采用；

b——截面宽度；

z——内力臂，当截面为矩形时，$z=(2/3)h$；

I——截面的惯性矩；

S——截面的面积矩；

h——截面的高度。

3.9　砌体沿水平通缝受剪的计算

砌体沿通缝受剪时（例如拉杆的拱支座截面，图 3.17），其承载能力取决于砌体沿通缝的抗剪强度和作用在截面上的压力所产生的摩擦力的总和。因此沿通缝受剪构件的承载力应按下式计算

$$V \leqslant (f_v + \alpha\mu\sigma_0)A \tag{3.27}$$

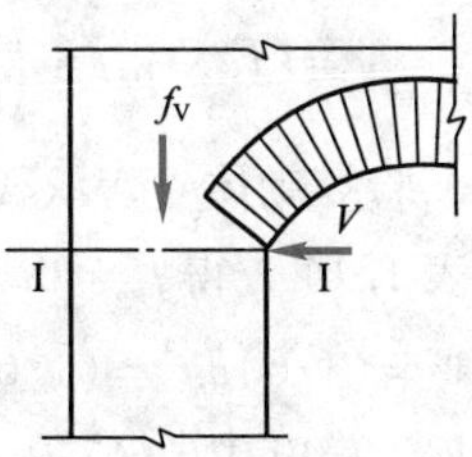

图 3.17　砌体沿水平通缝受剪

式中　V——截面剪力设计值；

f_v——砌体抗剪强度设计值，对灌孔的混凝土砌块砌体取 f_{vg}；

σ_0——永久荷载设计值在受剪截面上产生的平均压应力；

A——构件的截面面积，有孔洞时取净截面面积；

α——修正系数，当 $\gamma_G=1.2$ 时，砖砌体取 0.60，混凝土砌块砌体取 0.64；当 $\gamma_G=$

1.35 时,砖砌体取 0.64,混凝土砌块砌体取 0.66;

μ——剪压复合受力影响系数,α 与 μ 的乘积可查表 3.6。

σ_0/f 称为轴压比,《规范》规定不大于 0.8。

表 3.6 当 $\gamma_G=1.2$ 及 $\gamma_G=1.35$ 时 $\alpha\mu$ 值

γ_G	σ_0/f	0.1	0.2	0.3	0.4	0.5	0.6	0.7	0.8
1.2	砖砌体	0.15	0.15	0.14	0.14	0.13	0.13	0.12	0.12
	砌块砌体	0.16	0.1	0.15	0.15	0.14	0.13	0.13	0.12
1.35	砖砌体	0.14	0.14	0.13	0.13	0.13	0.12	0.12	0.11
	砌块砌体	0.15	0.14	0.14	0.13	0.13	0.13	0.12	0.12

[例 3.8] 一圆形水池,壁厚 490 mm,采用 MU10 粘土砖和 M7.5 水泥砂浆砌筑,池壁承受的最大环向拉力设计值按 55 kN/m 计算,试验算池壁的受拉承载力。

[解] 由表 1.14,当采用 M7.5 水泥砂浆时 $f_t=0.8\times0.16\ \text{MPa}=0.128\ \text{MPa}$。

取 1 m 高池壁计算,由式(3.24)得

$$f_tA=0.128\ \text{MPa}\times1\ 000\ \text{mm}\times490\ \text{mm}=62.7\ \text{kN}>55\ \text{kN}$$

符合要求。

[例 3.9] 一矩形浅水池(图 3.18),壁高 $H=1.5$ m,采用 MU10 混合砂浆砌筑,壁厚为 490 mm,不考虑池壁自重所产生的垂直压力,试验算池壁承载力。

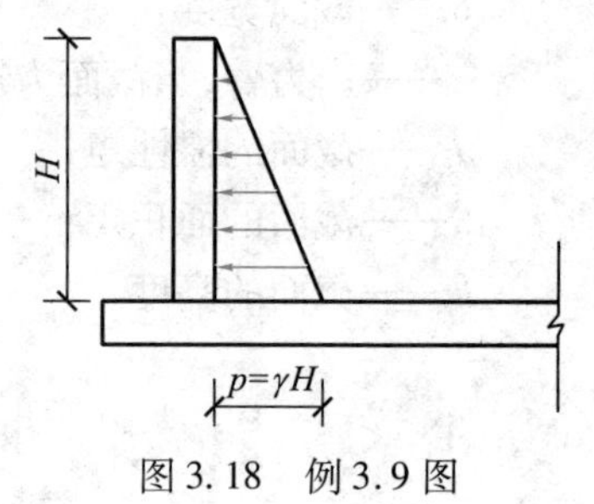

图 3.18 例 3.9 图

[解] (1) 内力计算

池壁的受力情况如同固定于基础的悬臂板,取单位宽度的竖向板带,此板带按承受三角形水压,上端自由、下端固定的悬臂梁计算。

$$M=(1/6)pH^2=\left(\frac{1}{6}\times10\times1.1\times1.5\times1.5^2\right)\ \text{kN}\cdot\text{m}=6.19\ \text{kN}\cdot\text{m}$$

$$V=(1/2)pH=\left(\frac{1}{2}\times10\times1.1\times1.5\times1.5\right)\ \text{kN}=12.38\ \text{kN}$$

(2) 验算砌体受弯承载力(按每米宽计算)

由表 1.14 查得 $f_{tm}=0.17\ \text{MPa}$,$f_v=0.17\ \text{MPa}$。

$$W=(1/6)bh^2=(1/6)\times1\ 000\ \text{mm}\times490^2\ \text{mm}^2=40\ 016\ 667\ \text{mm}^3$$

$$Wf_{tm}=40\ 016\ 667\ \text{mm}^3\times0.17\ \text{MPa}=6.80\ \text{kN}\cdot\text{m}>M=6.19\ \text{kN}\cdot\text{m}(\text{安全})$$

(3) 验算受剪承载力

$$z=\frac{2}{3}h=\frac{2}{3}\times490\ \text{mm}=327\ \text{mm}$$

$$f_vbz=0.17\ \text{MPa}\times1\ 000\ \text{mm}\times327\ \text{mm}=55.59\ \text{kN}>12.38\ \text{kN}(\text{安全})$$

[例 3.10] 验算图 3.17 所示拱座截面的受剪承载力。已知拱式过梁在拱座处的水平推力设计值为 15.5 kN，作用于I—I截面上由永久荷载设计值产生的纵向力 $N_0=30$ kN（$r_G=1.2$ 时的组合起控制作用）。受剪截面面积为 370 mm×490 mm，墙体用 MU10 砖，M2.5 混合砂浆砌筑。

[解] $A=0.37\ \text{m}\times0.49\ \text{m}=0.181\ 3\ \text{m}^2<0.2\ \text{m}^2$

$\gamma_a=0.8+A=0.981\ 3$

由表 1.14，当采用 M2.5 混合砂浆时

$$f_v=0.08\ \text{MPa}\times0.981\ 3=0.078\ 5\ \text{MPa}$$

$$\sigma_0=(3\times10^3)\ \text{N}/(370\ \text{mm}\times490\ \text{mm})=0.165\ 5\ \text{MPa}$$

$$\sigma_0/f=0.165\ 5/1.3=0.13$$

查表 3.6 得，$\alpha\mu=0.15$，则

$(f_v+\alpha\mu\sigma_0)A=(0.078\ \text{MPa}+0.15\times0.165\ 5\ \text{MPa})\times370\ \text{mm}\times790\ \text{mm}=18.7\ \text{kN}>15.5\ \text{kN}$ 符合要求。

本章小结

本章介绍了无筋砌体构件的计算，包括受压、拉、弯、剪构件的承载力计算，重点是受压构件的承载力计算和砌体局部承载力计算。

无筋砌体受压构件按照偏心距的大小进行不同内容的验算，当 $e\leqslant0.6y$ 时只需按式(3.13)进行受压承载力计算即可；当 $0.6y<e\leqslant0.95y$ 时，除按式(3.13)进行受压承载力验算外，还要按式(3.15)进行正常使用极限状态验算；当 $e>0.95y$ 时，直接按弯曲受拉破坏进行承载力计算，即按式(3.16)计算。

局部受压包括局部均匀受压和局部不均匀受压。在局部压力作用下，砌体抗压强度较全截面受压时提高了，其值为 γf。砌体局部抗压承载力不满足时，可通过设置预制刚性垫块、与梁整浇的垫块及垫梁等措施提高砌体局部受压承载力。

思考题与习题

1. 砌体进行受压承载力验算，在确定影响系数 φ 时，应先对构件的高厚比进行修正，是如何修正的？

2. 设计砌体结构时，是如何满足正常使用极限状态要求的？

3. 砌体受压的偏心影响系数 φ_e、轴压构件的稳定系数 φ_0 和受压构件的承载力影响系数 φ 分别与哪些因素有关？这三个系数之间有何关系？

4. 试述局部抗压强度提高的原因。

5. 如何确定影响砌体局部抗压强度的计算面积 A_0？

6. 在局部受压计算中，梁端有效支承长度 a_0 与什么有关系？

7. 怎样验算轴心受拉、受弯和受剪构件的承载力？在实际工程中，有哪些构件或建筑物分属上述情况？

8. 验算梁端支承处局部受压承载力时，为什么对上部轴向力设计值进行折减？ψ 与什么因素有关？

9. 截面尺寸为 490 mm×740 mm 的砖柱，用 MU10 砖及 M5 混合砂浆砌筑。柱的计算高度 $H_0=6$ m（截面长边和短边方向 H_0 相同），该柱作用下列三组荷载设计值产生的轴向力及相应的荷载设计值产生的偏心距 e：

（1）$N=370$ kN，$e=90$ mm；

（2）$N=230$ kN，$e=200$ mm；

（3）$N=20$ kN，$e=360$ mm。

试分别验算上述三种情况下的截面承载力（荷载偏心在长边方向）。

10. 一承受轴心压力的砖柱，截面尺寸为 370 mm×490 mm，采用 MU10 粘土砖，M2.5 混合砂浆砌筑，荷载标准值在柱顶产生的轴向力为 90 kN，柱的计算高度 $H=H_0=3.5$ m，试核算该柱承载力。若不满足要求，试重新设计该柱。

11. 带壁柱窗间墙如图 3.19 所示，计算高度 $H_0=9.72$ m，采用 MU10 砖及 M5 水泥砂浆砌筑，柱底截面作用内力设计值 $N=68.4$ kN，$M=24$ kN·m，偏心压力偏向截面肋部一侧，试进行验算。

12. 一钢筋混凝土柱，截面尺寸为 240 mm×240 mm，采用 MU10 粘土砖、M5 混合砂浆砌筑，柱传至墙的轴向力设计值 $N=90$ kN，试进行局部承压验算（图 3.20）。若不满足要求，可采取什么措施，并进行验算。

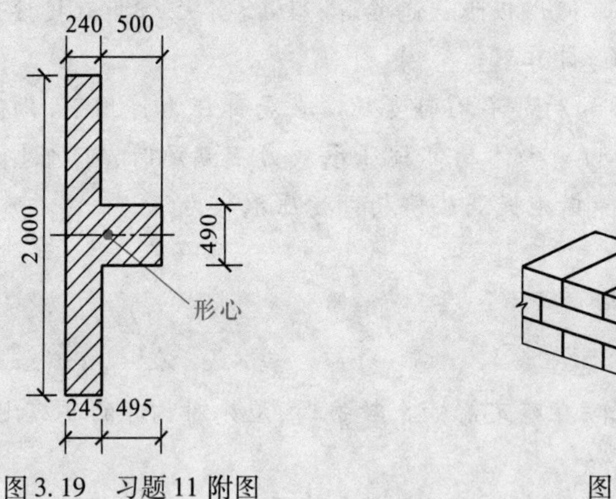

图 3.19 习题 11 附图

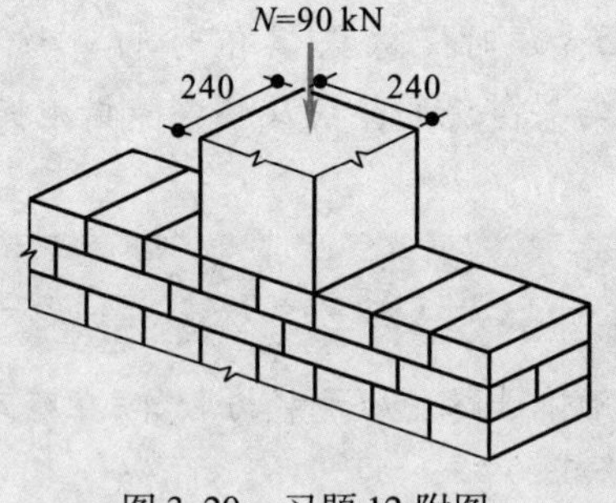

图 3.20 习题 12 附图

13. 某窗间墙截面尺寸为 1 000 mm×240 mm，采用混凝土小型空心砌块砌筑，砌块的强度等级为 MU7.5，混合砂浆等级为 M2.5，墙上支承截面面积为 250 mm×600 mm 的钢筋混凝土梁，梁端支承处由设计荷载产生的支承压力为 110 kN，梁底墙体截面由上部荷载产生的轴向力为 40 kN。试验算梁端支承处砌体的局部受压承载力。若不满足要求，可采取下列措施，并进行验算：

(1) 将面积 A_0 范围内的砌体空洞用不低于砌块混凝土等级的混凝土灌实(孔洞率 $\delta=40\%$)。

(2) 预制混凝土刚性垫块。

(3) 设置垫梁。

14. 采用 MU20 砖,M10 水泥砂浆砌筑的圆形水池(按三顺一丁砌筑),池壁内环向拉力设计值为 80 kN/m,试选择池壁厚度。

15. 试验算墙厚为 370 mm、支承跨度为 6 m 墙的承载力。该墙承受横向水平均布荷载 1.0 kN/m^2(设计值)所引起的横向水平弯曲(图 3.21)。砌体使用 MU10 砖,M5 混合砂浆砌筑。

16. 某砖砌筒拱(图 3.22),用 MU10 砖及 M10 水泥砂浆砌筑,拱支座处的水平力设计值为 64 kN/m,垂直压力设计值为 78 kN/m($\gamma_G=1.2$ 时的组合起控制作用)。试验算拱支座处的受剪承载力。若不满足要求,可采取什么措施,并进行验算。

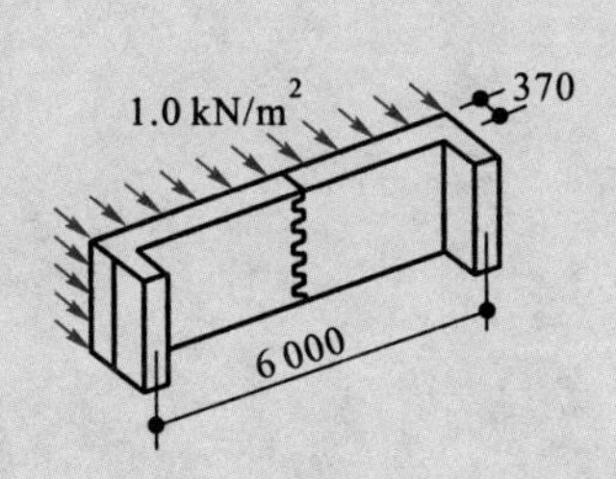

图 3.21 墙体承受横向水平均布荷载示意

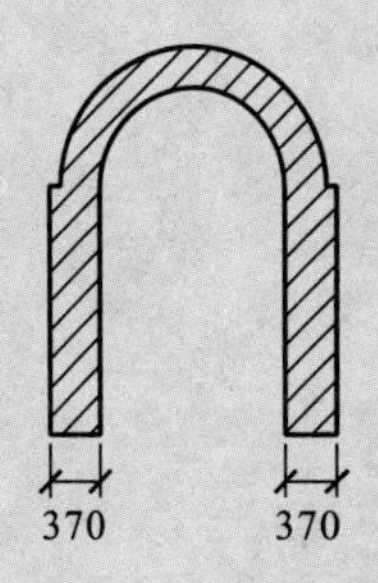

图 3.22 砖砌筒拱

第 4 章

配筋砌体受压构件

学习目标

1. 了解配筋砌体的基本类型及其在工程中的应用。
2. 掌握横向配筋砌体的受力特点,重点掌握其计算方法和构造要求。
3. 了解组合砖砌体的计算步骤和构造要求。
4. 熟练掌握砖砌体和钢筋混凝土构造柱组合墙的构造要求。

4.1 配筋砌体简介

配有钢筋的砌体称为配筋砌体。配筋砌体可提高砌体结构的承载力,从而扩大其应用范围。根据钢筋设置的方式,配筋砌体分为两种类型:一种是横向配筋砌体;另一种是纵向配筋砌体。

在立柱或窗间墙水平灰缝内配置横向钢筋网(网状配筋),即为横向配筋砌体。网状配筋砖砌体构件中的钢筋网形式有两种:一种是方格网,包括焊接方格网和绑扎方格网(图 4.1);另一种是连弯钢筋网,网的钢筋方向互相垂直,沿砌体高度交错设置(图 4.2)。

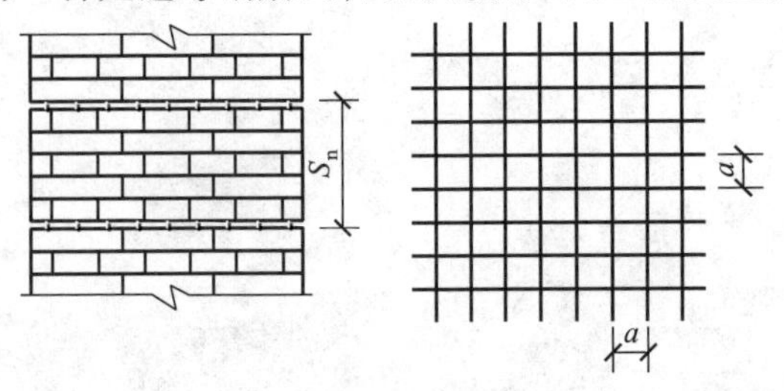

图 4.1 方格网状配筋的砖柱

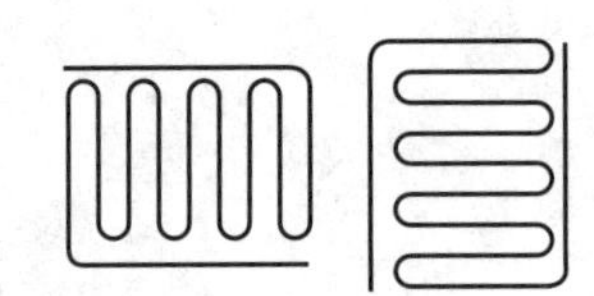

图 4.2 连弯钢筋网

在砌体外配置纵向钢筋加砂浆或混凝土面层,或在预留的竖槽内配置纵向钢筋,竖槽用砂浆和混凝土填实,即为纵向配筋砌体,又称为组合砖砌体(图 4.3),它能提高砌体结构的承载力和抗震能力。

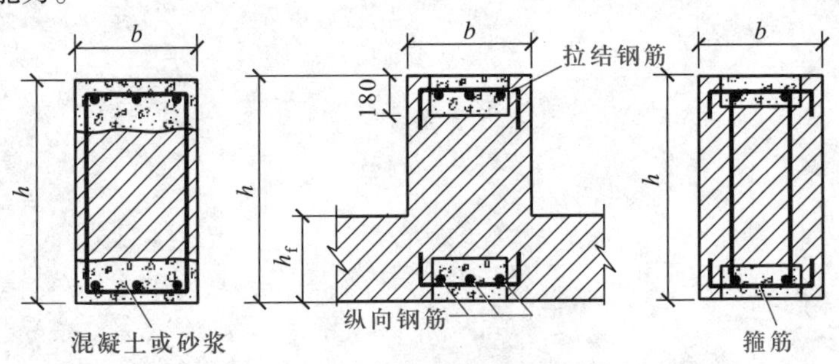

图 4.3 组合砖砌体构件截面

图 4.4 所示为砖砌体和钢筋混凝土构造柱组合砖墙。图 4.5 所示为配筋砌块砌体,纵向钢筋布置在原孔洞内和砌筑后形成的贯通竖向配筋孔道内。

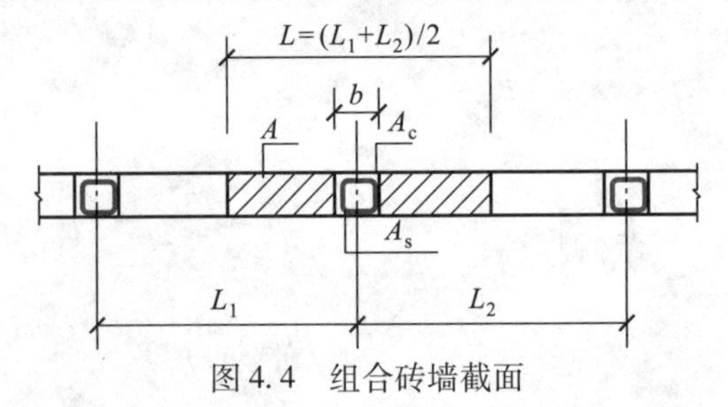

图 4.4 组合砖墙截面

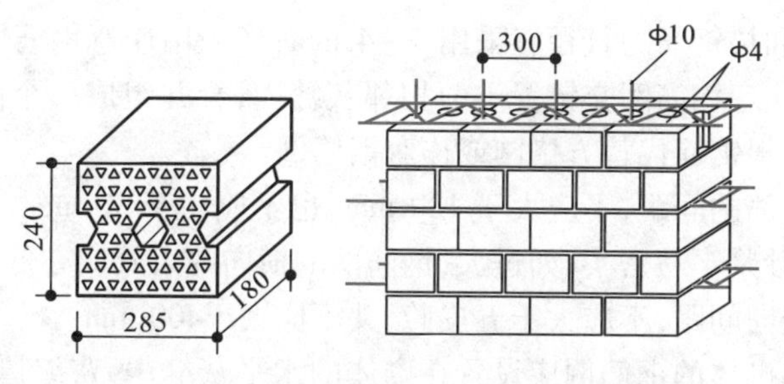

图 4.5　配筋砌块砌体

以下介绍网状配筋砌体、组合砖砌体和配筋砌块砌体的承载力计算及构造要求。

4.2　网状配筋砌体受压构件

4.2.1　网状配筋砖砌体的受压性能

网状配筋砖砌体从加载开始到破坏(图 4.6),按照裂缝的出现和发展可分为三个受力阶段。

第一阶段:随压力的增加,单块砖内出现第一批裂缝。此阶段所表现的受力特点与无筋砌体相同,但产生第一批裂缝时的压力约为破坏压力的 60% ~75%,较无筋砌体高。

第二阶段:随压力增大,裂缝数量增多但发展缓慢。不能沿砌体高度方向形成连续裂缝。

第三阶段:压力至极限值,砌体内部分砖严重开裂甚至被压碎,导致砌体完全破坏。

网状配筋砖砌体的破坏特征,本质上不同于无筋砖砌体。当砌体受压时,产生纵向压缩变形的同时还产生横向变形,而钢筋网与灰缝砂浆之间的摩擦力和粘结力能承受较大的横向拉力,使钢筋参与砌体共同工作,钢筋的弹性模量较砌体的高得多,从而约束了砌体的横向变形。纵向裂缝受横向钢筋网的约束,开展较小,特别是在钢筋网处展开更小,且裂缝不能沿砌体高度方向形成连续裂缝,也不至像无筋砌体破坏时那样,被分裂成若干个 1/2 砖的小立柱而失稳,从而间接地提高了砌体的抗压强度。

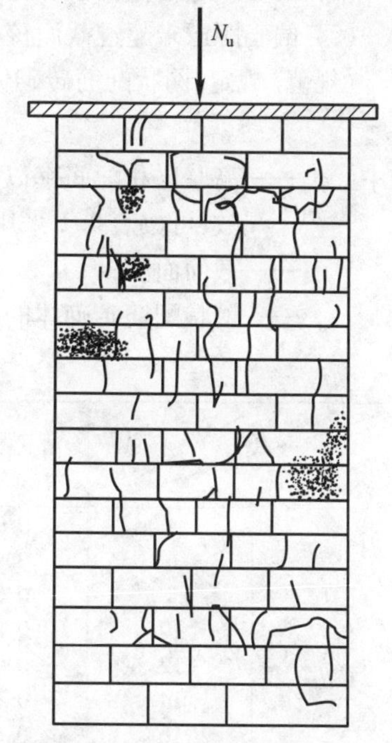

图 4.6　网状配筋砖砌体受压破坏

4.2.2　网状配筋砖砌体的构造要求

(1) 网状配筋砖砌体中的配筋率过高时,砌体的强度可能接近砖的标准强度,再提高钢筋的配筋率,对砌体承载力影响很小。如果钢筋网沿高度配置过稀,则对砌体承载力的提高就很有限。所以《规范》规定配筋率不应小于 0.1%,也不能大于 1%。

(2) 采用钢筋网时,钢筋的直径宜采用3~4 mm;当采用连弯钢筋网时,钢筋的直径不应大于8 mm。两个连弯钢筋网交错置于两相邻灰缝内,合并组成一个网状配筋(图4.6),不得用分离放置的单根钢筋代替方格网或连弯钢筋网。

(3) 钢筋网中钢筋的间距,不应大于120 mm,也不应小于30 mm。当钢丝网的网孔尺寸过小时,灰缝中的砂浆不易密实;如过大,钢筋网的横向约束效应亦低。

(4) 钢筋网的竖向间距,不应大于五皮砖,并不应大于400 mm。

(5) 网状配筋砖砌体的钢筋网应设置在砌体的水平灰缝中,灰缝厚度应保证钢筋上下至少有2 mm厚的砂浆层,以避免钢筋的锈蚀和提高钢筋与砖砌体的粘结力。网状配筋砖砌体所用砂浆的等级不应低于M7.5,因为采用高等级砂浆,可以使砂浆与钢筋有较大的粘结力,且对钢筋的保护也有利。

4.2.3 网状配筋砖砌体的受压承载力计算

试验表明,当偏心荷载作用时,横向配筋效果将随偏心距的增大而降低,所以在下列情况下不宜采用网状配筋砖砌体:

(1) 偏心距超过截面核心范围,对于矩形截面 $e/h>0.17$ 时。

(2) 偏心距虽未超过截面核心范围,但构件的高厚比 $\beta=H_0/h>16$ 或 $\lambda=H_0/I>56$ 时。

《规范》规定,网状配筋砖砌体受压构件按下列公式进行计算

$$N\leqslant\varphi_n f_n A \tag{4.1}$$

式中 φ_n——高厚比和配筋率以及轴向力偏心距对网状配筋砖砌体受压承载力的影响系数,可按表4.1采用或按式(4.3)计算;

A——截面面积;

f_n——网状配筋砖砌体的抗压强度设计值。

表4.1 影响系数 φ_n

ρ	β \ e/h	0	0.05	0.10	0.15	0.17
0.1	4	0.97	0.89	0.78	0.67	0.63
	6	0.93	0.84	0.73	0.62	0.58
	8	0.89	0.78	0.67	0.57	0.53
	10	0.84	0.72	0.62	0.52	0.48
	12	0.78	0.67	0.56	0.48	0.44
	14	0.72	0.61	0.52	0.44	0.41
	16	0.67	0.56	0.47	0.40	0.37
0.3	4	0.96	0.87	0.76	0.65	0.61
	6	0.91	0.80	0.69	0.59	0.55
	8	0.84	0.74	0.62	0.53	0.49
	10	0.78	0.67	0.56	0.47	0.44
	12	0.71	0.60	0.51	0.43	0.40
	14	0.64	0.54	0.46	0.38	0.36
	16	0.58	0.49	0.41	0.35	0.32

续表

ρ	β \ e/h	0	0.05	0.10	0.15	0.17
0.5	4	0.94	0.85	0.74	0.63	0.59
	6	0.88	0.77	0.66	0.56	0.52
	8	0.81	0.69	0.59	0.50	0.46
	10	0.73	0.62	0.52	0.44	0.41
	12	0.65	0.55	0.46	0.39	0.36
	14	0.58	0.49	0.41	0.35	0.32
	16	0.51	0.43	0.36	0.31	0.29
0.7	4	0.93	0.83	0.72	0.61	0.57
	6	0.86	0.75	0.63	0.53	0.50
	8	0.77	0.66	0.56	0.47	0.43
	10	0.68	0.58	0.49	0.41	0.38
	12	0.60	0.50	0.42	0.36	0.33
	14	0.52	0.44	0.37	0.31	0.30
	16	0.46	0.38	0.33	0.28	0.26
0.9	4	0.92	0.82	0.71	0.60	0.56
	6	0.83	0.72	0.61	0.52	0.48
	8	0.73	0.63	0.53	0.45	0.42
	10	0.64	0.54	0.46	0.38	0.36
	12	0.55	0.47	0.39	0.33	0.31
	14	0.48	0.40	0.34	0.29	0.27
	16	0.41	0.35	0.30	0.25	0.24
1.0	4	0.91	0.81	0.70	0.59	0.55
	6	0.82	0.71	0.60	0.51	0.47
	8	0.72	0.61	0.52	0.43	0.41
	10	0.62	0.53	0.44	0.37	0.35
	12	0.54	0.45	0.38	0.32	0.30
	14	0.46	0.39	0.33	0.28	0.26
	16	0.39	0.34	0.28	0.24	0.23

$$f_n = f + 2\left(1 - \frac{2e}{y}\right)\frac{\rho}{100}f_y \tag{4.2}$$

$$\rho = (V_s/V) \times 100\%$$

式中　e——轴向力的偏心距，按荷载设计值计算；

f_y——受拉钢筋设计强度；当 $f_y > 320$ MPa 时，仍采用 320 MPa；

f——砖砌体抗压强度设计值；

ρ——配筋率（体积比）；

V_s——钢筋的体积；

V——砌体的体积。

当采用截面面积为 A_s 的方格网，且网格尺寸为 a 和钢筋网间距（沿构件高度）为 s_n 时，配筋率 ρ 按下式计算

$$\rho = \frac{2A_s}{as_n} \times 100\%$$

根据高厚比β和偏心距的相对大小查表4.1确定φ_n时，常需要多次内插，相当繁琐。φ_n用网状配筋砖砌体的稳定系数φ_{0n}代替，即得网状配筋砖砌体轴向力影响系数φ_n。网状配筋砖砌体的偏心距不超过0.2h时，φ_n的计算公式为

$$\varphi_n = \frac{1}{1 + 12\left[\frac{e}{h} + \sqrt{\frac{1}{12}\left(\frac{1}{\varphi_{0n}} - 1\right)}\right]^2} \tag{4.3}$$

其中

$$\varphi_{0n} = \frac{1}{1 + \frac{1 + 3\rho}{667}\beta^2} \tag{4.4}$$

φ_n也可用下列曲线图内插。按ρ=0.1%、0.3%、0.6%、1%，连绘4个曲线图表，在每两个图表间按ρ的间隔如0.1%~0.3%…分格，从两个曲线上先按已知β及e/h分别求得ρ等于a及b(实际ρ在a、b之间)时的φ_{na}及φ_{nb}，然后分别向右及向左延伸至按ρ的分格线两边纵轴上，在此按ρ内插即可求得φ_n。在图4.7中示出ρ=0.1%及0.3%的曲线图表作为示例。

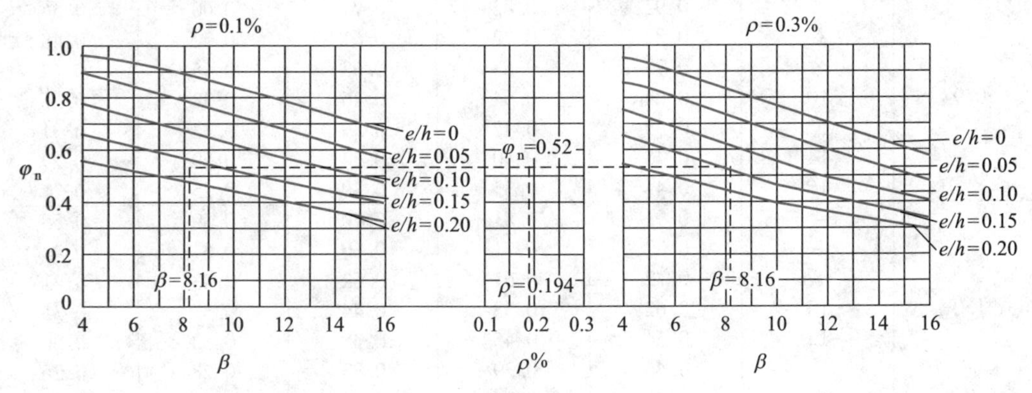

图4.7 φ_n的曲线图

此外，也可绘其他形式的诺模图。

有两点需要注意：

(1) 网状配筋的矩形截面构件，当轴向力偏心方向的截面边长大于另一方向边长时，除按偏心压力计算外，还应对较小边长方向按轴心受压构件进行验算；

(2) 当网状配筋砖砌体构件下端与无筋砌体交接时，尚应验算无筋砌体的局部受压承载力。

[例4.1] 一轴心受压柱，截面尺寸为490 mm×490 mm，计算高度H_0=4 200 mm，承受轴向力设计值为N=500 kN，采用MU10砖和M7.5混合砂浆砌筑，试验算其承载力。若承载力不满足，采用网状配筋砌体试确定其配筋量。

[解] 砖柱截面面积A=0.49 m×0.49 m=0.240 1 m² <0.3 m²

砌体强度调整系数 $\gamma_a = A + 0.7 = 0.240\,1 + 0.7 = 0.940\,1$

砖砌体抗压强度设计值 f=1.69 MPa

调整后 f=0.940 1×1.69 MPa=1.589 MPa

$$\varphi=\frac{1}{1+\alpha\beta^2}=\frac{1}{1+0.001\,5\times8.571\,4^2}=0.900\,7$$

高厚比　$\beta=H_0/h=4\,200\ \text{mm}/490\ \text{mm}=8.571\,4<16$

$\varphi fA=0.900\,7\times1.589\ \text{MPa}\times0.240\,1\times10^6\ \text{mm}^2=343\,634\ \text{N}=343.6\ \text{kN}<N=500\ \text{kN}$

故该砖柱承载力不足,需采用网状配筋砌体。

网状钢筋选用 $\phi4$ 冷拔低碳钢丝(乙级)焊接网片,$f_y=320$ MPa,钢丝网格尺寸 $a=50$ mm,钢丝网间距 $s_n=260$ mm(四皮砖)。$A=0.240\,1\ \text{m}^2>0.2\ \text{m}^2$,取 $\gamma_{a2}=1$。

$$\rho=\frac{2A_s}{as_n}\times100\%=\frac{2\times12.6\ \text{mm}^2}{50\ \text{mm}\times260\ \text{mm}}\times100\%=0.193\,8\%$$

$$f_n=f+2\left(1-2\frac{e}{y}\right)\frac{\rho}{100}\times f_y=1.69\ \text{MPa}+\frac{2\times0.193\,8}{100}\times320\ \text{MPa}=2.930\ \text{MPa}$$

$$\varphi_n=\varphi_{0n}=\frac{1}{1+\frac{1+3\rho}{667}\beta^2}=\frac{1}{1+\frac{1+3\times0.193\,8}{667}\times8.571\,4^2}=0.851\,7$$

$\varphi_n f_n A=0.851\,7\times2.930\ \text{MPa}\times(0.240\times10^6)\ \text{mm}^2=599\,164\ \text{N}=599.2\ \text{kN}>N=500\ \text{kN}$

故承载力满足要求。

[**例 4.2**]　某网状配筋砖柱,截面尺寸为 370 mm×490 mm,柱的计算高度 $H_0=4\,500$ mm,采用 MU10 砖和 M7.5 水泥砂浆砌筑;网状钢筋采用 $\phi4$ 冷拔低碳钢丝,$f_y=320\ \text{N/mm}^2$,钢丝网格尺寸 $a=40$ mm,钢丝网间距 $s_n=325$ mm(五皮砖),承受轴向力设计值 $N=171$ kN,弯矩设计值 $M=8.8$ kN·m。试验算其承载力。

[**解**]　偏心距 $e=M/N=8\,800\ \text{kN}\cdot\text{mm}/171\ \text{kN}=51.85\ \text{mm}$

$$e/h=51.85\ \text{mm}/490\ \text{mm}=0.106<0.17$$

配筋率　$\rho=2A_s/(as_n)\times100\%=2\times12.6/(40\times325)\times100\%=0.194\%$

砖砌体抗压强度设计值　$f=1.69$ MPa

水泥砂浆砌筑时,砌体强度调整系数为

$\gamma_{a1}=0.9$;$A=0.37\ \text{m}\times0.49\ \text{m}=0.181\,3\ \text{m}^2<0.2\ \text{m}^2$ 时,

$$\gamma_{a2}=A+0.8=0.181\,3+0.8=0.981\,3;\beta=H_0/h=4\,500/490=9.184$$

$$\begin{aligned}f_n&=\left[f\gamma_{a1}+2\times\left(1-\frac{2e}{y}\right)\frac{\rho}{100}f_y\right]\gamma_{a2}\\&=\left[1.69\ \text{MPa}\times0.9+2\times\left(1-\frac{2\times51.85}{245}\right)\times\frac{0.194}{100}\times320\ \text{MPa}\right]\times0.981\,3=2.195\end{aligned}$$

$$\varphi_{0n}=\frac{1}{1+\frac{1+3\rho}{667}\beta^2}=\frac{1}{1+\frac{1+3\times0.194}{667}\times9.184^2}=0.833$$

$$\varphi_n=\frac{1}{1+12\left[\frac{e}{h}+\sqrt{\frac{1}{12}\left(\frac{1}{\varphi_{0n}}-1\right)}\right]^2}=\frac{1}{1+12\times\left[\sqrt{\frac{1}{12}\left(\frac{1}{0.833}\right)-1}\right]}=0.601$$

$\varphi_n f_n A=0.601\times2.195\ \text{MPa}\times(0.181\,3\times10^6)\ \text{mm}^2=239\,170\ \text{N}=239.2\ \text{kN}>171\ \text{kN}$

沿短边方向按轴心受压进行验算得

$$\beta = H_0/b = 4\ 500\ \text{mm}/3\ 700\ \text{mm} = 12.16$$

$$\varphi_n = \varphi_{0n} = \frac{1}{1+\frac{1+3\rho}{667}\beta^2} = \frac{1}{1+\frac{1+3\times 0.194}{667}\times 12.16^2} = 0.741$$

$$f_n = \left[f\gamma_{a1} + 2\left(1-\frac{2e}{y}\right)\frac{\rho}{100}f_y\right]\gamma_{a2}$$

$$= \left[1.69\ \text{MPa}\times 0.9 + \frac{2\times 0.194}{100}\times 320\ \text{MPa}\right]\times 0.981\ 3$$

$$= 2.711\ \text{N/mm}^2$$

$\varphi_n f_n A = 0.741\times 2.711\ \text{MPa}\times(0.181\ 3\times 10^6)\ \text{mm}^2 = 364\ 205\ \text{N} = 362.2\ \text{kN} > N = 171\ \text{kN}$
故承载力满足要求。

4.3 组合砖砌体

4.3.1 组合砖砌体的受压性能

当荷载偏心距较大(超过核心范围),无筋砖砌体承载力不足而截面尺寸受到限制,或当偏心距超过《规范》中 4.2.3 规定的限制时,宜采用砖砌体和钢筋混凝土面层或钢筋砂浆面层组成的组合砖砌体构件(图 4.3)。

(1) 在砖砌体与钢筋混凝土的组合砌体中,砖能吸收混凝土中多余的水分,因此在砖砌体中结硬的混凝土强度较高。这种现象在混凝土结硬的早期(4 ~ 10 d 内)尤为显著,故在组合砌体中的混凝土较一般情况下的混凝土能提前发挥受力作用。砖砌体与钢筋砂浆面层的组合砌体,其砂浆也具有上述类似性能。

(2) 组合砖砌体在轴心压力作用下,常在砌体与面层混凝土(或面层砂浆)的连接处产生第一批裂缝。随着压力增大,砖砌体内逐渐产生竖向裂缝。由于两侧的钢筋混凝土(或钢筋砂浆)对砖砌体有横向约束作用,砌体内裂缝的发展比较缓慢。压力至极限值时,砌体内的砖和面层将严重脱落甚至被压碎,或竖向钢筋在两箍筋之间压屈,组合砌体完全破坏(图 4.8)。

(3) 组合砖砌体受压时,由于两侧钢筋混凝土(或钢筋砂浆)的约束,砖砌体的受压变形能力较大,因此当砖砌体达到极限变形时,其中砌体的强度并未被充分利用。对于砂浆面层,组合砖砌体达极限承载力时的应变小于钢筋的屈服应变,其中受压钢筋的强度亦未被充分利用。这一特性可用砖砌体及钢筋的强度系数来表示。

4.3.2 组合砖砌体构件构造要求

(1) 面层混凝土等级宜采用 C20,为了防止钢筋锈蚀,并使钢筋与砂浆有较好的粘结力,面层砂浆等级不宜低于 M10,砌筑砂浆等级不宜低于 M7.5。

(2) 受力钢筋的保护层厚度不应小于表 4.2 中的规定,对于面层为水泥砂浆的组合砖柱,保护层厚可按表 4.2 的值减小 5 mm。受力筋外边缘距离砖砌体表面的距离不应小于 5 mm。

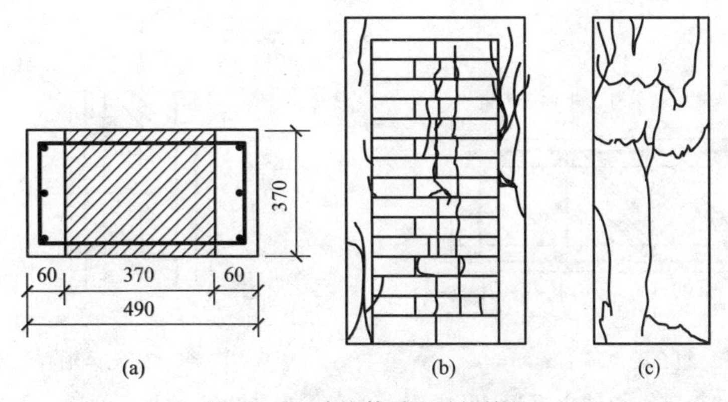

图 4.8　组合砌体受压破坏情况

表 4.2　保护层厚度

构件类型	室内正常环境	露天或室内潮湿环境
墙	15	25
柱	25	35

(3) 采用砂浆面层的组合砖砌体时，砂浆面层不能太薄，也不宜太厚。因为砂浆面层施工较困难，同时如果砂浆面层太薄，难以保证保护层的厚度。一般砂浆面层的厚度可采用 30 ~ 45 mm。当面层厚度大于 45 mm 时，其面层宜采用混凝土。

(4) 受力钢筋宜采用 HPB235 级，对于混凝土面层，因混凝土的受力和变形性能较砂浆面层好，故也可采用 HRB335 级钢筋。受压钢筋侧的配筋率，对于砂浆面层不宜小于 0.1%，对于混凝土面层不宜小于 0.2%。受拉钢筋的配筋率不应小于 0.1%。竖向受力钢筋的直径，不应小于8 mm，钢筋的净间距不应小于 30 mm。

(5) 箍筋的直径不宜小于 4 mm 及 0.2 倍的受压钢筋直径，也不宜大于 6 mm。箍筋的间距不应大于 20 倍受压钢筋的直径及 500 mm，也不应小于 120 mm。

(6) 当组合砖砌体构件一侧的受力钢筋多于 4 根时，应设置附加箍筋或拉结钢筋。

(7) 对于截面长边边长与短边边长相差较大的构件，如墙体等，应采用穿通墙体的拉结钢筋作为箍筋，同时设置水平分布钢筋。水平分布钢筋的竖向间距及拉结钢筋的水平间距均不应大于 500 mm(图 4.9)。

(8) 组合砖砌体构件的顶部及底部以及牛腿部位，必须设置钢筋混凝土垫块。受力钢筋伸入垫块的长度必须满足锚固要求。

*4.3.3　组合砖砌体轴心受压的承载力计算

组合砖砌体轴心受压(图 4.10)时，可按下式计算

$$N \leqslant \varphi_{com}(Af + A_c f_c + \eta_s A'_s f'_y) \tag{4.5}$$

式中　φ_{com}——组合砖砌体构件的稳定系数，与高厚比 β 及配筋率 ρ 有关，可按表 4.3 采用，其中 $\rho = A'_s/(bh)$，为组合砖砌体构件截面配筋率；

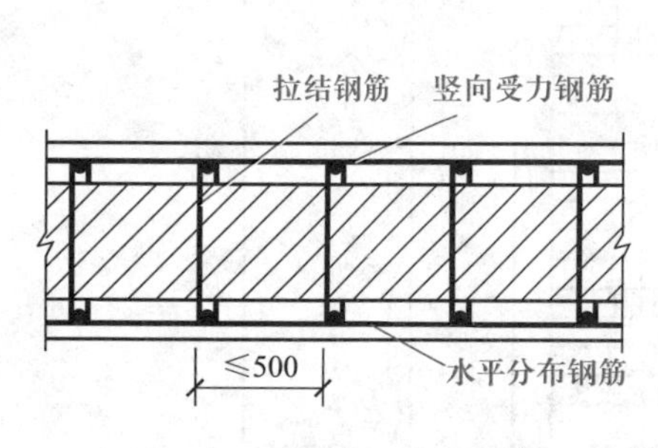

图4.9 组合砖砌体墙配筋

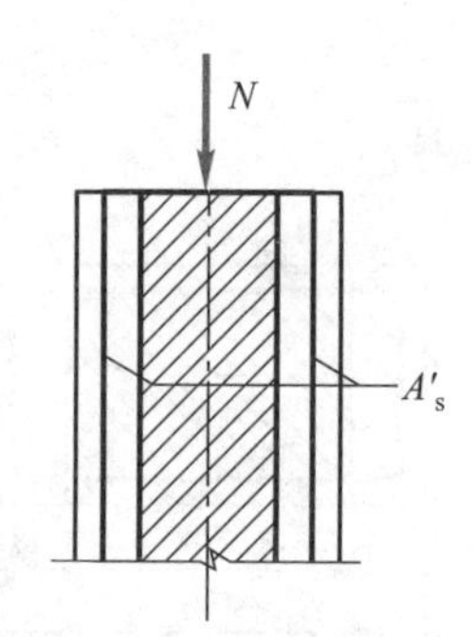

图4.10 组合砖砌体轴心受压构件

A_c、A——分别为构件中混凝土(或砂浆)面层及砖砌体的截面面积;

f_c——混凝土或面层砂浆的轴心抗压强度设计值,砂浆的轴心抗压强度设计值可取为相同等级混凝土的轴心抗压强度设计值的70%;当砂浆为M15砂浆时,其值为5.2 MPa;对于M10砂浆,其值为3.5 MPa;对于M7.5砂浆,其值为2.6 MPa;

η_s——受压钢筋的强度系数,当面层为混凝土时,$\eta_s=1.0$;当面层为砂浆时,$\eta_s=0.9$;

f'_y——受压钢筋的强度设计值;

A'_s——受压钢筋的截面面积。

表4.3 组合砖砌体构件的稳定系数 φ_{com}

β	配筋率 ρ/%					
	0	0.2	0.4	0.6	0.8	≥1.0
8	0.91	0.93	0.95	0.97	0.99	1.00
10	0.87	0.90	0.92	0.94	0.96	0.98
12	0.82	0.85	0.88	0.91	0.93	0.95
14	0.77	0.80	0.83	0.86	0.89	0.92
16	0.72	0.75	0.78	0.81	0.84	0.87
18	0.67	0.70	0.73	0.76	0.79	0.81
20	0.62	0.65	0.68	0.71	0.73	0.75
22	0.58	0.61	0.64	0.66	0.68	0.70
24	0.54	0.57	0.59	0.61	0.63	0.65
26	0.50	0.52	0.54	0.56	0.58	0.60
28	0.46	0.48	0.50	0.52	0.54	0.56

*4.3.4 组合砖砌体偏心受压承载力计算

组合砖砌体偏心受压时,其受力和变形性能同钢筋混凝土构件接近。因此在分析组合砖砌体偏心受压构件的附加偏心距、钢筋应力以及截面受压区高度界限值等方面,采用与钢筋混凝土偏心受压构件相类似的方法。

(1) 附加偏心距 为了考虑组合砖砌体构件在偏心力作用下的纵向弯曲影响,以截面边缘的材料极限应变表示构件的变形曲率,从而求得其水平位移。该水平位移即为轴向力

的附加偏心距，按下式计算

$$e_i = \frac{\beta^2 h}{2\,200}(1-0.022\beta) \tag{4.6}$$

式中 β——构件的高度比（按偏心方向的边长计算）；

h——截面高度。

在构件的承载力计算中，以 e_i 考虑附加弯矩的影响。

（2）钢筋应力及截面受压区高度的界限值　组合砖砌体构件在大、小偏心受压时，距轴向力较近一侧钢筋 A'_s 的应力均可达屈服（图 4.11）。小偏心受压时（图 4.11a），该侧钢筋应力随受压区高度而变化；大偏心受压时（图 4.11b），距 N 较远一侧钢筋 A_s 的应力 σ_s 也达到屈服，即 $\sigma_s = f_y$，按下式计算

$$\sigma_s = 650 - 800\xi \tag{4.7}$$

式中 ξ——截面受压区的相对高度，$\xi = x/h_0$，x 为截面受压区高度。

由式（4.7）可求得钢筋 A_s 的应力达到屈服点时的相对受压区高度，即受压区相对高度界限值。当采用 HPB235 级钢筋时，$\xi_b = 0.55$；当采用 HRB335 级钢筋时，$\xi_b = 0.425$。据此可判别构件是属于大偏心受压还是小偏心受压，即 $\xi < \xi_b$ 时为大偏压；$\xi \geqslant \xi_b$ 时为小偏压。

（3）承载力计算　根据图 4.11，按截面的静力平衡条件，组合砖砌体偏心受压构件的承载力按下列公式计算

$$N \leqslant A'f + A'_c f_c + \eta_s A'_s f'_y - A_s\sigma_s \tag{4.8}$$

$$Ne_N \leqslant S_s f + S_{c,s} f_c + \eta_s A'_s (h_0 - a'_s) f'_y \tag{4.9}$$

如图 4.12 所示，此时受压区高度 x 可从对 N 的力矩平衡条件按下式确定（这里是假定 N 作用在 A'_s 与砌体和混凝土压力之外写出的，其他情况时应注意正负符号）

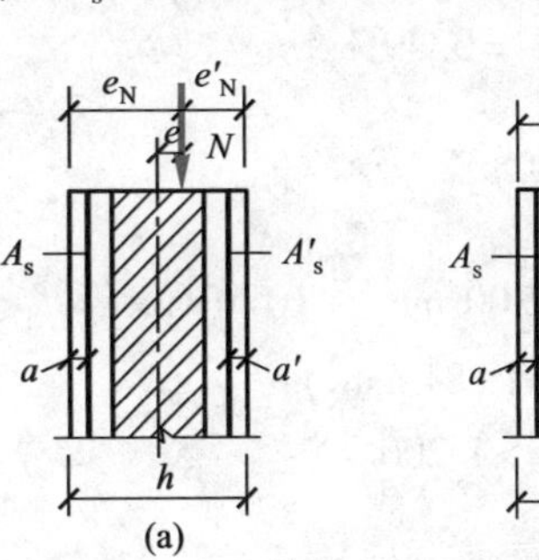

图 4.11　组合砖砌体偏心受压构件

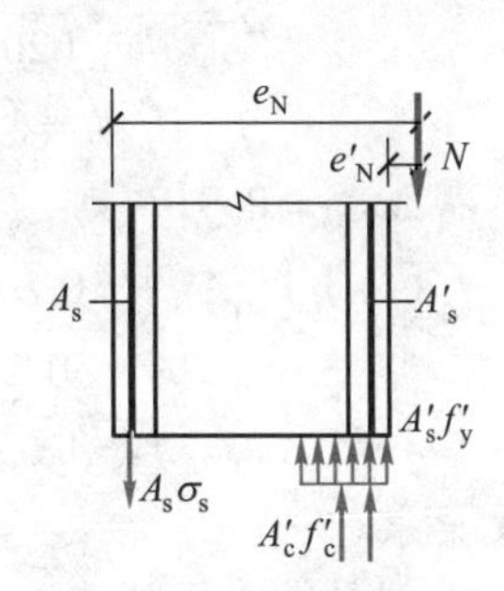

图 4.12　截面内力图

$$fS_N + f_c S_{c,N} + \eta_s f'_y A'_s e'_N - \sigma_s A_s e_N = 0 \tag{4.10}$$

以上各式中

A'——砖砌体受压部分的面积；

A'_c——混凝土或砂浆面层受压部分的面积；

σ_s——钢筋 A_s 的应力，小偏心受压时（$\xi \geqslant \xi_b$），按式（4.7）计算，正值为拉应力，负值为压应力，大偏心受压时（$\xi < \xi_b$），$\sigma_s = f_y$；

S_s——砖砌体受压部分的面积对钢筋 A_s 重心的面积矩；

$S_{c,s}$——混凝土或砂浆面层受压部分的面积对钢筋 A_s 重心的面积矩；

S_N——砖砌体受压部分的面积对轴向力 N 作用点的面积矩；

e'_N、e_N——分别为钢筋 A'_s 和 A_s 重心至轴向力 N 作用点的距离，$e'_N = e + e_i - (h/2 - a'_s)$，$e_N = e + e_i + (h/2 - a_s)$，其中 e 为轴向力的初始偏心距，按设计值计算，当 $e < 0.05h$ 时应取 $e = 0.05h$；

h_0——截面的有效高度，$h_0 = h - a_s$；

a'_s、a_s——钢筋 A'_s 和 A_s 重心至截面近边的距离。

对组合砖砌体，当纵向力偏心方向的截面边长大于另一方向的边长时，同样还应对较小边按轴心受压验算。

[例4.3] 一刚性方案房屋中柱采用组合砖砌体，截面尺寸为620 mm×620 mm（图4.13），计算高度 $H_0 = 6\ 600$ mm。承受轴向力设计值 $N = 1\ 200$ kN，组合柱采用MU10砖、M7.5混合砂浆、C20混凝土及HPB235级钢筋，试验算其承载力。

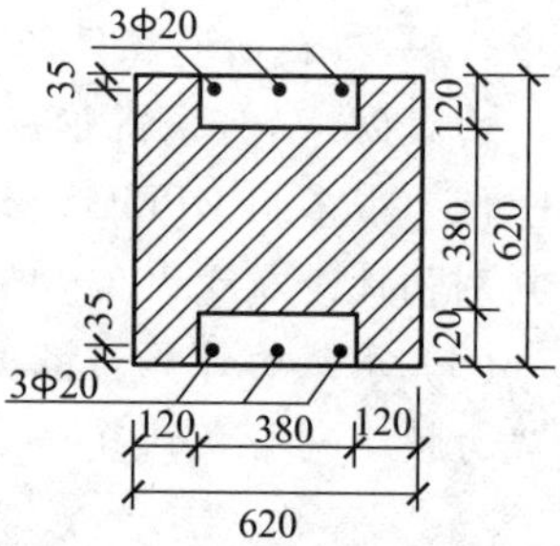

图4.13 例4.3附图

[解] 砖砌体截面面积：$A = 620\ \text{mm} \times 620\ \text{mm} - 2 \times 380\ \text{mm} \times 120\ \text{mm} = 293\ 200\ \text{mm}^2$

混凝土截面积：$A_c = 2 \times 380\ \text{mm} \times 120\ \text{mm} = 91\ 200\ \text{mm}^2$

钢筋截面面积：$A'_s = 1\ 884\ \text{mm}^2$

砖砌体抗压强度设计值：$f = 1.69$ MPa

混凝土轴心抗压强度设计值：$f_c = 10$ MPa

钢筋抗压强度设计值：$f'_y = 210$ MPa

$$\rho = \frac{A'_s}{bh} = \frac{1\ 884\ \text{mm}^2}{620\ \text{mm} \times 620\ \text{mm}} \times 100\% = 0.49\%$$

$$\beta = H_0/h = 6\ 600\ \text{mm}/620\ \text{mm} = 10.65$$

查表4.3得，$\varphi_{com} = 0.917$，则

$$\begin{aligned}\varphi_{com}(fA + f_cA_c + \eta_s f'_y A'_s) &= 0.917 \times (1.69\ \text{MPa} \times 293\ 200\ \text{mm}^2 + 10\ \text{MPa} \times 91\ 200\ \text{mm}^2 + 1 \times 210\ \text{MPa} \times 1\ 884\ \text{mm}^2) \\ &= 1\ 653\ 487\ \text{N} = 1\ 653.5\ \text{kN} > 1\ 200\ \text{kN}\end{aligned}$$

故承载力满足要求。

[例4.4] 一刚性方案房屋组合砖砌体截面尺寸为490 mm×620 mm（图4.14），柱的计算高度 $H_0 = 6\ 000$ mm。承受轴向力设计值 $N = 900$ kN 及沿长边方向作用的弯矩 $M = 45$ kN·m，组合柱采用MU10砖、M7.5混合砂浆、C20混凝土及HPB235级钢筋，求 A_s 和 A'_s。

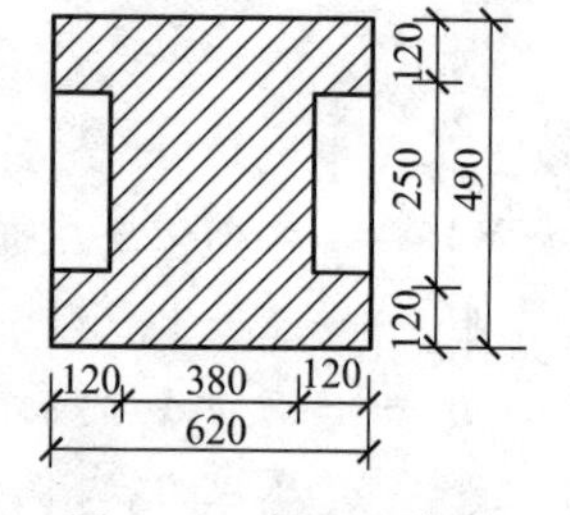

图4.14 例4.4附图

[解] 偏心距 $e = M/N = 45\ \text{kN} \cdot \text{m}/900\ \text{kN} = 0.05\ \text{m} = 50\ \text{mm} > 0.05h$，应按偏心受压计算，但 e 不大，A_s 可试按构造配筋，今取

$$A_s = 0.15\% \times 490\ \text{mm} \times 620\ \text{mm} = 456\ \text{mm}^2$$

用 3 Φ 14（$A_s = 462\ \text{mm}^2$）

$\beta = H_0/h = 6\ 000/620 = 9.68$

$e_i = \dfrac{\beta^2 h}{2\ 200}(1-0.22\beta) = \dfrac{9.68^2 \times 620\ \text{mm}}{2\ 200} \times (1-0.22 \times 9.68) = 20.78\ \text{mm}$

$e'_N = e + e_i - (h/2 - a'_s) = 50\ \text{mm} + 20.78\ \text{mm} - (310-35)\ \text{mm} = -204.22\ \text{mm}$

（负号表示 N 作用在 A'_s 和 A_s 之间）

$e_N = e + e_i + (h/2 - a_s) = 50\ \text{mm} + 20.78\ \text{mm} + (310-35)\ \text{mm} = 345.78\ \text{mm}$

假定中性轴进入 A_s 一侧的混凝土内 x'，则

$$\sigma_s = 650 - 800 \times \frac{(120+380)+x'}{585} = -34 - 1.368x'$$

由式（4.9）得（取 $\eta_s = 1$）

$$f'_y A'_s = \frac{Ne_N - fS_s - f_c S_{c,s}}{h_0 - a'_s}$$

将上面的 σ_s 及 $f_y A_s$ 代入式（4.8）整理得

$$N = fA' + f_c A'_c + \frac{Ne_N - fS_s - f_c S_{c,s}}{h_0 - a'_s} + (34 + 1.368x') \times 462$$

把各参数代入上式得

$$\begin{aligned}900\ 000 = {} & 1.69[2\times120\times120+490\times380+2\times120x'] + 10(250\times120+250x') + \\ & \{900\ 000\times345.78 - 1.69[2\times120\times120\times(60+380+85)+490\times380\times(190+85)+ \\ & 2\times120x'(85-x'/2)] - 10[250\times120\times(60+380+85)+250x'(85-x'/2)]\}/550 + \\ & (34+1.368x')\times462\end{aligned}$$

得　　$2.641\ 45x'^2 + 3\ 088.569x' - 296\ 601.545 = 0$

解方程求得

$x' = 89.2\ \text{mm}$，$x = 500\ \text{mm} + 89.2\ \text{mm} = 589.2\ \text{mm}$，与原假设符合，不需要重算。

$\xi = x/h_0 = 589.2/585 = 1.007$

$\sigma_s = 650\ \text{MPa} - 800\ \text{MPa} \times 1.007 = -155.7\ \text{MPa}$

将 x' 代入式（4.9）可求得

$$\begin{aligned}A'_s = {} & \{900\ 000\ \text{N}\times345.78\ \text{mm} - 1.69\ \text{MPa}[2\times120\ \text{mm}\times120\ \text{mm}\times525\ \text{mm}+490\ \text{mm}\times \\ & 380\ \text{mm}\times(190\ \text{mm}+85\ \text{mm}) + 2\times120\ \text{mm}\times89.2\ \text{mm}\times(85\ \text{mm}-44.6\ \text{mm})] - \\ & 10\ \text{MPa}\times(250\ \text{mm}\times120\ \text{mm}\times525\ \text{mm}+250\ \text{mm}\times89.2\ \text{mm}\times \\ & 40.4\ \text{mm})\}/(210\ \text{MPa}\times550\ \text{mm}) = 275.8\ \text{mm}^2\end{aligned}$$

按式（4.8）检查为

$1.69\ \text{MPa}\times(2\times120\ \text{mm}\times120\ \text{mm}+490\ \text{mm}\times380\ \text{mm}+2\times120\ \text{mm}\times89.2\ \text{mm}) + 10\ \text{MPa}\times(250\ \text{mm}\times120\ \text{mm}+250\ \text{mm}\times89.2\ \text{mm}) + 210\ \text{MPa}\times275.8\ \text{mm} + 155.7\ \text{MPa}\times 462\ \text{mm}^2 = 1\ 052\ 381\ \text{N}\approx 1\ 052\ \text{kN} > N = 900\ \text{kN}$

计算无误。

选用 3 Φ14 作为 A'_s,A'_s =462 mm^2。

对短边按轴心受压计算,计算从略。

4.4 配筋砌块砌体构件

作为墙体改革的一项重要措施,配筋砌块砌体近年来逐渐得到推广应用。配筋砌块砌体剪力墙结构的内力,可按弹性方法计算,根据所得的内力进行承载力计算。以下简单介绍配筋砌块砌体的构造要求及承载力计算。

4.4.1 配筋砌块砌体剪力墙构造要求

1. 钢筋

(1) 钢筋的直径不宜大于 25 mm,当设置在灰缝中时,不宜大于灰缝厚度的 1/2,也不应小于 4 mm,在其他部位不应小于 10 mm;配置在孔洞或空腔中的钢筋面积不应大于孔洞或空腔面积的 6 %。

(2) 通常情况下,两平行钢筋间的净距不应小于 25 mm,对于柱和壁柱中的竖向钢筋的净距不宜小于 40 mm(包括接头处钢筋间的净距)。

(3) 钢筋在灌孔混凝土中的锚固长度应满足:

① 当计算中充分利用竖向受拉钢筋强度时,对 HRB335 级钢筋不宜小于 30d,对 HRB400 和 RRB400 级钢筋不宜小于 35d,在任何情况下钢筋(包括钢筋网片)的锚固长度不应小于 300 mm。

② 竖向受拉钢筋不宜在受拉区截断,如必须截断时,应延伸至按正截面受弯承载力计算不需要该钢筋的截面以外,延伸长度不应小于 20d。

③ 竖向受压钢筋在跨中截断时,必须延伸至按计算不需要该钢筋的截面以外,延伸的长度不应小于 20d;对绑扎骨架中末端无弯钩的钢筋,不应小于 25d。

④ 钢筋骨架中的受力光面钢筋,应在钢筋末端作弯钩,在焊接骨架、焊接网以及轴心受压构件中,可不作弯钩;绑扎骨架中的受力变形钢筋,在钢筋的末端可不作弯钩。

(4) 对于直径大于 22 mm 的钢筋宜采用机械连接接头,接头的质量应符合有关标准、规范的规定;其他直径的钢筋可采用搭接接头,并应符合下列要求:

① 钢筋的接头位置宜设置在受力较小处。

② 受拉钢筋的搭接接头长度不应小于 1. 1l_a,受压钢筋的搭接接头长度不应小于 0. 7l_a,但不应小于 300 mm。

③ 当相邻接头钢筋的间距不大于 75 mm 时,其搭接接头长度应为 1. 2l_a。当钢筋间的接头错开 20d 时,搭接长度可不增加。

(5) 水平受力钢筋(网片)的锚固和搭接长度应符合下列规定:

① 在凹槽砌块混凝土带中钢筋锚固长度不宜小于 30d,且其水平或垂直弯折段的长度不宜小于 15d 和 200 mm;钢筋的搭接长度不宜小于 35d。

② 在砌体水平灰缝中,钢筋的锚固长度不宜小于 50d,且其水平或垂直弯折段的长度不

宜小于 $20d$ 和 150 mm；钢筋的搭接长度不宜小于 $55d$。

③ 在隔皮或错缝搭接的灰缝中钢筋的锚固长度不宜小于 $50d+2h$，d 为灰缝受力钢筋的直径，h 为水平灰缝的间距。

(6) 灰缝中钢筋外侧砂浆保护层厚度不宜小于 15 mm；位于砌块孔槽中的钢筋保护层，在室内正常环境下不宜小于 20 mm，在室外或潮湿环境下不宜小于 30 mm。对安全等级为一级或设计使用年限大于 50 年的配筋砌体结构构件，钢筋的保护层应比本规定的厚度至少增加 5 mm。

2. 配筋砌块砌体剪力墙、连梁

(1) 配筋砌块砌体剪力墙、连梁所用的材料等级应满足：砌块不应低于 MU10；砌筑砂浆不应低于 Mb7.5；灌孔混凝土不应低于 Cb20。

(2) 配筋砌块砌体剪力墙厚度、连梁截面宽度不应小于 190 mm。

(3) 配筋砌块砌体剪力墙的构造配筋应符合下列规定：

① 应在墙的转角、端部和孔洞的两侧配置竖向连续的钢筋，钢筋的直径不宜小于 12 mm。

② 应在洞口的底部和顶部设置不小于 2 ϕ 10 的水平钢筋，其伸入墙内的长度不宜小于 $35d$ 和 400 mm。

③ 应在楼(屋)盖的所有纵横墙处设置现浇钢筋混凝土圈梁，圈梁的宽度和高度宜等于墙厚和砌块高，圈梁主筋不应少于 4 ϕ 10，圈梁的混凝土强度等级不宜低于同层混凝土块体强度等级的 2 倍，或该层灌孔混凝土的强度等级也不应低于 C20。

④ 剪力墙其他部位的竖向和水平钢筋的间距不应大于墙长、墙高之半，也不应大于 1 200 mm。对局部灌孔的砌体竖向钢筋的间距不应大于 600 mm。

⑤ 剪力墙沿竖向和水平方向的构造钢筋配筋率均不宜小于 0.07%。

(4) 按壁式框架设计的配筋砌块窗间墙除应满足上述(1)、(2)、(3)规定外，尚应符合下列规定：

① 窗间墙宽不应小于 800 mm，也不宜大于 2 400 mm；墙净宽与净高之比不应大于 5。

② 每片窗间墙中的竖向钢筋沿全高不应少于 4 根，含钢率不应小于 0.2%，也不宜大于 0.8%。

③ 窗间墙中的水平分布钢筋应在墙端部纵筋处做 180°标准弯钩，其间距在距梁 1 倍墙宽范围内不应大于 1/4 墙宽，其余部位不应大于 1/2 墙宽。水平分布钢筋的配筋率不宜小于 0.15%。

(5) 配筋砌块砌体剪力墙应按下列情况设置边缘构件：

① 当利用剪力墙端的砌体时，在距墙端至少 3 倍的墙厚范围内的孔中应设置不小于 ϕ12 通长竖向钢筋。当剪力墙端部的设计压应力大于 $0.8f_{C}$ 时，尚应设置间距不大于 200 mm，直径不小于 6 mm 的水平钢筋(钢箍)，该水平钢筋宜设置在灌孔混凝土中。

② 当在剪力墙端设置混凝土柱时，柱的截面宽度宜等于墙厚，柱的截面高度宜为 1 ~ 2 倍的墙厚，并不应小于 200 mm。柱的混凝土强度等级不宜低于该墙体块体强度等级的 2

倍，或该墙体灌孔混凝土的强度的等级，也不应低于 C20。柱的竖向钢筋不宜小于 4 Φ 12，箍筋宜为Φ 6、间距 200 mm。墙中的水平钢筋应在柱中锚固，并应满足钢筋的锚固要求。柱的施工顺序宜为先砌筑砌块墙体，后浇捣混凝土。

（6）配筋砌块砌体剪力墙中当连梁采用钢筋混凝土时，连梁混凝土的强度等级不宜低于同层墙体块体强度等级的 2 倍，或同层灌孔混凝土的强度等级，也不应低于 C20；其他构造尚应符合现行国家标准《混凝土结构设计规范》（GB 50010—2010）的有关规定要求。

（7）配筋砌块砌体剪力墙中当连梁采用配筋砌块砌体时，连梁应符合下列规定：

① 连梁的截面高度不应小于 2 皮砌块的高度和 400 mm，连梁应采用 H 形砌块或凹槽砌块组砌，孔洞应全部浇灌混凝土。

② 连梁上、下水平钢筋宜对称、通长设置，在灌孔砌体内的锚固长度不应小于 35 d 和 400 mm。连梁水平受力钢筋的含钢率不宜小于 0.2%，也不宜大于 0.8%。

③ 连梁的箍筋直径不应小于 6 mm，其间距不应大于 1/2 梁高和 600 mm，在距支座等于梁高范围内的箍筋应加密，间距不应大于 1/4 梁高，距支座表面第一根箍筋的间距不大于 100 mm。筋箍的截面配箍率不宜小于 0.15%；箍筋宜采用封闭式，双肢箍末端弯钩 135°，单肢箍末端做 180°弯钩或 90°弯钩加 12 倍箍筋直径的延长段。

3. 配筋砌块砌体柱

配筋砌块砌体柱（图 4.15）材料强度等级和配筋砌块砌体剪力墙、连梁的要求相同。柱截面边长不宜小于 400 mm，柱高度与截面短边之比不宜大于 30；柱的纵向钢筋直径不小于 12 mm，数量不应少于 4 根，全部纵向受力钢筋的配筋率不应小于 0.2%，也不宜大于 0.4%；当纵向钢筋配筋率大于 0.25%，且柱承受的轴向力大于受压承载力设计值的 25% 时，柱中应设箍筋。箍筋直径不宜小于 6 mm，间距不应大于 16 倍纵向钢筋直径、48 倍箍筋直径及柱截面短边尺寸中较小者；箍筋应封闭，端部应弯钩；箍筋应设置在灰缝或灌孔混凝土中。

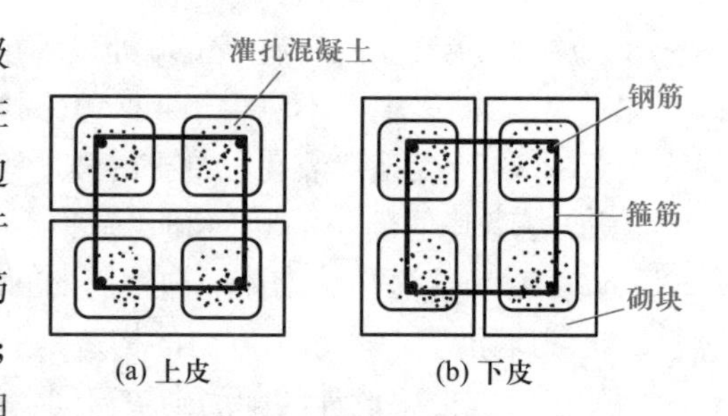

图 4.15 配筋砌块砌体柱截面示意图

4.4.2 配筋砌块砌体构件正截面受压承载力计算

1. 基本假定

在进行正截面受压承载力计算时，规范引入了以下基本假定：

（1）截面应变保持平面；

（2）竖向钢筋与其毗邻的砌体、灌孔混凝土的应变相同；

（3）不考虑砌体、灌孔混凝土的抗拉强度；

（4）根据材料选择砌体、灌孔混凝土的极限压应变，且不应大于 0.003；

（5）根据材料选择钢筋的极限拉应变，且不应大于 0.01。

2. 轴心受压正截面承载力计算

对于配筋砌块砌体剪力墙、柱，当配有箍筋或水平分布钢筋时，其正截面受压承载力 N

按下列公式计算

$$N \leqslant \varphi_{0g}(f_g A + 0.8 f'_y A'_s) \tag{4.11}$$

$$\varphi_{0g} = \frac{1}{1 + 0.001\beta^2} \tag{4.12}$$

式中 φ_{0g}——轴心受压构件的稳定系数；

A——构件的毛截面面积；

A'_s——全部竖向钢筋的截面面积；

f_g——灌孔砌体的抗压强度设计值，应按《规范》3.2.1 中公式(3.2.1.1)计算；

f'_y——受压钢筋的强度设计值；

β——构件的高厚比。

需要指出的是，无箍筋或水平分布钢筋时，仍可按式(4.11)计算，但应使 $f'_y A'_s = 0$。另外，对于配筋砌块砌体剪力墙，当竖向钢筋仅配在中间时，其平面外偏心受压承载力可按无筋砌体公式(3.13)计算，但应采用灌孔砌体抗压强度设计值。

*3. 矩形截面偏心受压构件承载力计算

矩形截面偏心受压配筋砌块砌体剪力墙依据偏心距的大小，分别进行大偏心受压和小偏心受压两种计算。

(1) 大小偏心受压界限

当 $x \leqslant \xi_b h_0$ 时，为大偏心受压；

当 $x > \xi_b h_0$ 时，为小偏心受压；

式中 x——截面受压区高度；

h_0——截面有效高度；

ξ_b——界限相对受压区高度，对 HPB235 级钢筋取为 0.60，对 HRB335 级钢筋取为 0.53。

(2) 大偏心受压承载力计算 矩形截面大偏心受压配筋砌块砌体破坏时截面上的应力状态如图 4.16 所示。根据平衡条件建立公式如下

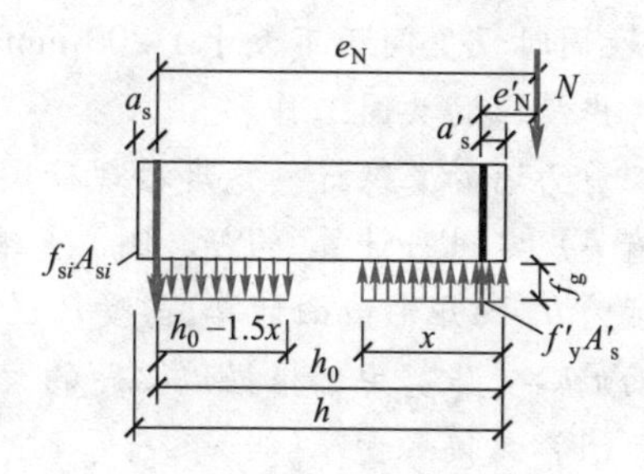

图 4.16 矩形截面大偏心受压承载力计算简图

$$N \leqslant f_g bx + f'_y A'_s - f_y A_s - \sum f_{si} A_{si} \tag{4.13}$$

$$Ne_N \leqslant f_g bx(h_0 - x/2) + f'_y A'_s(h_0 - a'_s) - \sum f_{si} S_{si} \tag{4.14}$$

式中 f_g——灌孔砌体的抗压强度设计值；

f_y, f'_y——竖向受拉、压主筋的强度设计值；

A_s, A'_s——竖向受拉、压主筋的截面面积；

b——截面宽度；

A_{si}——单根竖向分布钢筋的抗拉强度设计值；

S_{si}——第 i 根竖向分布钢筋对竖向受拉主筋的面积矩；

e_N——轴向力作用点到竖向受拉主筋合力点之间的距离，计算方法同式(4.10)中的 e_N。

当受压区高度 $x<2a'_s$ 时，由于受压钢筋距离中性轴太近难以达到抗压设计强度，此时其承载力可按下列公式计算

$$Ne'_N \leqslant f_y A_s (h_0 - a'_s) \tag{4.15}$$

式中 e'_N——轴向力作用点到竖向受压主筋合力点之间的距离，计算方法同式(4.10)中的 e'_N。

(3) 小偏心受压承载力计算 矩形截面小偏心受压配筋砌块砌体破坏时截面上的应力状态如图4.17所示。根据平衡条件建立公式如下

$$N \leqslant f_g bx + f'_y A'_s - \sigma_s A_s \tag{4.16}$$

$$Ne_N \leqslant f_g bx(h_0 - x/2) + f'_y A'_s (h_0 - a'_s) \tag{4.17}$$

$$\sigma_s = \frac{f_y}{\xi_b - 0.8}\left(\frac{x}{h_0} - 0.8\right) \tag{4.18}$$

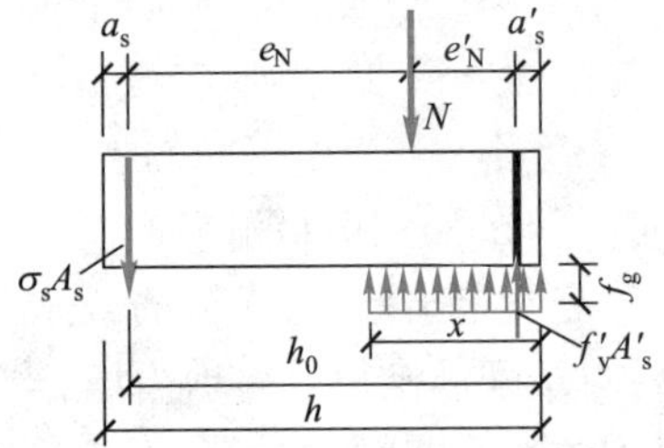

图4.17 矩形截面小偏心受压承载力计算简图

从式(4.16)和式(4.17)不难看出，小偏心受压计算中未考虑竖向分布钢筋的作用。

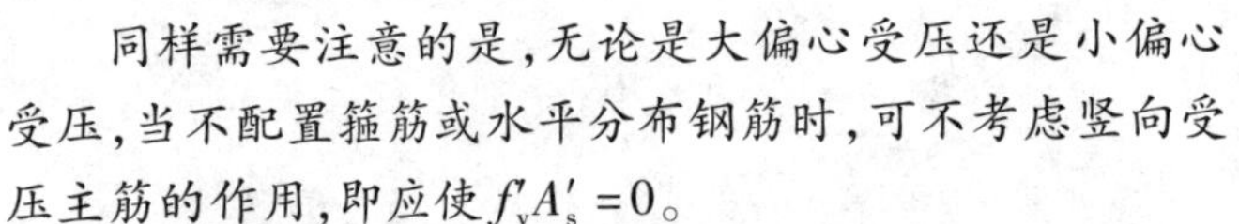

同样需要注意的是，无论是大偏心受压还是小偏心受压，当不配置箍筋或水平分布钢筋时，可不考虑竖向受压主筋的作用，即应使 $f'_y A'_s = 0$。

*4. T形、倒L形截面偏心受压构件承载力计算

T形、倒L形截面偏心受压配筋砌块砌体剪力墙，当翼缘和腹板的相交处采用错缝搭接砌筑，同时设置间距不大于1 200 mm的配筋带（截面高度≥60 mm，钢筋不少于2ϕ12）时，可考虑翼缘的共同工作。

剪力墙的翼缘计算宽度按现行国家标准《混凝土结构设计规范》(GB/T 50010—2010)的有关规定进行计算。T形、倒L形截面偏心受压剪力墙，当受压区的高度 $x \leqslant h'_f$ 时，仍按宽度为 b'_f 的矩形截面计算；当受压区的高度 $x > h'_f$ 时，则应考虑腹板的作用。T形、倒L形截面偏心受压剪力墙根据偏心距的大小仍按大偏压和小偏压分别进行计算。

(1) 大偏心受压（当 $x \leqslant \xi_b h_0$ 时，为大偏心受压） T形截面偏心受压构件破坏时截面应力如图4.18所示。根据平衡条件建立以下公式

$$N \leqslant f_g[bx + (b'_f - b)h'_f] + f'_y A'_s - f_y A_s - \sum f_{si} A_{si} \tag{4.19}$$

$$Ne_N \leqslant f_g[bx(h_0 - x/2) + (b'_f - b)h'_f(h_0 - h'_f/2)] + f'_y A'_s (h_0 - a'_s) - \sum f_{si} A_{si} \tag{4.20}$$

式中 b'_f——T形或倒L形截面受压区的翼缘计算宽度；

h'_f——T形或倒L形截面受压区的翼缘高度。

(2) 小偏心受压（当 $x > \xi_b h_0$ 时，为小偏心受压） 按图4.18所示的应力图形，根据平衡条件建立以下公式

$$N \leqslant f_g[bx + (b'_f - b)h'_f] + f'_y A'_s - \sigma_s A_s \tag{4.21}$$

$$Ne_N \leqslant f_g[bx(h_0 - x/2) + (b'_f - b)h'_f(h_0 - h'_f/2)] + f'_y A'_s (h_0 - a'_s) \tag{4.22}$$

*4.4.3 配筋砌块砌体构件受剪承载力计算

1. 配筋砌块砌体剪力墙受剪承载力计算

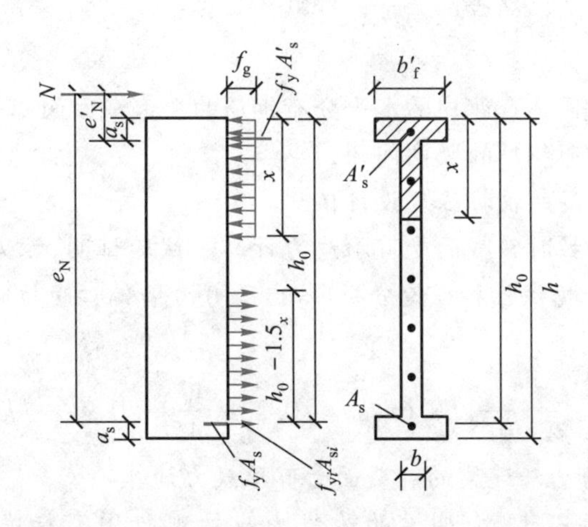

图 4.18　T 形截面偏心受压构件承载力计算简图

偏心受力配筋砌块砌体剪力墙,其斜截面受剪承载力按下列规定进行

(1) 剪力墙的截面应满足

$$V \leqslant 0.25 f_g bh \tag{4.23}$$

式中　V——剪力墙的剪力设计值;

f_g——单排孔且对孔砌筑的混凝土砌块灌孔砌体抗压强度设计值(简称灌孔砌体抗压强度设计值);

b——剪力墙的截面宽度或 T 形、倒 L 形截面腹板宽度;

h——剪力墙的截面高度。

(2) 剪力墙偏心受压时斜截面受剪承载力计算　试验证明,压力的存在提高了斜截面受剪承载力。《规范》根据试验和理论分析,给出剪力墙偏心受压时斜截面受剪承载力计算公式

$$V \leqslant \frac{1}{\lambda - 0.5}\left(0.6 f_{vg} bh_0 + 0.12 N \frac{A_w}{A}\right) + 0.9 f_{yh} \frac{A_{sh}}{s} h_0 \tag{4.24}$$

式中　N、V——分别为计算截面的轴向力和剪力设计值,当 $N > 0.25 f_g bh$ 时,取 $N = 0.25 f_g bh$;

A——剪力墙的截面面积,对于有翼缘的截面,翼缘部分只取有效面积,所用到的翼缘计算宽度按现行国家标准《混凝土结构设计规范》(GB 50010—2010)的有关规定进行计算;

f_{vg}——单排孔且对孔砌筑的混凝土砌块灌孔砌体抗剪强度设计值(简称灌孔砌体抗剪强度设计值);

A_w——T 形、倒 L 形截面腹板的截面面积,对于矩形截面 $A_w = A$;

λ——计算截面的剪跨比,$\lambda = \dfrac{M}{Vh_0}$,当 λ 小于 1.5 时取 1.5,当 λ 大于等于 2.2 时取2.2;

h_0——剪力墙截面的有效高度；

b——剪力墙宽度；

A_{sh}——配置在同一截面内的水平分布钢筋的全部截面面积；

s——水平分布钢筋的竖向间距；

f_{yh}——水平钢筋的抗拉强度设计值。

(3) 剪力墙偏心受拉时斜截面受剪承载力计算　试验证明，拉力的存在降低了斜截面受剪承载力。《规范》根据试验和理论分析，给出了剪力墙偏心受拉时斜截面受剪承载力计算公式

$$V \leqslant \frac{1}{\lambda - 0.5}\left(0.6 f_{vg} b h_0 - 0.22 N \frac{A_w}{A}\right) + 0.9 f_{yh} \frac{A_{sh}}{s} h_0 \tag{4.25}$$

2. 配筋砌块砌体剪力墙连梁的斜截面受剪承载力计算

当连梁采用钢筋混凝土时，连梁的承载力应按现行国家标准《混凝土结构设计规范》(GB 50010—2010)的有关规定进行计算；当连梁采用配筋砌块砌体时，应符合下列规定：

(1) 截面尺寸限制条件

$$V_b \leqslant 0.25 f_g b h \tag{4.26}$$

式中　V_b——连梁的剪力设计值。

(2) 受剪承载力计算公式

$$V_b \leqslant 0.8 f_{vg} b h_0 + f_{yv} \frac{A_{sv}}{s} h_0 \tag{4.27}$$

式中　h_0——连梁截面的有效高度；

b——连梁截面宽度；

A_{sv}——配置在同一截面内箍筋各肢的全部截面面积；

f_{yv}——箍筋的抗拉强度设计值；

s——沿构件长度方向箍筋的间距。

4.4.4　砖砌体和钢筋混凝土构造柱组合墙

1. 砖砌体和钢筋混凝土构造柱组合墙的构造

《建筑抗震设计规范》(GB 50011—2010)指出，多层砌体房屋应按要求设置钢筋混凝土构造柱。构造柱可以起到以下作用：加强纵横墙的连接，加强墙体的整体性，约束墙体裂缝开展，提高砌体结构抗弯、抗剪能力和结构的延性性能，可以提高多层砌体房屋的抗震能力。

砖砌体和钢筋混凝土构造柱组合墙由钢筋混凝土构造柱、砖或砌块、拉结钢筋组成。钢筋混凝土构造柱是一种钢筋混凝土小柱，它一般设置在砌体结构房屋墙体转角处和其他薄弱部位，并沿房屋高度贯通，且与各层圈梁及基础圈梁相连接。

钢筋混凝土构造柱的最小截面尺寸不宜小于 240 mm × 240 mm，边柱、角柱的截面宽度宜适当加大。

构造柱内的竖向受力钢筋不宜少于4 Φ12,对于边柱、角柱,不宜少于4 Φ14。通常,构造柱的竖向受力钢筋也不宜大于4 Φ16。钢筋混凝土构造柱的箍筋,一般部位宜采用Φ6,间距一般为200 mm;楼层上下500 mm 范围内宜采用Φ6,间距100 mm。箍筋弯钩应为135°,平直长度为10倍钢筋直径。构造柱的竖向受力钢筋应在基础梁和楼层圈梁中锚固,并应符合受拉钢筋的锚固要求。

构造柱的混凝土强度等级不宜低于C15,混凝土骨料最大粒径不宜大于200 mm。

构造柱处所用烧结普通砖的强度等级不应低于MU10,砌筑砂浆的强度等级不应低于M5。砖墙与构造柱的连接处应砌成马牙槎,每一个马牙槎的高度不宜超过300 mm,应沿墙高每隔500 mm 设置2 Φ6 拉结钢筋,拉结钢筋每边深入墙内不宜小于600 mm。

砖砌体和钢筋混凝土构造柱组合墙的房屋,应在纵横墙交接处、墙端部和较大洞口的洞边设置构造柱,其间距不宜大于4 m。各层洞口宜设置在对应位置,并宜上下对齐。同时,应在基础顶面、有组合墙的楼层处设置现浇混凝土圈梁。圈梁的截面高度不宜小于240 mm。

2. 砖砌体和钢筋混凝土构造柱组合墙的施工

砖砌体和钢筋混凝土构造柱组合墙施工时应先砌墙,后浇混凝土构造柱。构造柱施工程序为:绑扎钢筋、砌砖墙、支模板、浇混凝土柱、拆模。

构造柱钢筋规格、数量、位置必须准确,绑扎前必须除锈和调直。预留的外伸钢筋不应在施工中任意弯折。砌砖墙时,马牙槎从每层柱脚开始,先退后进。马牙槎进退尺寸不小于60 mm,保证大于柱脚。

在每层砖墙及其马牙槎砌好后,应立即设置构造柱模板,模板必须紧贴墙的两侧,支撑牢靠,防止漏浆。构造柱浇筑混凝土前,必须将马牙槎部位及模板浇水湿润。为清理方便,构造柱的底部(圈梁面上)应留出二皮砖高的孔洞,以便清除模板内的杂物,清理完毕后将此洞封闭。

另外,在砖砌体和钢筋混凝土构造柱组合墙的钢筋混凝土构造柱施工时,还应控制构造柱混凝土的坍落度、石子粒径的大小,分段浇捣,每段高度不宜超过2m。构造柱混凝土应振捣密实。构造柱混凝土终凝后应注意适时浇水养护。

本章小结

介绍了网状配筋砖砌体、组合砖砌体、组合砖墙体及配筋砌块砌体等几种常见的配筋砌体,较为详细地给出了网状配筋砖砌体和组合砖砌体的构造要求及适用范围。分析了网状配筋砖砌体及组合砖砌体的受压性能,按照现行规范给出了这两类配筋砌体的承载力计算公式,通过算例说明了公式的应用。在本章的最后介绍了配筋砌块砌体剪力墙的构造要求和承载力计算。

思考题与习题

1. 在砌体结构中，对何类构件可采用配筋砌体？配筋砌体有哪几类？适用范围如何？

2. 简述网状配筋砌体与无筋砌体承载力计算公式的异同，怎样才能较好地发挥网状配筋的作用？

3. 何为组合砌体？偏心受压组合砌体的计算方法与钢筋混凝土偏心受压构件有何不同？

4. 试述组合砖砌体的受压性能。

5. 如有一砖柱，因强度不足或荷载加大需要加固，试用学过的知识拟出加固方案。

6. 网状配筋砌体中为什么规范要求砂浆强度不低于M7.5？

7. 一网状配筋砖柱，截面尺寸为490 mm×490 mm，柱的计算高度为4 m，网状配筋选用冷拔低碳钢丝焊接网，$f=430$ MPa，钢丝间距为50 mm，钢丝网间距为260 mm，采用等级为MU10的砖及M7.5的混合砂浆砌筑，试验算在两种状况下的承载力。

(1) 承受轴向力设计值$N=275$ kN；

(2) 承受轴向力设计值$N=275$ kN，$M=26.3$ kN·m。

8. 某组合砌体柱如图4.19所示，其计算高度$H_0=3.6$ m，承受轴心压力$N=380$ kN，组合砌体采用MU10砖，M7.5砂浆，C20混凝土。试验算其承载力。

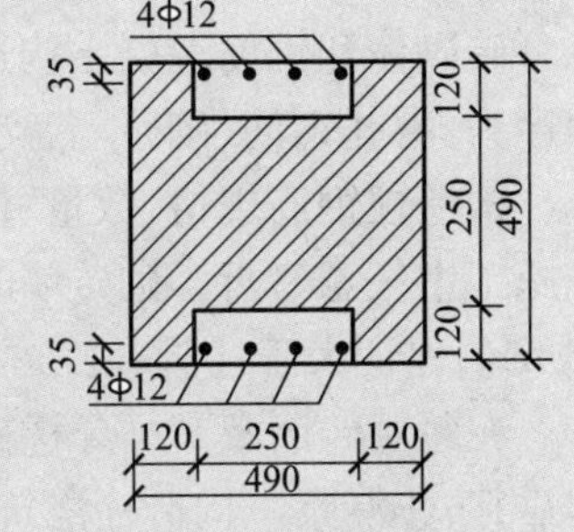

图4.19 习题8附图

9. 何为砖砌体和钢筋混凝土构造柱组合墙？其构造要求如何？

第5章

砌体墙、柱的构造措施

学习目标

1. 掌握墙体高厚比的验算。
2. 熟悉砌体墙、柱的一般构造要求和圈梁的设置及构造。
3. 了解墙体开裂的原因和特征，熟悉防止墙体开裂的措施。

5.1 墙、柱的高厚比验算

5.1.1 墙、柱的计算高度和高厚比

1. 墙、柱的计算高度

砌体结构房屋受压构件的计算高度与房屋类别和构件支承条件有关。房屋类别(表 5.1)是指在对砌体房屋进行静力计算时所采取的计算方案,主要是由屋盖或楼盖类别和横墙间距确定。受压构件的计算高度 H_0,是根据弹性稳定理论关于压杆稳定的概念,并考虑工程安全而确定的,按表 5.1 采用。

表 5.1 受压构件的计算高度 H_0 m

房屋类别			柱		带壁柱墙或周边拉结的墙		
			排架方向	垂直排架方向	$s>2H$	$2H\geqslant s>H$	$s\leqslant H$
有吊车的单层房屋	变截面柱上段	弹性方案	$2.5H_u$	$1.25H_u$	$2.5H_u$		
		刚性、刚弹性方案	$2.0H_u$	$1.25H_u$	$2.0H_u$		
	变截面柱下段		$1.0H_l$	$0.8H_l$	$1.0H_l$		
无吊车的单层和多层房屋	单跨	弹性方案	$1.5H$	$1.0H$	$1.5H$		
		刚弹性方案	$1.2H$	$1.0H$	$1.2H$		
	多跨	弹性方案	$1.25H$	$1.0H$	$1.25H$		
		刚弹性方案	$1.10H$	$1.0H$	$1.10H$		
	刚性方案		$1.0H$	$1.0H$	$1.0H$	$0.4s+0.2H$	$0.6s$

注:1. 表中 H_u 为变截面柱的上段高度;H_l 为变截面柱的下段高度;

2. 对于上端为自由端的构件,$H_0=2H$;

3. 对独立砖柱,当无柱间支撑时,柱在垂直排架方向的 H_0 应按表中数值乘以 1.25 后采用;

4. s 为房屋横墙间距;

5. 自承重墙的计算高度应根据周边支承或拉结条件确定。

在表 5.1 中,H 为构件高度,即楼板或其他水平支点间的距离,应按下列规定采用:

(1) 在房屋底层,为楼板顶面到构件下端支点的距离。下端支点的位置可取在基础顶面。当埋置较深且有刚性地坪时,可取室外地面以下 500 mm 处。

(2) 在房屋其他层次,为楼板或其他水平支点间的距离。

(3) 对于无壁柱的山墙,可取层高加山墙尖高度的 1/2;对于带壁柱的山墙可取壁柱处的山墙高度。

(4) 对有吊车的房屋,当荷载组合不考虑吊车作用时,变截面柱上段的计算高度可按表 5.1 规定采用。变截面柱下段的计算高度可按下列规定采用:

① 当 $H_u/H\leqslant 1/3$ 时,取无吊车房屋的计算高度 H_0;

② 当 $1/3<H_u/H<1/2$ 时,取无吊车房屋的计算高度 H_0 乘以修正系数 μ,即

$$\mu=1.3-0.3I_u/I_l$$

式中 I_u——变截面柱上段的惯性矩；

I_l——变截面柱下段的惯性矩；

③ 当 $H_0/H \geqslant 1/2$ 时，取无吊车房屋的计算高度 H_0。但在确定高厚比 β 值时，应采用上柱截面。

本规定也适用于吊车房屋的变截面柱。

2. 墙、柱的高厚比

墙、柱的高厚比是指房屋中墙的计算高度 H_0 与墙厚，或矩形柱的计算高度 H_0 与相对应边长的比值，即 H_0/h。它可以用来反映砌体墙、柱在施工和使用阶段的稳定性和刚度。

5.1.2 墙、柱的允许高厚比和高厚比验算

1. 墙、柱的允许高厚比及其影响因素

墙、柱高厚比的限值称为允许高厚比，用[β]表示。砖砌体墙、柱允许高厚比[β]与钢结构受压杆件的长细比限值[λ]具有相似的物理意义。影响墙、柱允许高厚比的因素很多，很难用理论推导的公式加以确定，《规范》规定的[β]值主要是根据房屋中墙、柱的稳定性和刚度条件由经验确定的，与墙、柱承载力的计算无关。工程实践表明，[β]值的大小与砌筑砂浆的强度等级和施工质量有关，对《规范》规定的[β]值，当材料质量提高，施工水平改善时，将会有所增大。对高厚比验算的要求就是指墙、柱的实际高厚比 β 应不超过《规范》规定的允许高厚比[β]，即 $\beta \leqslant [\beta]$。

《规范》规定的允许高厚比[β]见表 5.2。

表 5.2 墙、柱的允许高厚比[β]值

砌体类型	砂浆强度等级	墙	柱
无筋砌体	M2.5	22	15
	M5.0、Mb5.0 或 Ms5.0	24	16
	≥M7.5、Mb7.5 或 Ms7.5	26	17
配筋砌块砌体	—	30	21

注：1. 毛石墙、柱允许高厚比应按表中数值降低 20%；

2. 带有混凝土或砂浆面层的组合砖砌体构件的允许高厚比，可按表中数值提高 20%，但不得大于 20；

3. 验算施工阶段砂浆尚未硬化的新砌砌体高厚比时，允许高厚比对墙取 14，对柱取 11。

各种因素对墙体允许高厚比[β]的影响如下所述：

(1) 砂浆强度等级 砂浆强度等级直接影响砌体的弹性模量，从而影响砌体的刚度。由于允许高厚比是保证墙柱稳定性和刚度的条件，因此砂浆强度等级越高，允许高厚比值越大，反之，允许高厚比值越小。

(2) 砌体类型 空斗墙、毛石墙与实心砖墙刚度差，故[β]值相应降低，组合砖构件比实心砖构件刚度强，故[β]值相应提高。

(3) 横墙间距 横墙间距较小，房屋整体刚度越大，墙体刚度和稳定性越好。横墙间距越大，墙体的刚度和稳定性越差。而柱子因与横墙无联系，故对其刚度要求较严，其允许高

厚比较小。

(4) 构件的重要性 对房屋中的次要墙体,例如非承重墙的[β]值可以适当加大,由于非承重墙仅承受自重作用,根据弹性稳定理论,在材料、截面及支承情况相同的条件下,构件不仅承受自重作用时失稳的临界荷载比上端受集中荷载时要大。故验算非承重墙高厚比时,表5.2中的[β]值可乘以允许高厚比修正系数μ_1,对厚度$h\leqslant 240$ mm的自承重墙,μ_1按下列规定确定:

$h=240$ mm,$\mu_1=1.2$;

$h=90$ mm,$\mu_1=1.5$;

240 mm $>h>$ 90 mm,$\mu_1=1.2\sim1.5$插值。

对于厚度小于90 mm的墙,当双面用不低于M10的水泥砂浆抹面,包括面层的墙厚小于90 mm时,可按墙厚等于90 mm验算高厚比。对于上端为自由端墙的允许高厚比,除按上述规定提高外,尚可提高30%。

(5) 墙、柱的截面形式 截面的惯性矩越大,构件稳定性越好。墙体上门、窗洞口对墙体削弱越多,墙体稳定性越差,允许高厚比[β]值越小。考虑门窗洞口的这种削弱作用,验算时需对允许高厚比[β]值加以修正。

对有门窗洞口的墙,允许高厚比修正系数μ_2按下式计算

$$\mu_2=1-0.4b_s/s \tag{5.1}$$

式中 b_s——在宽度s范围内的门窗洞总宽度(图5.1);

s——相邻窗间墙或壁柱之间的距离。

当按公式(5.1)算得μ_2值小于0.7时,应采用0.7;当洞口高度等于或小于墙高的1/5时,可取$\mu_2=1.0$。

当洞口高度大于或等于墙高的4/5时,可按独立墙段验算高厚比。

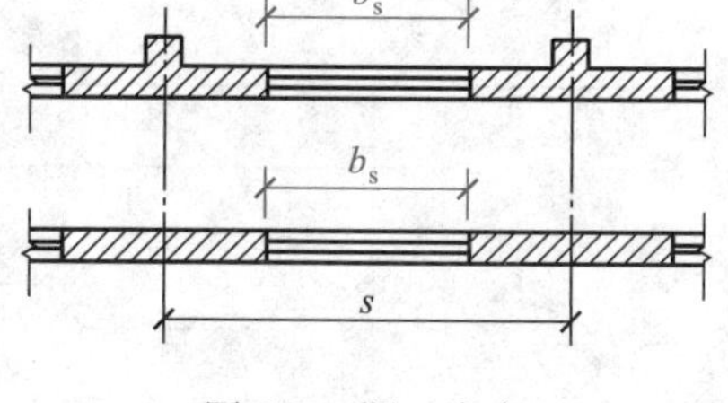

图5.1 洞口宽度

(6) 墙、柱的支承条件 房屋刚度越大,墙、柱在屋(楼)盖支承处的水平位移越小,因此[β]值可以适当提高,反之,[β]值应相对减小。在工程实践中,这一影响因素通过改变墙、柱的计算高度H_0加以考虑。

2. 不带壁柱墙、柱的高厚比验算

不带壁柱的墙、柱截面为矩形,其高厚比应按下式验算

$$\beta=H_0/h\leqslant\mu_1\mu_2[\beta] \tag{5.2}$$

式中 H_0——墙、柱的计算高度应按表5.1取用;

h——墙厚或矩形柱与H_0相对应的边长;

μ_1——自承重墙允许高厚比的修正系数;

μ_2——有门窗洞口墙允许高厚比的修正系数;

[β]——墙、柱允许高厚比,应按表5.2采用。

当与墙连接的相邻两横墙间的距离$s\leqslant\mu_1\mu_2[\beta]h$时,相邻两横墙之间的墙体因受到横

墙很大的约束,而沿竖向不会丧失稳定,故此时墙的高度 H 可不受式(5.2)的限制。

变截面柱的高厚比可按上、下截面分别验算,其计算高度按表5.1的规定采用。验算上柱的高厚比时,墙、柱的允许高厚比可按表5.2的数值乘以1.3后采用。

3. 带壁柱墙的高厚比验算

带壁柱墙的高厚比,应从两个方面进行验算,一方面,验算包括壁柱在内的整片墙体的高厚比,这相当于验算墙体的整体稳定;另一方面验算壁柱间墙的高厚比,这相当于验算墙体的局部稳定。

(1) 整片墙的高厚比验算　将壁柱视为墙体的一部分,整片墙的计算截面即为T形,故在按式(5.2)验算高厚比时,按等惯性矩和等面积的原则,将T形截面换算成矩形截面,换算后墙体的折算厚度为 h_T,按式(5.2) h 应采用T形截面的折算厚度 h_T,即

$$\beta = H_0/h_T \leqslant \mu_1\mu_2[\beta] \tag{5.3}$$

式中　h_T——带壁柱墙截面的折算厚度,$h_T=3.5i$,其中,i 为带壁柱墙截面的回转半径,即 $i=\sqrt{I/A}$,I 为带壁柱墙截面的惯性矩;A 为带壁柱墙截面的面积;H_0 为带壁柱墙的计算高度。

确定带壁柱墙的计算高度 H_0 时,墙体的长度应取相邻横墙间的距离。在确定截面回转半径时,带壁柱墙计算截面的翼缘宽度 b_f(图5.2)应按下列规定采用:多层房屋,当有门窗洞口时,可取窗间墙宽度;当无门窗洞口时,每侧翼墙宽度可取壁柱高度的1/3;单层房屋可取壁柱宽加2/3墙高,但不大于窗间墙宽度和相邻壁柱间距离;计算带壁柱墙的条形基础时,可取相邻壁柱间的距离。

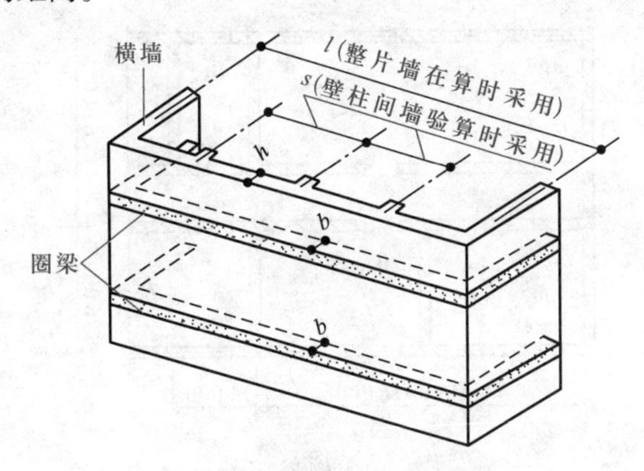

图5.2　带壁柱的墙

(2) 壁柱间墙的高厚比验算　在验算壁柱间墙的高厚比时,仍按式(5.2)进行验算。计算 H_0 时,表5.1中的 s 应为相邻壁柱间的距离,且按刚性方案选用。

当高厚比验算不能满足式(5.2)的要求时,可以在墙中设置钢筋混凝土圈梁,以增加墙体的刚度和稳定性。设有钢筋混凝土圈梁的带壁柱墙,当 $b/s \geqslant 1/30$ 时,圈梁可视作壁柱间墙的不动铰支点(b 为圈梁宽度)。即壁柱间墙体的计算高度可取圈梁间的距离或圈梁与其他横向水平支点间的距离。这是因为圈梁的水平刚度较大,可抑制壁柱间墙的侧向变形。如不允许增加圈梁宽度,可按墙体平面外等刚度原则增加圈梁高度,以满足壁柱间墙不动铰支点的要求。

4. 带构造柱墙的高厚比验算

带构造柱墙的高厚比验算方法同带壁柱墙，即也须验算构造柱墙的高厚比和构造柱间墙的高厚比。

当构造柱截面宽度不小于墙厚时，可按公式(5.2)验算带构造柱墙的高厚比，此时公式中 h 取墙厚；当确定墙的计算高度时，s 应取相邻横墙间的距离；墙的允许高厚比$[\beta]$可乘以提高系数 μ_c，计算公式为

$$\mu_c = 1 + \gamma \frac{b_c}{l} \tag{5.4}$$

式中 γ——系数，对细料石、半细料石砌体，$\gamma=0$；对混凝土砌体、粗料石、毛料石及毛石砌体，$\gamma=1.0$；其他砌体，$\gamma=1.5$；

b_c——构造柱沿墙长方向的宽度；

l——构造柱的间距。

当 $b_c/l>0.25$ 时，取 $b_c/l=0.25$；当 $b_c/l<0.05$ 时，取 $b_c/l=0$。

考虑构造柱有利作用的高厚比验算不适用于施工阶段。

［例 **5.1**］ 某办公楼平面的一部分如图5.3所示，纵、横承重墙厚度均为240 mm，用M5砂浆砌筑，首层墙高4.6 m(外墙算至室外地面下500 mm，内墙算至基础大放脚顶面)；以上各层墙高3.6 m。隔断墙厚为120 mm，用M5砂浆砌筑。楼盖和屋盖结构均为装配整体式钢筋混凝土板。试验算纵墙、横墙和隔断墙的高厚比是否满足要求。

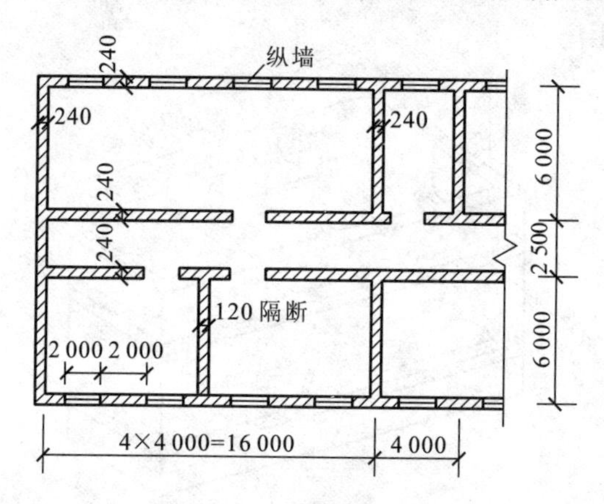

图5.3 例5.1图

［解］ (1) 验算纵墙的高厚比

首层墙厚 $H=4.6$ m，以上各层 $H=3.6$ m(小于首层)，外纵墙窗洞对墙体的削弱较内纵墙门洞对墙体的削弱多，所以纵墙仅对外墙进行验算。

横墙最大间距 $s=4\times4$ m $=16$ m，查表6.2知该房屋属于刚性方案。

$H=4.6$ m，$2H=9.2$ m，$s>2H$，查表5.1知

$$H_0=1.0, H=4.6\text{ m}。$$

$b_s=2$ m,相邻窗间墙距离 $s=4$ m,则:$\mu_2=1-0.4\times\frac{2}{4}=0.8$。

砂浆强度等级为 M5,查表 5.2 知$[\beta]=24$。

$$\mu_2[\beta]=0.8\times24=19.2$$

$$\beta=H_0/h=4\,600/240=19.2$$

$$\beta=\mu_2[\beta]$$

满足要求。

(2) 验算横墙的高厚比

墙长 $s=6$ m,$2H>s>H$,查表 5.1 得

$$H_0=0.4s+0.2H=0.4\times6\text{ m}+0.2\times4.6\text{ m}=3.32\text{ m}$$

横墙上没有门窗洞口,$\mu_2=1.0$,则

$$\beta=H_0/h=3\,320\text{ mm}/240\text{ mm}=13.83$$

$$[\beta]=24,\beta<[\beta]$$

满足要求。

(3) 验算隔断墙的高厚比

隔断墙上端一般用立砖斜砌顶住楼板,两侧与纵墙之间沿高度每 500 mm 用 2 φ6 钢筋拉结,所以可按周边有拉结的墙计算。但考虑到两侧的拉结质量不能很好保证,以及隔断墙的位置在建筑物建成后可能变动等因素,设计时可忽略周边拉结的有利作用,取其计算高度等于每层的实际高度,在本例中取 $H_0=H=3.6$ m。

隔断墙为非承重墙,厚度 $h=120$ mm,则

$$\mu_1=1.2+(1.5-1.2)\frac{240-120}{240-90}=1.2+0.24=1.44$$

$$\mu_2[\beta]=1.44\times24=34.56$$

$$\beta=H_0/h=3\,600\text{ mm}/120\text{ mm}=30$$

$$\beta<\mu_1[\beta]$$

满足要求。

[例 **5.2**] 某单层跨无吊车厂房,柱距 6 m,每开间有 3.0 m 宽的窗洞,车间长 48 m,采用钢筋混凝土大型屋面板屋盖,屋架下弦标高 5.2 m,壁柱为 370 mm × 490 mm,墙厚 240 mm,该车间为刚弹性方案,试验算带壁柱墙的高厚比。

[解] 带壁柱墙的截面采用窗间墙截面,如图 5.4 所示。

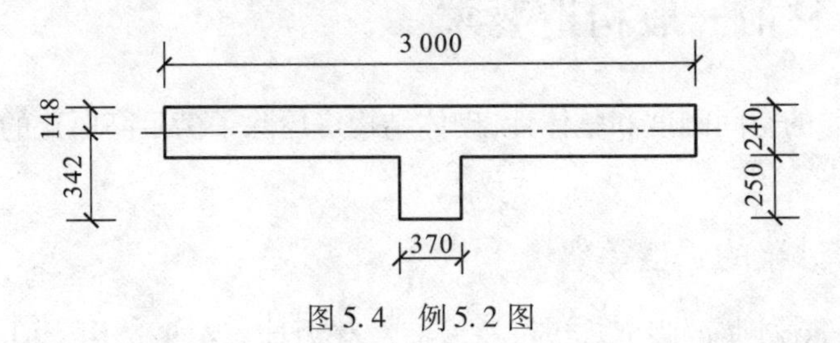

图 5.4 例 5.2 图

（1）带壁柱墙截面的几何特征

$A = 3\ 000\ \text{mm} \times 240\ \text{mm} + 370\ \text{mm} \times 250\ \text{mm} = 812\ 500\ \text{mm}^2$

$$y_1 = \frac{(240 \times 3\ 000 \times 120)\ \text{mm}^3 + \left[370 \times 250 \times \left(240 + \frac{250}{2}\right)\right]\ \text{mm}^3}{812\ 500\ \text{mm}^2} = 148\ \text{mm}$$

$y_2 = 490\ \text{mm} - 148\ \text{mm} = 342\ \text{mm}$

$$\begin{aligned} I &= (1/12) \times 3\ 000\ \text{mm} \times (240\ \text{mm})^3 + 3\ 000\ \text{mm} \times 240\ \text{mm} \times (148\ \text{mm} - 120\ \text{mm})^2 + \\ &\quad (1/12) \times 370\ \text{mm} \times (250\ \text{mm})^3 + 370\ \text{mm} \times 250\ \text{mm} \times (490\ \text{mm} - 125\ \text{mm} - 148\ \text{mm})^2 \\ &= 8\ 858 \times 10^6\ \text{mm}^4 \end{aligned}$$

$$i = \sqrt{I/A} = \sqrt{\frac{(8\ 858 \times 10^6)\ \text{mm}^4}{812\ 500\ \text{mm}^2}} = 104\ \text{mm}$$

$h_T = 3.5i = 3.5 \times 104\ \text{mm} = 364\ \text{mm}$

$H = 5.2\ \text{m} + 0.5\ \text{m} = 5.7\ \text{m}$

式中，0.5 m 为壁柱下端嵌固处至室内地坪的距离。

$$H_0 = 1.2H = 1.2 \times 5.6\ \text{m} = 6.84\ \text{m}$$

（2）整片墙高厚比验算

M5 砂浆，$[\beta] = 24$，承重墙 $\mu_1 = 1$。

开有门窗洞墙$[\beta]$的修正系数 μ_2 为：

$$\mu_2 = 1 - 0.4\frac{b_s}{s} = 1 - 0.4 \times \frac{3.0}{6.0} = 0.8$$

$$\mu_1\mu_2[\beta] = 1.0 \times 0.8 \times 24 = 19.2$$

$$\beta = H_0/h_T = 6\ 840/364 = 18.8 < 19.2$$

满足要求。

（3）壁柱间墙高厚比验算

$$s = 6.0\ \text{m} > H = 5.7\ \text{m}, s < 2H$$

$$H_0 = 0.4s + 0.2H = 0.4 \times 6\ 000\ \text{mm} + 0.2 \times 5\ 700\ \text{mm} = 3\ 540\ \text{mm}$$

$$\beta = H_0/h = 3\ 540/240 = 14.75 < 19.2$$

满足要求。

5.2 墙、柱的一般构造要求

为了保证房屋的空间刚度和整体性，砌体结构房屋除了满足高厚比的验算要求外，还应满足下述构造要求。

5.2.1 砖、砂浆的强度等级

一般墙体的砖和砂浆的强度等级可按截面承载力计算结果选用。但对某些墙体，从重要性、耐久性要求考虑,砖和砂浆的强度等级应满足一定要求。

五层及五层以上房屋的墙,以及受振动或层高大于6 m的墙、柱所用材料的最低强度等级,应符合下列要求:

(1) 砖采用MU10;

(2) 砌块采用MU10;

(3) 石材采用MU30;

(4) 砂浆采用M5。

对安全等级为一级或设计使用年限大于50年的房屋墙、柱所用材料的最低强度等级比上述要求至少提高一级。

地面以下或防潮层以下的砌体,潮湿房间的墙,所用材料的最低强度等级应符合表5.3的要求。

表5.3 地面以下或防潮层以下的砌体、潮湿房间墙所用材料的最低强度等级

基土的潮湿程度	烧结普通砖	混凝土普通砖、蒸压普通砖	混凝土砌块	石料	水泥砂浆
稍潮湿的	MU15	MU20	MU7.5	MU30	M5
很潮湿的	MU20	MU20	MU10	MU30	M7.5
含水饱和的	MU20	MU25	MU15	MU40	M10

在使用表5.3时,对冻胀地区的地面以下或防潮层以下的砌体,不宜采用多孔砖,如采用时,其孔洞应用不低于M10的水泥砂浆灌实。当采用混凝土空心砌块时,其孔洞采用强度等级不低于Cb20的混凝土预先灌实;对安全等级为一级或设计使用年限大于50年的房屋,表5.3中材料强度等级应至少提高一级。

5.2.2 墙体的连接

为了保证房屋整体性,墙体转角部位和纵、横墙交接处应咬槎砌筑。对不能咬槎砌筑又必须留置的临时间断处,应砌成斜槎,水平长度应不小于高度的2/3。如果留斜槎有困难,也可留直槎,俗称马牙槎,但应加设拉结钢筋,其数量为每120 mm墙厚不少于一根直径为6 mm的钢筋,或采用焊接钢筋网片,间距沿墙高不超过500 mm,埋入长度从墙的转角或交接处算起,对实心砖墙每边不得小于500 mm,对多孔砖墙和砌块墙不小于700 mm。

砌块砌体应分皮错缝搭砌,上下搭砌长度不得小于90 mm。当搭砌长度不满足上述要求时,就在水平灰缝设置不小于2Φ4的焊接钢筋网片(横向钢筋的间距不宜大于200 mm),网片每端均应超过该垂直缝,其长度不得小于300 mm。

钢筋混凝土骨架房屋的填充墙、隔墙,应分别采取措施与周边构件可靠连接。一般是在钢筋混凝土骨架中预埋拉结筋,并在砌砖时将其嵌入墙的水平灰缝内(图5.5)。连接构造和嵌缝材料应能满足传力、变形和防护要求。

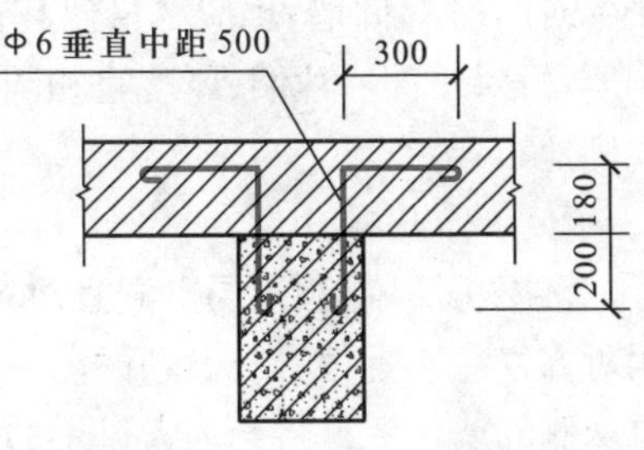

图5.5 墙与骨架的拉结

混凝土砌块房屋的砌块墙与后砌隔墙交接处，应沿墙高每400 mm在水平灰缝内设置不小于2 Φ4、横筋间距不大于200 mm的焊接钢筋网片，如图5.6所示。

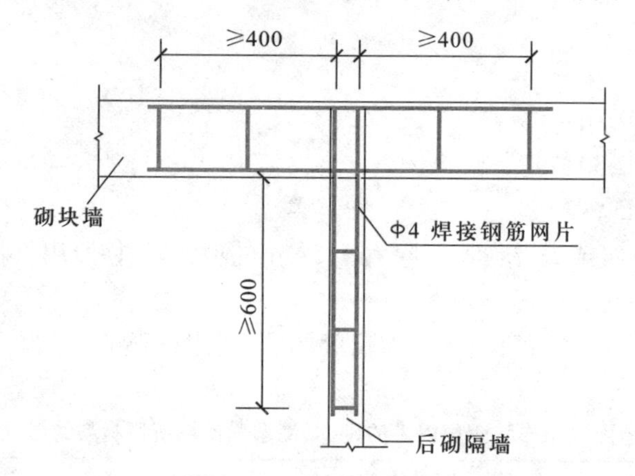

图5.6 砌块墙与后砌隔墙交接处钢筋网片

混凝土砌块房屋宜将纵横墙交接处、距墙中心每边不小于300 mm范围内的孔洞，采用强度等级不低于Cb20灌孔混凝土灌实，灌实高度应为墙身全高。

砌体中砌块的两侧宜设灌缝槽，以考虑防渗水的需要，当无预留灌缝槽时，墙体应采用两面粉刷。

5.2.3 墙体尺寸及开洞

1. 墙体尺寸

墙体的截面尺寸应符合砖的模数，如烧结普通砖的墙厚一般采用120 mm、180 mm、240 mm、370 mm、490 mm、620 mm等尺寸。对带壁柱的T形截面墙，也应符合砖模数，承重墙尺寸一般为240 mm、370 mm和490 mm。由于施工质量和偶然不利因素对小截面墙、柱影响较大，《规范》规定承重的独立砖柱截面尺寸不应小于240 mm×370 mm。毛石墙的厚度不宜小于350 mm，毛石柱较小边不宜小于400 mm。当有振动荷载时，墙、柱不宜采用毛石砌体。

圈梁的高度和宽度、预制梁板高度、砖大放脚尺寸等也要与砖尺寸相适应。否则墙体局部灰缝太厚或太薄，都将影响砌体强度。

对门(窗)间墙，也应尽量使其宽度符合砖的模数，以免施工时砍砖太多，费工费料还影响质量；对于同一片墙，厚度宜相同，以免给构造和施工带来困难。带壁柱墙的壁柱应该有规则地布置。

2. 墙体开洞

多层房屋墙上、下层空洞宜对齐。这对外纵墙容易做到，但对内纵墙，要做到上、下层门洞对齐往往不是很容易做到的。一般地，上层荷载要通过下层洞过梁才能传给下层门窗洞口两侧的墙体。这将会加大过梁的截面尺寸，且还会使过梁支承处墙体应力集中。对此如果处理不当，就会使该处墙体或过梁出现裂缝。

在多层工业厂房和试验室建筑中，常有各种管道（如通风管道）横穿砖墙，如果布置不当，又没有验算洞口墙体的截面承载力，就可能出现某些整体强度不足，影响结构安全。管道洞口宜布置在门（窗）洞口的上面，以免削弱门（窗）间墙的截面。如果必须将管道洞口布置在门（窗）间墙上，则应对该处截面的承载力进行验算，并使管道洞口和门洞保持一定距离（图 5.7）。

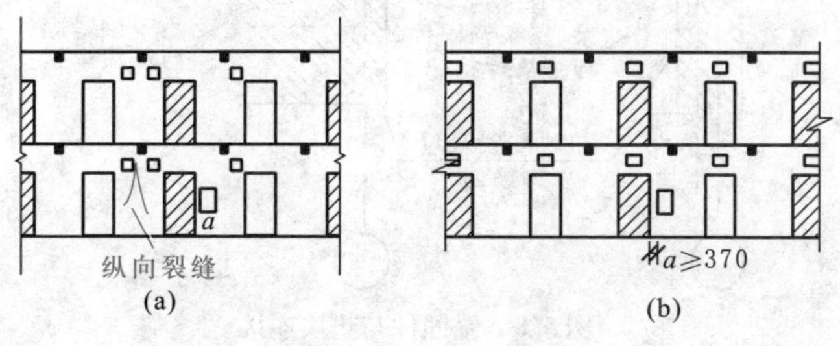

图 5.7　墙体洞口问题

5.2.4　墙体与屋盖、楼盖等的连接

为了保证房屋整体刚度，楼盖或屋盖与墙体应相互拉结。预制钢筋混凝土的支承长度，在墙上不宜小于 100 mm；在钢筋混凝土圈梁上不宜小于 80 mm；板端伸出的钢筋应与圈梁可靠连接，且同时浇灌。

1. 预制钢筋混凝土板与砌体的连接

板支撑于内墙时，板端伸出的钢筋长度不应小于 70 mm，且与支座处沿墙配置的纵筋绑扎，然后用细石混凝土浇筑成板带。细石混凝土的强度等级不应低于 C25。

板支撑于外墙时，板端钢筋伸出长度不应小于 100 mm，且与支座处沿墙配置的纵筋绑扎，然后用细石混凝土浇筑成板带。细石混凝土的强度等级不应低于 C25。

预制钢筋混凝土板与现浇板对接时，预制板端钢筋应伸入与现浇板钢筋连接后，再浇筑现浇板。

2. 梁和屋架与砌体的连接

(1) 垫块的设置　跨度大于 6 m 的屋架和跨度较大的梁（对砖砌体大于 4.8 m；对砌块和料石砌体大于 4.2 m；对毛石砌体大于 3.9 m），应在支承处砌体上设置混凝土或钢筋混凝土垫块；当墙中设有圈梁时，垫块与圈梁宜浇成整体。

(2) 梁与屋架与垫块的锚固　支承在墙、柱上的吊车梁、屋架及跨度大于等于下列数值的预制梁的端部，应采用锚固件与墙、柱上的垫块锚固：对砖砌体为 9 m；对砌块和料石砌体为 7.2 m（图 5.8）。

3. 梁、屋架支承处墙体的加固

混凝土砌块墙体的下列部位，如未设圈梁或混凝土垫板，应采用不低于 Cb20 灌孔混凝土将孔洞灌实：格栅、檩条和钢筋混凝土楼板的支承面下，砌体的高度不应小于 200 mm；屋架、梁等构件的支承面下，砌体高度不应小于 600 mm，砌体的长度不应小于 600 mm；挑梁支承面下，距墙中心线的砌体每边不应小于 300 mm，高度不应小于 600 mm。

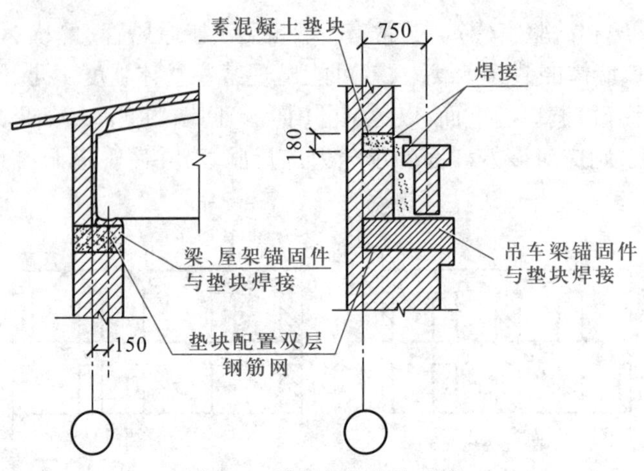

图5.8 锚固件与垫块连接

4. 山墙与屋面构件的连接

山墙处的壁柱或构造柱宜砌至山墙顶部，屋面构件应与山墙可靠拉结。在风压较大地区，除檀条应与山墙锚固外，屋盖还不宜挑出山墙，以避免风吸力掀起屋盖，甚至由于山墙处于悬臂状态而倒塌。

5.2.5 框架填充墙的构造

地震震害的情况表明，框架结构填充墙等非结构构件都遭到了不同程度的破坏，有的损害甚至超出了主体结构。限于对这一情况的实际认知水平，我国规范仍考虑框架结构填充墙与框架柱、框架梁为刚性连接。其实际采用的构造措施仍为刚性连接方法。

一般地，对抗震设防地区，我国规范提出了框架结构填充墙与框架柱、框架梁脱开的构造方案：

(1) 填充墙两端与框架柱，填充墙顶面与框架梁之间留出不小于20 mm的间隙。

(2) 填充墙端部应设置构造柱，构造柱间距宜不大于20倍墙厚且不大于4 000 mm，构造柱宽度不小于100 mm。

(3) 墙体高度超过4 m时宜在墙高中部设置与柱连通的水平连系梁，水平连系梁的截面高度不小于60 mm，填充墙高不宜大于6 m。

(4) 填充墙与框架柱、梁的缝隙可采用聚苯乙烯泡沫塑料板条或聚氨酯发泡填充，并用硅酮胶或其他弹性密封材料密封。

对非抗震设防地区，也可采用如下填充墙与框架柱、框架梁不脱开的构造方案：

(1) 沿柱高每隔500 mm配置2根直径6 mm的拉结钢筋(墙厚大于240 mm时配置3根)，钢筋伸入填充墙长度不小于700 mm，且拉结钢筋应错开截断，相距不宜小于200 mm。填充墙顶应与框架梁紧密结合。顶部与上部结构接触处宜用一皮砖或配砖楔紧。

(2) 填充墙长度超过5 m或墙长大于2倍层高时，墙顶与梁宜有拉结措施，墙体中部应加设构造柱；墙高超过4 m时宜在墙高中部设置与柱连接的水平连系梁，墙高超过6m时，宜沿墙高2 m设置与柱连接的水平连系梁，梁的截面高度不小于60 mm。

5.3 圈梁的作用与设置要求

5.3.1 圈梁的作用

砌体结构房屋中,在房屋的檐口、窗顶、楼层、吊车梁顶或基础顶面标高处建筑物外墙四周和全部或部分纵横内墙上,沿砌体墙水平方向设置的连续、封闭的现浇钢筋混凝土梁或构件,称之为圈梁。位于屋面梁、板下的圈梁又称为檐口圈梁,其他各层的门窗洞口或楼面梁、板下设置的圈梁称为腰梁,在 ±0.000 标高以下基础墙中设置的圈梁,称为地圈梁。

在房屋的墙体中设置圈梁,可增强砌体房屋的空间整体性和刚度。对于横墙少的房屋其作用尤其明显。在验算墙、柱高厚比时,可将圈梁视作不动铰支座,以减少墙、柱的计算高度,提高其稳定性能。如为设有钢筋混凝土圈梁的带壁柱墙,当圈梁的宽度 b 与壁柱中心的间距 s 的比值大于或等于 1/30 时,圈梁可视作壁柱间墙的不动铰支点。

建筑在软弱地基或承载力不均匀地基上的砌体房屋,可能会因地基的不均匀沉降而在墙体中出现裂缝。设置圈梁后,可承受地基不均匀沉降在墙体内产生的拉应力,抵制墙体开裂的宽度,延缓开裂时间,并有效地消除或减弱较大振动荷载对墙体产生的不利影响。在考虑地基不均匀沉降时,圈梁以设置在基础顶面和房屋檐口部位起的作用最大。如果房屋沉降中间较大,两端较小,基础顶面的圈梁作用最大;如果房屋沉降中间较小,两端较大,檐口部位的圈梁作用最大。

跨过门窗洞口的圈梁,配筋若不小于过梁时,可兼作过梁。当窗洞较宽而窗间墙较窄时,可设置连续过梁,若其两端与圈梁相连,也可起到圈梁作用。

5.3.2 圈梁的布置

从圈梁的作用可知,圈梁的设置通常应综合考虑房屋的地基情况,房屋类型的层数及荷载的特点后,再决定其设置的位置和数量。

(1) 厂房、仓库、食堂等空旷的单层房屋应按下列规定设置圈梁:

① 当砖砌体结构的房屋檐口标高为 5 ~ 8 m 时,应在檐口标高处设置一道圈梁;当檐口标高大于8 m时,应增加设置数量。

② 对砌块及料石砌体结构房屋,当檐口标高为 4 ~ 5 m 时,应在檐口标高处设置一道圈梁,当檐口标高大于 5 m 时,应增加设置数量。

③ 对有吊车或较大振动设备的单层工业房屋,当未采取有效的隔振措施时,除在檐口或窗顶标高处设置现浇钢筋混凝土圈梁外,尚应在吊车梁轨顶标高处或其他适当位置设圈梁。

(2) 住宅、办公楼等多层砌体房屋结构且层数为 3 ~ 4 层时,应在底层和檐口标高处各设置圈梁一道。当层数超过 4 层时,除应在底层和檐口标高处各设置一道圈梁外,至少还应在所有纵、横墙上隔层设置。

(3) 多层砌体工业房屋应每层设置现浇钢筋混凝土圈梁。

（4）设置墙梁的多层砌体结构房屋应在托梁、墙梁顶面和檐口标高处设置现浇钢筋混凝土圈梁，其他楼层处应在所有纵横墙上每层设置。

（5）建筑在软弱地基或不均匀地基上的砌体房屋除按上述规定设置圈梁外，尚应符合现行国家标准《建筑地基基础设计规范》（GB 50007—2011）的有关规定。

5.3.3 圈梁的构造

圈梁的受力与墙体因荷载、温度、沉降等引起的变形有关，其内力分布复杂，目前尚无完整的计算方法。一般在满足前述布置要求的前提下，还应满足以下构造要求：

（1）圈梁宜连续地设在同一水平面上，并形成封闭状；当圈梁被门窗洞口截断时，就在洞口上部增设相同截面的附加圈梁（图5.9）。附加圈梁与圈梁的搭接长度不应小于其垂直间距（图5.9中的H）的二倍，且不得小于1 m。

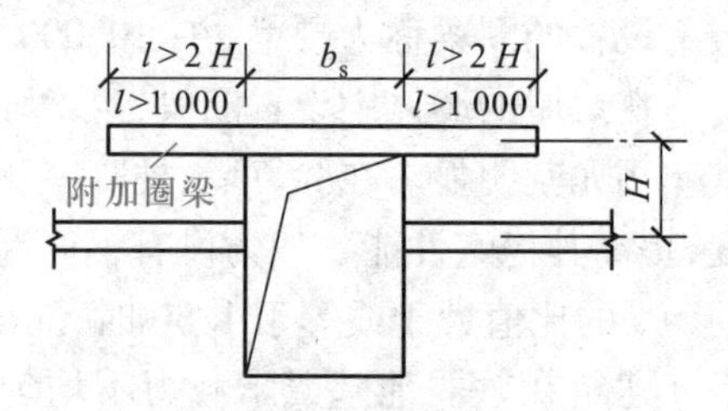

图5.9 附加圈梁

（2）纵、横墙交接处的圈梁应有可靠的连接。刚弹性和弹性方案房屋，圈梁应与屋架、大梁等构件可靠连接；为保证房屋结构的水平整体性，圈梁宜布置在靠近楼盖或屋盖平面的标高处，内外纵墙、横墙、山墙中的水平圈梁在水平面内应可靠拉结。

（3）钢筋混凝土圈梁的宽度宜与墙厚相同，当墙厚$h\geqslant 240$ mm，其宽度不宜小于$2h/3$。圈梁高度不应小于120 mm。纵向钢筋不应小于4Φ10，绑扎接头的搭接长度按受拉钢筋考虑，箍筋间距不应大于300 mm。

（4）圈梁兼作过梁时，过梁部分的钢筋应按计算用量另行增配。

（5）采用现浇钢筋混凝土楼（屋）盖的多层砌体结构房屋，圈梁应与楼（屋）面板一起现浇。未设置圈梁的楼面板嵌入墙内的长度不应小于120 mm，并沿墙长配置不少于2Φ10的纵向钢筋。

（6）为加强梁在房屋转角、丁字接头处连接，应设置如图5.10所示附加钢筋。

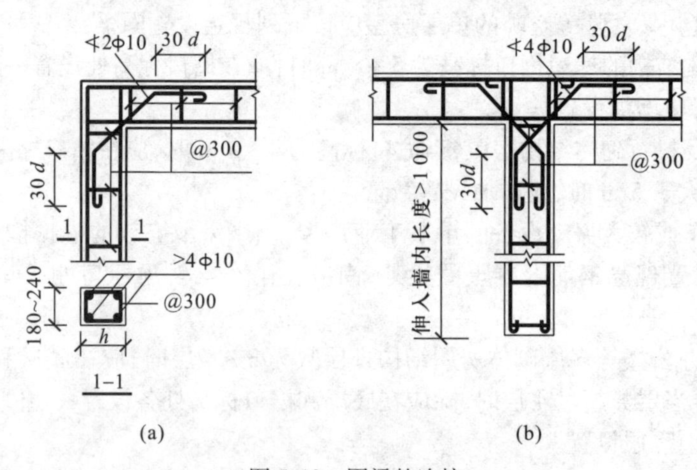

图5.10 圈梁的连接

(7) 为了防止钢筋混凝土圈梁受温度而产生裂缝等现象,其最大长度可按《混凝土结构设计规范》(GB 50010—2010)中有关伸缩缝最大间距的要求考虑。

5.4 墙体开裂的原因及预防措施

5.4.1 墙体开裂的原因及特征

砌体结构房屋墙体抗裂性差,温度变化、墙体收缩、地基不均匀沉降及砌体本身质量问题等都可使砌体结构房屋产生裂缝。微细裂缝将直接影响房屋的整体和外观,严重的裂缝将影响墙体的稳定性和承载力,甚至引起倒塌事故。在许多情况下,墙体开裂是重大事故的先兆,因此要认真分析砌体发生裂缝的原因,妥善处理。

1. 温度和收缩变形引起的裂缝

由于房屋周围温度(主要是大气温度)变化引起结构构件热胀冷缩的变形称为温度变形。钢筋混凝土的线膨胀系数为$(10\sim14)\times10^{-6}/℃$,砖砌体的线膨胀系数为$(5\sim8)\times10^{-6}/℃$,两者相差一倍 。也就是在温差相同时,钢筋混凝土构件单位长度的变形比砖墙单位长度的变形几乎大一倍。在砌体结构房屋中,钢筋混凝土楼盖、屋盖和砖墙组成一个空间整体,上述变形差异将导致构件中产生附加应力,当构件中产生的拉应力超过材料抗拉强度时,就会产生裂缝。

混凝土在结硬过程中,因内部自由水蒸发引起干缩变形,因内部水和水泥发生化学反应引起凝缩变形,两者的总和就是混凝土的收缩变形,其收缩值约为$(2\sim4)10^{-4}/℃$,而砖石砌体的收缩不甚明显。因此,墙体将抵制埋入墙体内的混凝土梁、板端收缩,而梁、板的收缩在墙体内产生附加应力,将引起墙体开裂。

实践表明,由温度和收缩引起的墙体裂缝主要有以下几种:

(1) 由钢筋混凝土屋盖和墙体相对变形引起的顶层墙体裂缝。

这种裂缝一般有以下几种:

① 女儿墙裂缝　不少砌体结构房屋的女儿墙建成不久便发生侧向弯曲,在女儿墙的根部和平屋顶交接处墙体外凸或女儿墙外倾,造成女儿墙开裂,一般是水平开裂,在房屋的短边裂缝比长边明显(图5.11)。产生这种现象的主要原因是钢筋混凝土屋盖和屋面的水泥砂浆面层在气温升高后的伸长比砖墙的伸长大,砖墙阻止屋盖结构和水泥砂浆面层相对伸长,因此屋盖结构和砂浆面层对墙体产生推力导致墙体开裂。温差愈大、房屋愈长、面层砂浆愈密实愈厚,这种推力就愈大,墙体开裂就愈严重。采用预制装配屋面板,比采用整体现浇屋面板情况要好得多,其女儿墙裂缝相对较少。

② 屋面板下面外墙的水平和包角裂缝　这种裂缝一般出现在屋面板底部或顶层圈梁底部,裂缝有时贯通墙厚。裂缝形状见图5.12。

③ 内外纵墙和横墙的“八”字形裂缝　这种裂缝多数出现在每片墙体的端部,第1～第2个开间的范围内,严重时可发展到房屋1/3长度范围内,一般集中在门窗洞口的角部,

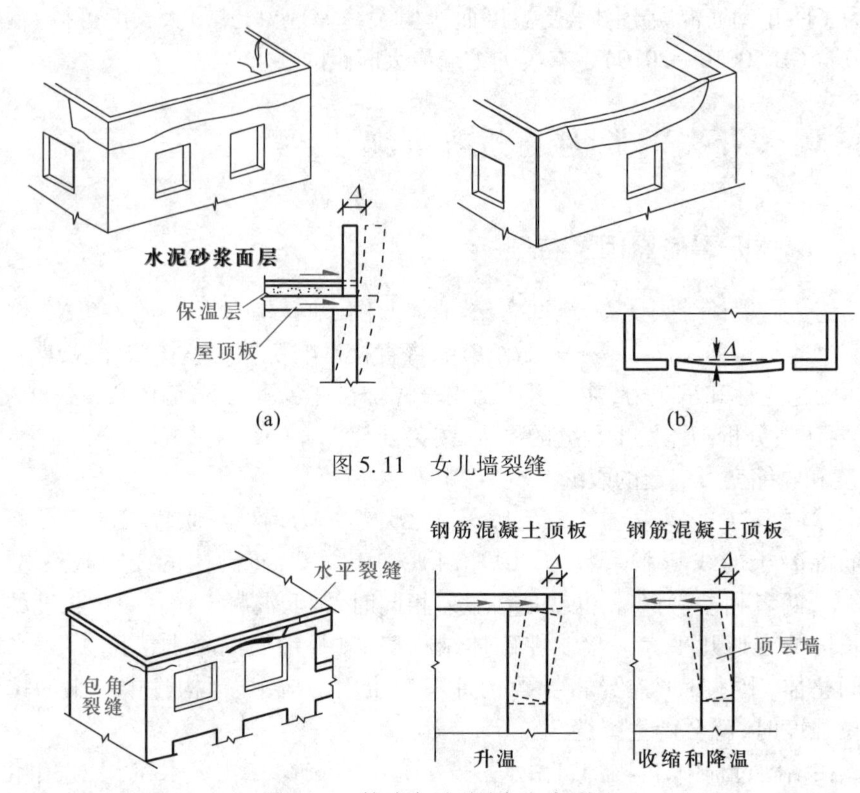

图 5.11　女儿墙裂缝

图 5.12　外墙水平裂缝与包角裂缝

呈“八”形(图5.13)。产生这种裂缝的原因是气温升高后,屋面板的伸长比相应的砖墙伸长大,使顶层墙体因屋面板的推力作用受拉和受剪。

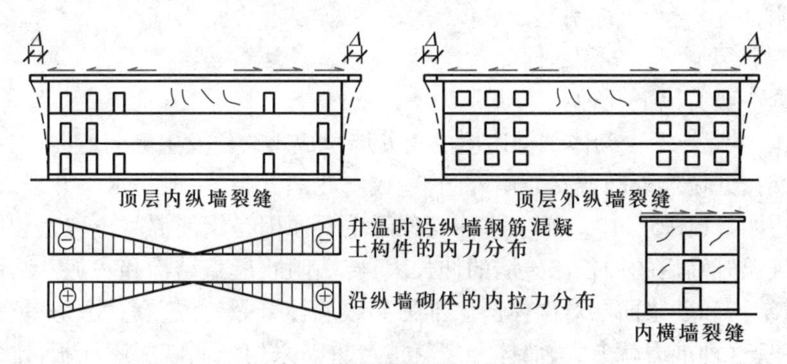

图 5.13　内外纵墙的“八”字裂缝

④ 顶层墙体的其他水平裂缝　在室内空间比较宽敞的大房屋顶层外墙,常在窗洞口上部和窗台部位产生水平裂缝(图 5.14),在窗台部位的裂缝由墙体内侧向外扩展,带壁柱的墙体常常连同壁柱一起开裂。产生这种裂缝的主要原因是气温升高后屋面板伸长对外墙产生水平推力,外墙在水平推力作用下发生侧向弯曲而导致开裂。

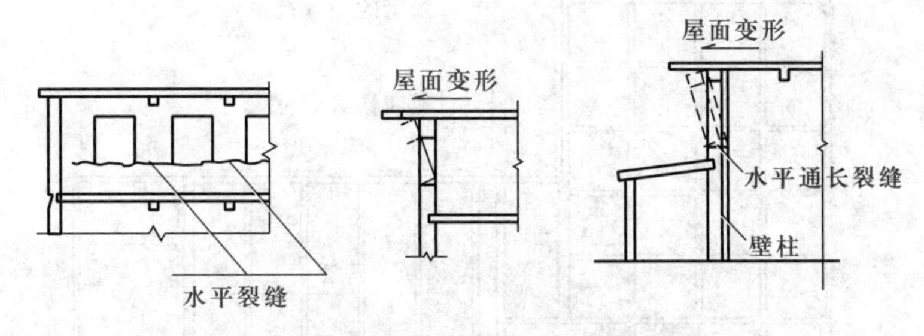

图 5.14 宽敞在房顶层外墙的水平裂缝

(2) 由钢筋混凝土楼盖与墙体相对变形引起的裂缝

① 当房屋错层时,错层交层处的墙体竖向开裂(图 5.15)。产生这种裂缝的原因是由于混凝土收缩和温度下降,钢筋混凝土楼盖收缩变形使错层交界处沿竖向截面受拉,当拉应力超过砌体抗拉强度时墙体开裂。

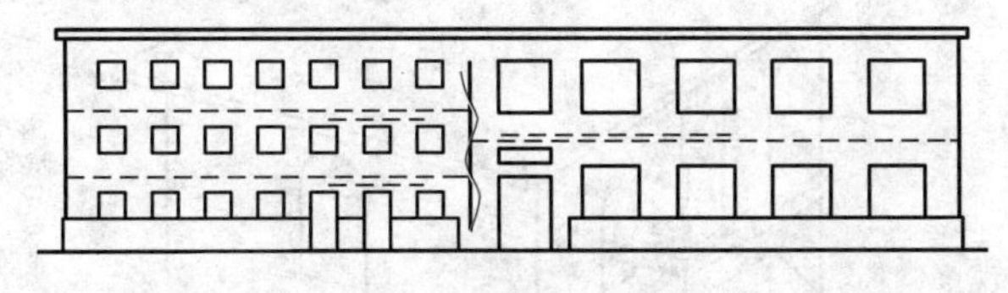

图 5.15 错层裂缝

② 采用现浇钢筋混凝土楼盖结构的房屋有时发生贯通楼盖结构的水平裂缝和贯通墙体的竖向裂缝(图 5.16)。这种裂缝也是由于混凝土收缩和降温使楼盖结构与墙体间产生相对变形而引起的。

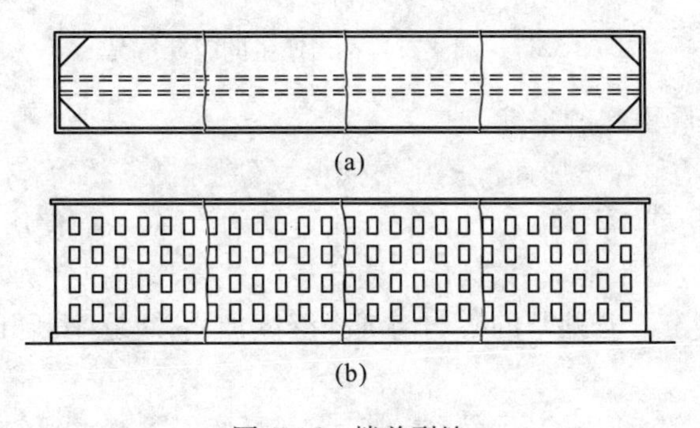

图 5.16 楼盖裂缝

③ 当房屋圈梁布置不当时,也会引起墙体开裂。图 5.17 为某教学楼,因楼梯间位于房屋端部,外墙圈梁没有圈住整个房屋,建成后不久,在圈梁拐弯处出现图示裂缝,裂缝中间宽、两边窄,冬天宽、夏天窄。这是由于圈梁布置不当,钢筋混凝土楼盖、圈梁与砌体间相对温度变形差而引起的。

因收缩和温度变形产生的裂缝,对混合结构建筑物的整体性、耐久性和外观都有很大影响。设计时,应妥善处理,尽量避免出现这类裂缝。

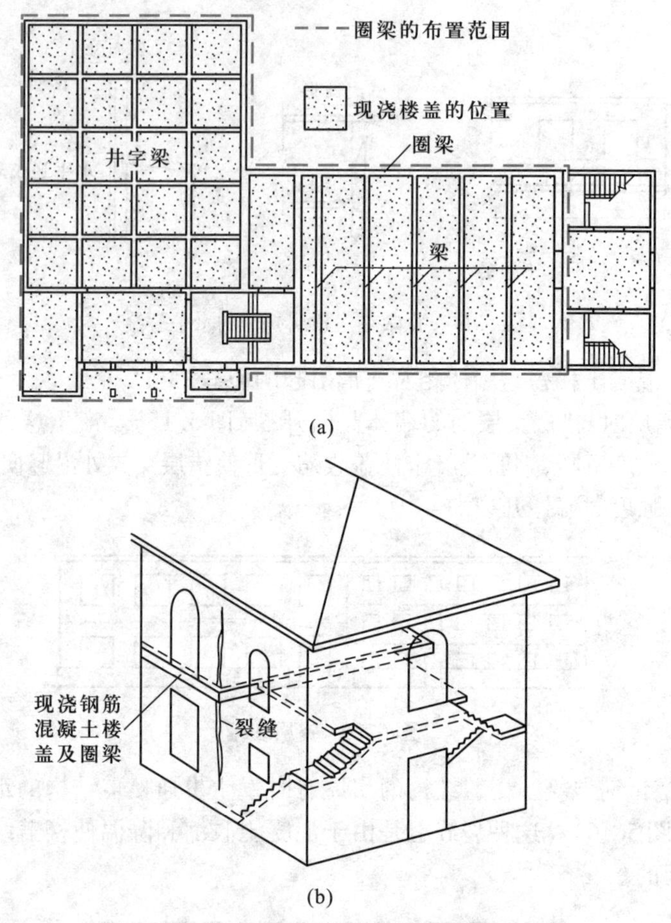

图5.17 圈梁布置不当产生的裂缝情况

2. 地基不均匀沉降引起的裂缝

房屋下部地基支承整幢房屋而产生压缩变形，房屋亦随着沉降。当地基土层不一致或土层一致而上部荷载分布不均匀时，地基将产生不均匀沉降，从而使房屋的墙体中产生由弯曲变形和剪切变形引起的附加应力，当墙体内产生的这种附加拉应力超过砌体的抗拉强度时，砌体中就会出现裂缝。若地基的不均匀沉降继续加剧，裂缝不断开展，则可能使房屋严重破坏甚至倒塌。

因地基不均匀沉降而产生的房屋墙体裂缝一般具有以下特点：

(1) 裂缝大部分出现在纵墙上，较少出现在横墙上。原因是纵墙长高比比较大，抗弯刚度相对较小，因而容易开裂。

(2) 在房屋空间刚度被削弱的部位，裂缝比较密集。

(3) 裂缝分布情况与沉降曲线（即房屋实际沉降分布情况）有关。当沉降曲线为微凹形时，裂缝多在房屋下部，裂缝宽度下大上小，裂缝的分布情况对称于房屋中部呈“八”字形；当沉降曲线为微凸形时，裂缝多在房屋上部，呈倒“八”字形，裂缝宽度上大下小，而且集中分布在沉降曲线相对弯曲变形较大的部位（图5.18）。

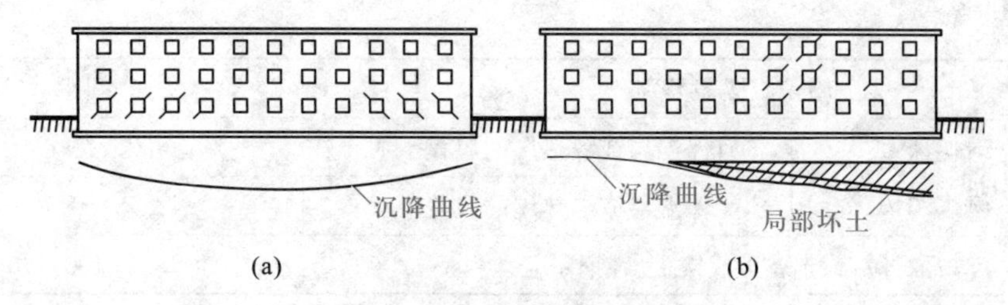

图 5.18　沉降曲线与裂缝

（4）房屋各区段高差较大时，裂缝多出现在高度较小的区段；房屋各区段荷载相差悬殊时，裂缝多出现在荷载较小的区段（图 5.19）。

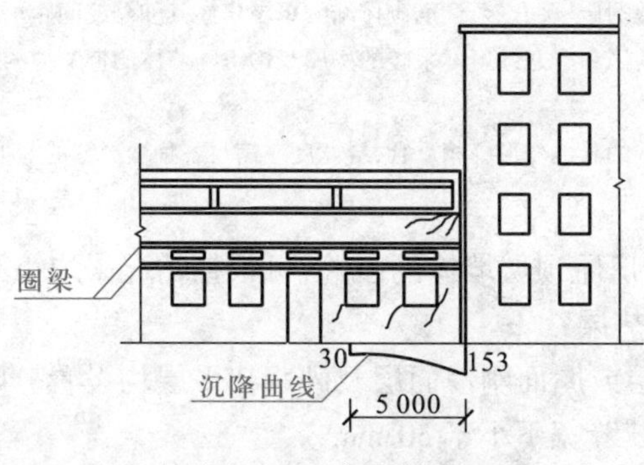

图 5.19　高差裂缝

（5）裂缝一般为 45°方向倾斜，而且集中在门、窗洞口等相对刚度较薄弱部位的附近。这是由于房屋发生不均匀沉降后，墙体产生剪切变形的缘故。由于窗口处容易出现应力集中现象，所以大多数裂缝从窗口对角向外扩展，窗口角部裂缝宽度较大。

5.4.2　墙体开裂的预防措施

1. 防止温度和收缩裂缝

因收缩和温度变形引起的裂缝，对房屋整体性、耐久性和外观都有很大影响，应尽量避免出现这类裂缝，构造要求如下：

（1）从整体设计上考虑，设置伸缩缝　为了防止或减轻房屋在正常使用条件下，由温差和砌体干缩引起的墙体竖向裂缝，应在墙体中设置伸缩缝。伸缩缝应设在因温度和收缩变形可能引起应力集中、砌体产生裂缝可能性最大的地方。伸缩缝的间距可按表 5.4 采用。

表 5.4　砌体房屋伸缩缝的最大间距　　m

屋盖或楼盖类别		间距
整体式或装配式整体式钢筋混凝土结构	有保温层或隔热层的屋盖、楼盖	50
	无保温层或隔热层的屋盖	40
装配式无檩体系钢筋混凝土结构	有保温层或隔热层的屋盖、楼盖	60
	无保温层或隔热屋的屋盖	50

续表

屋盖或楼盖类别		间距
装配式有檩体系钢筋混凝土结构	有保温层或隔热层的屋盖	75
	无保温层或隔热屋的屋盖	60
瓦材屋盖、木屋盖或楼盖、轻钢屋盖		100

注：1. 对烧结普通砖、烧结多孔砖、配筋砌块砌体房屋，取表中数值；对石砌体、蒸压灰砂普通砖、蒸压粉煤灰普通砖、混凝土砌块、混凝土普通砖和混凝土多孔砖房屋，取表中数值乘以0.8的系数；当墙体有可靠外保温措施时，其间距可取表中数值。

2. 在钢筋混凝土屋面上挂瓦的屋盖上挂瓦的屋盖应按钢筋混凝土屋盖采用。

3. 层高大于5 m的烧结普通砖、多孔砖、配筋砌体结构单层房屋其伸缩缝间距可按表中数乘以1.3。

4. 温差较大且变化频繁地区和严寒地区不采暖的房屋及构筑物墙体的伸缩缝的最大间距，应按表中数值予以适当减少。

5. 墙体的伸缩缝应与结构的其他变形缝相重合，缝宽度应满足各种变形缝的变形要求；在进行立面处理时，必须保证缝隙的伸缩作用。

(2) 为了防止或减轻房屋顶层墙体的裂缝，可根据情况采取下列措施：

① 屋面设置保温、隔热层；

② 屋面保温(隔热)层或屋面刚性面层及砂浆找平层均设置分隔缝，分隔缝间距不宜大于6 m，并与女儿墙隔开，其缝宽不小于30 mm；

③ 采用装配式有檩体系钢筋混凝土屋盖和瓦材屋盖；

④ 顶层屋面板下设置现浇钢筋混凝土圈梁，并沿内外墙拉通，同时在房屋两端圈梁下的墙体内适当设置水平钢筋；

⑤ 在顶层挑梁末端下墙体灰缝内设置3道焊接钢筋网片(纵向钢筋不宜少于2 ф4，横筋间距不宜大于200 mm)2 ф6钢筋，钢筋网片或钢筋应自挑梁末端伸入两边墙体不小于1 m(图5.20)；

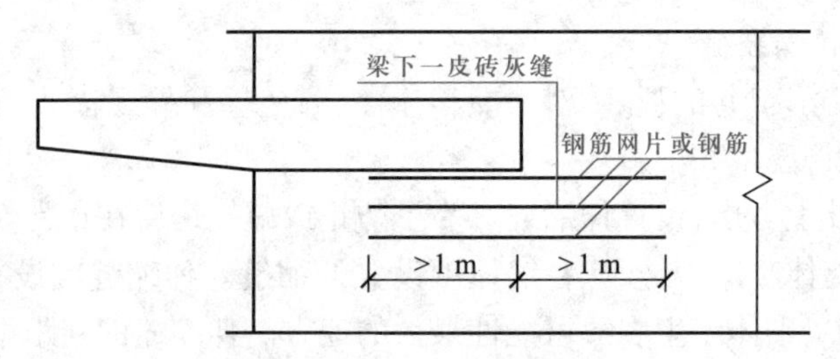

图5.20 顶层挑梁末端钢筋网片或钢筋

⑥ 顶层墙体有门窗等洞口时，在过梁的水平灰缝内设置2～3道焊接钢筋网片或2 ф6钢筋，并应伸入过梁两墙内不小于600 mm；

⑦ 顶层及女儿墙砂浆强度等级不低于M7.5(Mb7.5、Ms7.5)；

⑧ 女儿墙内设置构造柱，构造柱间距不宜大于4 m，构造柱应伸及女儿墙顶并与现浇钢筋混凝土压顶整浇在一起；

⑨ 房屋顶层端部墙体内适当增设构造柱。

(3) 为了防止或减轻房屋底层墙体裂缝,可根据情况采取下列措施:

① 增大基础圈梁的刚度;

② 在底层的窗台下墙体灰缝内设置3道焊接钢筋网片或2 ф6 钢筋,并伸入两边窗间墙内不小于600 mm。

(4) 防止门窗洞口墙体的抗裂

在每层门、窗过梁上方的水平灰缝内及窗台下第一和第二道水平灰缝内,宜设置焊接钢筋网片或2根直径6 mm的钢筋,焊接钢筋网片或钢筋应伸入两边窗间墙内不小于600 mm。当墙长大于5 m时,宜在每层墙高度中部设置2~3道焊接钢筋网片或3根直径6 mm的水平通长钢筋,竖向间距为500 mm。

2. 防止地基不均匀沉降裂缝

地基产生过大不均匀沉降,对墙体应力的影响非常复杂。若墙体布置合理,可调整和减少房屋的不均匀沉降,防止或减少墙体开裂。

(1) 合理进行墙体布置

① 房屋长高比不宜过大,否则墙体平面内抗弯刚度过低。尽量减少墙体转折,必要时适当增强基础的刚度和强度。

② 建筑体型力求简单。当体型复杂时,可结合平面形状和高度差异设置沉降缝,将房屋划分为几个平面规则、刚度较大的独立单元。

(2) 加强房屋整体刚度和强度

① 合理布置承重墙　尽量将纵墙拉通,避免在中间断开,减少转折,每隔一定距离布置一道横墙,与内外纵墙连接;

② 在墙体内设置钢筋混凝土圈梁;

③ 加强墙体被洞口削弱部分。

墙体由于开了门、窗等洞口,截面被削弱。当洞口水平截面面积过大而影响墙体的承载能力时,可在墙体内适当配筋或在洞口周边采用钢筋混凝土边框加强。具体措施如下:

a. 在混凝土砌块房屋门窗洞口两侧不少于一个混凝土砌块的孔洞中竖向设置不小于1 ф12 钢筋,钢筋应在楼层圈梁或基础内锚固,并采用不低于Cb20灌孔混凝土灌实;

b. 在门窗洞口两边的墙体的水平灰缝中,设置长度不小于900 mm、竖向间距为400 mm的2 ф4焊接钢筋网片;

c. 在顶层和底层设置通长钢筋混凝土窗台梁,窗台梁的高度宜为块体高度的模数,梁内纵筋不少于4 ф10,箍筋直径不小于6 mm、间距不大于200 mm,用不低于Cb20的混凝土灌实。

(3) 设置沉降缝　设置沉降缝是消除由于基础过大不均匀沉降对房屋造成危害的有效措施,它的作用是将房屋从基础到屋顶划分为若干个长高比较小、整体刚度较好、能调整过大不均匀沉降的独立单元。

在建筑的下列部位宜设置沉降缝:

① 形状复杂的建筑平面的转折部位;

② 房屋高度或荷载差异较大的交界部位;

③ 长高比过大房屋的适当部位；

④ 地基土的压缩性显著差异的分界处；

⑤ 建筑结构或基础类型不同的交界处；

⑥ 房屋分期建造的交界处。

沉降缝应有足够的宽度。沉降缝处的地基因受缝两侧房屋的相互影响，地基应力叠加，沉降量一般较大，所以缝两侧的独立单元容易发生倾斜现象。如果沉降缝宽度不够，房屋沉降后独立单元间的顶部可能产生挤压破坏。对于软弱地基上的房屋沉降缝宽度可按表5.5选用。并且，沉降缝应使基础和墙体在全部高度范围内贯通。

表5.5　房屋沉降缝宽度

房屋层数	沉降缝宽度/mm
二至三	50 ~ 80
四至五	80 ~ 120
五层以上	不小于120

注：当沉降缝两侧单元层数不同时，缝宽按层数多者取用。

（4）设置控制缝

当房屋刚度较大时，可在窗台下或窗台角处墙体内、在墙体高度或厚度突然变化处设置竖向控制缝。竖向控制缝宽度不宜小于25 mm，缝内填以压缩性能较好的填充材料，且外部用密封材料密封，并采用不吸水的、闭孔发泡聚乙烯实心圆棒（背衬）作为密封膏的隔离物（图5.21）。

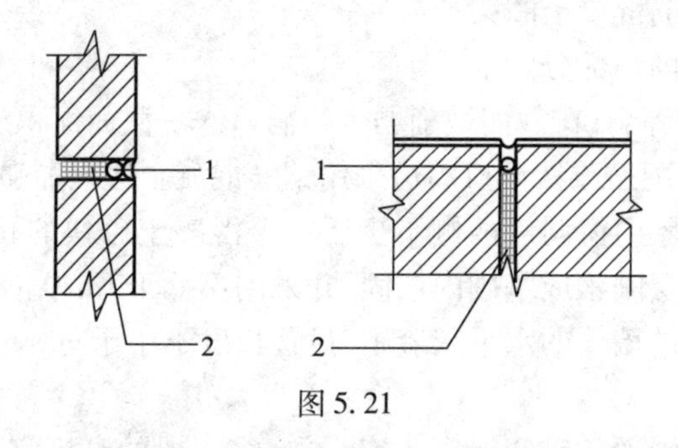

图5.21

本章小结

1. 控制墙（柱）的高厚比，是保证墙（柱）稳定的重要构造措施。允许高厚比主要受墙（柱）的刚度条件、稳定性等的影响，与砂浆强度等级、构件的形式、砌体的种类、开洞和承载等状况有关。在高厚比验算时，《规范》用不同的方式考虑以上各种影响。对于带壁柱的墙体，除了要验算整片墙的高厚比之外，还要把壁柱视为壁柱间墙体的横向支承，进行壁柱间墙的高厚比验算，以考虑壁柱间墙体的局部稳定。

2. 墙、柱等构件除了满足承载力计算和高厚比验算的要求之外，还必须满足一系列的一般构造要求，以保证房屋满足空间刚度整体性和耐久性的要求。

3. 合理设置圈梁，使其符合有关构造要求，才能充分发挥圈梁的作用，有效地增强房屋的整体性和空间刚度，调节不均匀沉降。

4. 产生墙体裂缝的一般原因主要是因地基不均匀沉降和温度变化及收缩变形引起的。在压缩性较大的地基上合理设置沉降缝，控制长高比，正确布置墙体及设置圈梁，能有效地控制地基的不均匀沉降。注意处理好屋盖结构的保温与隔热层，合理留置房屋的伸缩缝和竖向控制缝，正确设置圈梁，或在可能发生较大拉应力的墙体处采取局部适当配筋的方法，可以防止因温度变化和收缩变化引起的墙体裂缝。

5. 预制钢筋混凝土板与砌体的可靠连接是加强砌体结构房屋整体性的有效构造措施。

6. 加强框架填充墙的构造措施，对减小其地震损坏有较强的工程意义。

思考题与习题

1. 为什么要验算墙、柱的高厚比？怎样验算？

2. 墙、柱的允许高厚比与哪些因素有关？有何关系？

3. 圈梁的作用是什么？圈梁布置和构造要求有哪些？

4. 沉降缝、竖向控制缝与伸缩缝的作用是什么？有何异同？

5. 墙体开裂有哪些常见情形？有何特征？

6. 试述预制钢筋混凝土板与砌体可靠连接的构造措施。

7. 如何从构造上减少框架填充墙在地震中的损坏？

8. 如图5.22所示教学楼平面(部分)图，预制钢筋混凝土楼盖，底层外墙厚370 mm，内墙厚240 mm(内纵墙带壁柱)，底层层高3.6 m，室内隔墙厚120 mm，墙高为2.9 m，砂浆强度等级M5，试验算底层高厚比。

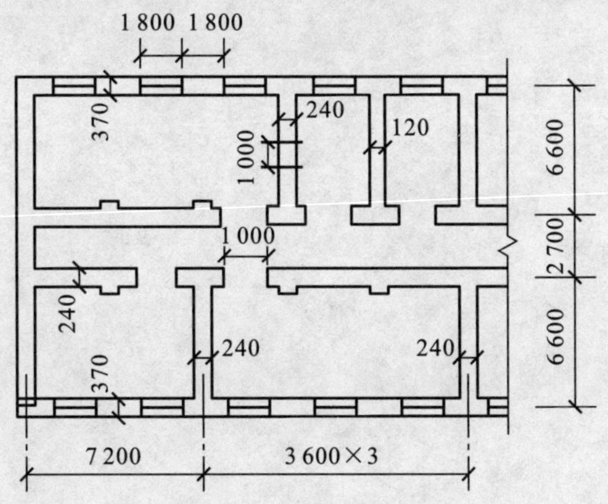

图5.22 教学楼平面(部分)图

9. 试验算图5.22中内纵墙的高厚比，壁柱尺寸为370 mm×370 mm。

第 6 章

混合结构房屋墙体设计

学习目标

1. 了解混合结构在房屋三种静力计算方案(刚性方案、弹性方案、刚弹性方案)的判别及确定它们计算简图的原则。

2. 了解混合结构房屋三种静力方案在水平荷载作用下各自的传力途径和静力工作特点。

3. 深入了解楼(屋)盖、承重纵、横墙对混合结构房屋静力工作的影响。

4. 重点掌握刚性方案房屋墙体内力计算的方法。

5. 掌握混合结构房屋刚性基础的设计方法。

6.1 房屋的结构布置

混合结构房屋通常是指采用砌体材料作为承重墙体,采用钢筋混凝土或钢木材料作为楼盖或屋盖的房屋。

混合结构房屋的墙体既是承重结构又是围护结构。墙体所用的材料具有地方性,能就地取材,造价较低,施工方便,因而应用十分广泛。

混合结构房屋应具有足够的承载力、刚度、稳定性和整体性,在地震区还应有良好的抗震性能。此外,混合结构房屋还应具有良好的耐高温、抗低温、抵抗收缩变形和抵抗不均匀沉降的能力。

合理的结构方案和结构布置,是保证房屋结构安全可靠和良好使用性能的重要条件。设计时应按照安全可靠、技术先进、经济合理的原则,并考虑建筑、结构等方面的要求,对多种可能的承重方案进行比较,选用较合理的承重结构方案。在混合结构房屋的结构布置中,承重墙、柱的布置至关重要。

砌体房屋的承重结构体系是相对于静力荷载而言的,通常可分为砌体墙柱承重结构体系、混合承重结构体系两大类。前者包括纵墙承重结构、横墙承重结构和纵横墙承重结构,后者则包括内框架砌体承重结构和底层框架砌体承重结构。这两类结构体系的受力特点有显著区别。

砌体墙柱承重结构体系的特点是在结构整个高度上都由墙柱承重。通常,称砌体房屋中平行于房屋短向布置的墙体为横墙,称平行于房屋长向布置的墙体为纵墙;房屋周边的墙体称为外墙(端部外墙又称山墙),其余则称内墙。

在墙柱承重结构房屋的设计中,确定承重墙、柱的布置方案是十分重要的设计环节,因为它不仅影响房屋平面的划分和空间的大小,更涉及荷载的传递路线和房屋的空间刚度及结构设计中的基本问题。不同使用要求的墙柱承重结构房屋,由于房间的大小和布局的不同,它们在建筑平面和剖面上是多种多样的。

6.1.1 横墙承重结构

横墙承重结构是楼、屋面板直接搁置于横墙上形成的结构(图6.1)。竖向荷载的主要传递路线为:板→横墙→基础→地基。

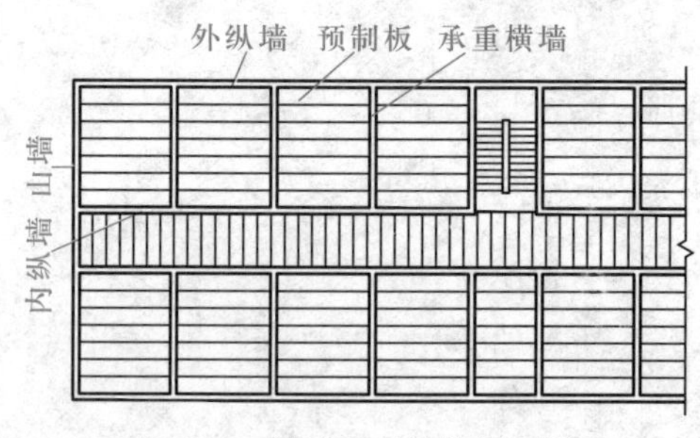

图6.1 横墙承重结构平面图

横墙承重结构的特点有：

(1) 横墙承重结构对纵墙上门窗设置部位及大小的限制较少。横墙是主要承重墙体，纵墙主要起围护、隔断以及与横墙连接形成整体的作用。

(2) 横墙承重结构对于调整地基的不均匀沉降以及抵御水平荷载(风荷载)较为有利。因其每一开间设置一道横墙(一般为 2.7 ~ 4.2 m)，且有纵墙与之相互拉结，因而房屋的空间刚度大，整体性强。

(3) 横墙承重结构是一种有利于抗震的结构。砌体房屋结构中，无论何种承重结构体系，横墙是承担横向水平地震作用的主要构件，足够数量的横墙显然有利于抗震。同时，楼、屋盖荷载直接传递给横墙，又有利于提高墙体的抗剪能力，因为砌体墙在地震作用下主要承受抗剪作用。横墙较多，有利于横向水平地震作用的传递和分布。

(4) 横墙承重结构布置还有利于结构的对称性和均匀性，使结构受力均衡分布。

(5) 房屋中横墙兼有分隔使用空间的功能，故横墙承重结构布置还是一种较经济的结构布置。

横墙承重结构适用于住宅、招待所等多层房屋。不过，其所耗的墙体材料相对较多。

6.1.2 纵墙承重结构

纵墙承重结构是指由纵墙(包括外纵墙和内纵墙)直接承受屋面、楼面荷载的结构。这种结构中，荷载分两种方式传递到纵墙上。一种是楼、屋面板直接搁置在纵墙上(图 6.2a)；一种是楼、屋面板搁置于大梁(习惯称进深梁)上，大梁又搁置于纵墙上(图6.2b)。

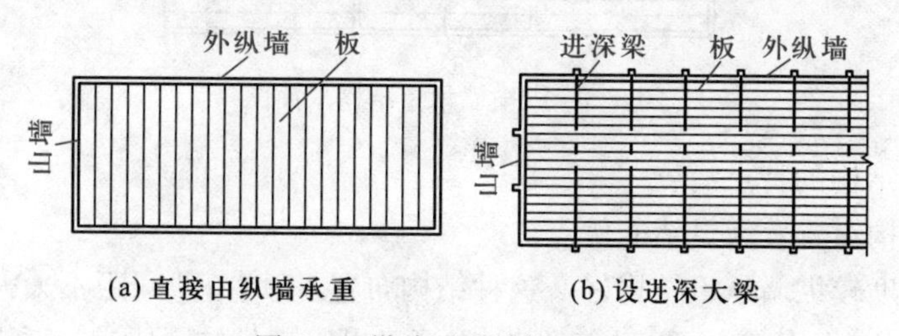

图 6.2 纵墙承重结构平面图

纵墙承重结构中竖向荷载的主要传递路线为：板→进深梁(或屋架)→纵向承重墙→基础→地基。

纵墙承重结构有以下特点：

(1) 房屋空间布置灵活，在纵墙承重方案中，设置横墙的主要目的是满足使用功能要求。因此，横墙间距可以相当大，室内空间划分不受限制。

(2) 纵墙承受的荷载较大，故纵墙上的门窗设置受到一定限制。门窗宽度不宜过大，门窗也不宜设置于进深梁下方。

(3) 在纵墙承重方案中，由于横墙较少，间距较大，因而房屋整体空间刚度较差，对抗震极为不利。发生地震时，还容易引起纵墙的弯曲破坏，随之又进一步削弱整体结构的抗震能力。故在抗震设防区不宜选用这种结构布置。

纵墙承重结构通常用于非抗震设防区的教学楼、实验楼、图书馆和医院、食堂等多层砌体房屋。纵墙承重的多层房屋,特别是空旷的多层房屋,层数不宜过多,因纵墙承受的竖向荷载较大,当层数较多时,需显著增加纵墙厚度或采用大截面尺寸的壁柱,这从经济上和使用上都不合适。

一般来说,纵墙承重结构楼盖所用材料较横墙承重结构多,墙体材料所耗则较少。

6.1.3　纵横墙承重结构

纵横墙承重结构是指房屋纵、横向两种承重墙体兼而有之的承重结构。大致可分为两种结构布置形式。其一是部分为横墙承重,部分因有大房间而设置进深梁,形成纵横墙共同承重的结构布置,如教学楼、实验楼、办公楼等(图6.3)。其二是由于使用功能上的要求,在横墙承重结构的布置中,改变某些楼层上楼板搁置方向,形成房屋的部分部位下部横墙承重、上部纵墙承重;或上部横墙承重、下部纵墙承重的纵横墙共同承重的结构。纵、横墙承重结构的荷载传递路线为:板→$\left[\begin{array}{c}\text{纵墙}\\ \text{横墙}\end{array}\right]$→基础→地基。

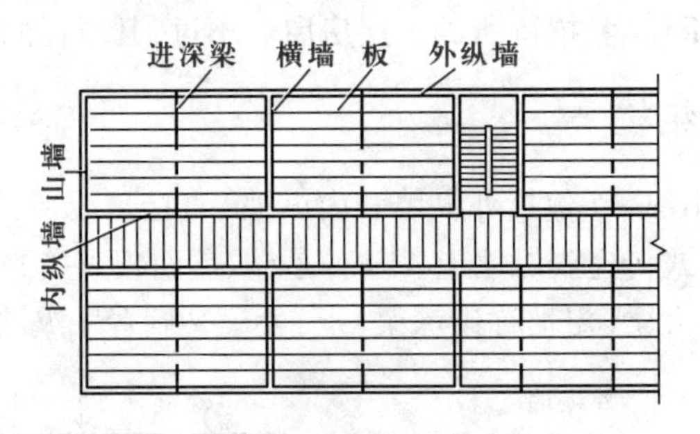

图6.3　纵横墙承重结构平面图

纵横墙承重结构的特点有:

(1) 具有结构布置较为灵活的优点。

(2) 空间刚度较纵墙承重结构好。这种结构布置,横墙一般间距不太大,因而在整个结构中,横向水平地震作用完全可以由横墙承担,通常可以满足抗震要求。对纵墙而言,由于有部分是承重的,从而也增强了墙体的抗剪能力,对整个结构承担纵向地震作用也是有利的。

(3) 抗震性能介乎前述两种承重结构之间。

事实上,在工程实践中一般同时有纵、横向承重墙体,例如纵墙承重结构中的山墙也承重(图6.2b);横墙承重结构中的走廊纵墙也往往承重(图6.1),只不过不是主要的承重墙体罢了。

除上述三种承重结构体系之外,还常常采用混合承重结构体系。混合承重结构体系是指用两种不同结构材料组成的承重结构体系,其中部分为砌体承重,部分为钢筋混凝土墙柱承重。这种结构体系有内框架砌体结构和底层框架—剪力墙砌体结构两种。

6.1.4　内框架砌体结构

内框架砌体结构是内部为钢筋混凝土梁柱组成的框架承重,外墙为砌体承重的混合承重结构。

按梁、柱的布置，内框架砌体房屋可分为三种：

(1) 单排柱到顶的内框架承重结构(图 6.4a)，一般用于 2 层至 3 层房屋；

(2) 多排(2 排或 2 排以上)柱到顶的多层内框架承重结构(图 6.4b)；

(3) 底层内框架房屋(图 6.4c)，一般为 2 层。抗震性能极差，不应在抗震设防区采用。

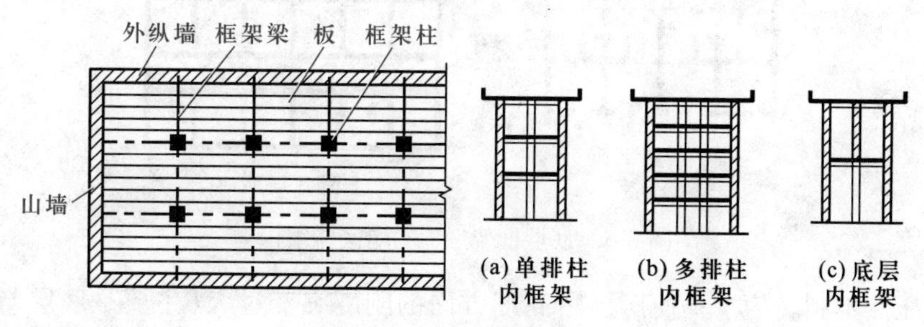

图 6.4 内框架砌体结构

内框架承重结构房屋有以下特点：

(1) 房屋开间大，平面布置较为灵活，容易满足使用功能要求。

(2) 周边采用砌体墙承重，与全框架结构相比，可节省钢材、水泥和木材，比较经济，施工较方便。

(3) 由于全部或部分取消内墙，横墙较少，房屋的空间刚度较差。

(4) 内框架砌体结构抗震性能欠佳。因其采用砌体和钢筋混凝土两种性能不同的材料，它们的弹性模量有很大差别，结构受力性能也截然不同。加之它们在地震作用下的动力特性及动力反应有较大差异，因而其抗震性能不太理想。但由于它具有的上述优点，这种结构还是有生命力的。震害经验也表明，只要设计合理，抗震措施得当，在抗震设防区可以有限制地采用内框架砌体结构。

(5) 施工工序较多，影响施工进度。

多层多排内框架砌体结构适宜于轻工业、仪器仪表工业车间等使用，也适应于民用建筑中的多层商业用房。

6.1.5 底层框架—剪力墙砌体结构

底层框架—剪力墙砌体结构是上部各层由砌体承重、底层由框架和剪力墙承重的混合承重结构。在抗震设计中一般称剪力墙为抗震墙，故亦称其为底层框架—抗震墙结构。为简便起见，一般统称底层框架砌体结构。为了避免底层过大的变形，底层结构中的两个方向上都必须设置抗震墙。在抗震设防烈度较低的地区或非抗震设防区，墙体可以采用砌体或配筋砌体，在高烈度区则必须采用钢筋混凝土剪力墙，见图 6.5。

底层框架的多层砌体结构房屋的特点是“上刚下柔”。由于承重材料的不同，结构布置的不同，房屋结构的竖向刚度在底层与二层之间发生突变，在底层结构中易产生应力集中现

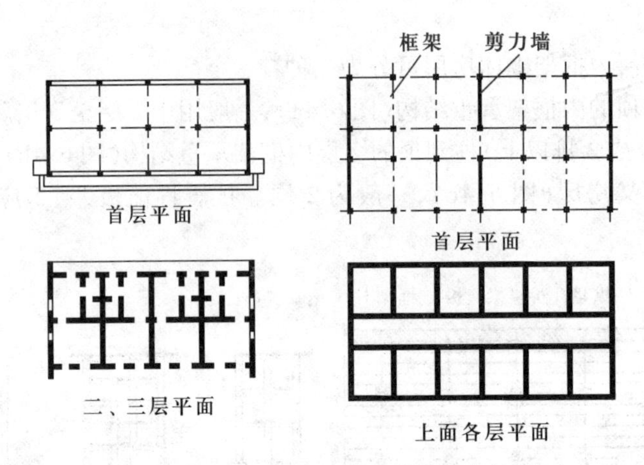

图6.5 底层框架—剪力墙砌体结构

象,对抗震显然不利。为了不使房屋沿高度方向的刚度突变过大(主要是底层与二层刚度的变化),《建筑抗震设计规范》(GB 50011—2010)对底部钢筋混凝土框架的抗震等级,根据房屋所在地的抗震设防烈度做出了相应的规定,也对房屋上、下层侧移刚度的比值做了限制规定。

城市规划往往要求在临街住宅、办公楼等建筑的底层设置大空间,用作商店、邮局等,一些旅馆也因使用要求,往往在底层设立餐厅、会议室等大空间,此时,就可采用底层框架砌体结构。

6.2 混合结构房屋的静力计算方案

6.2.1 概述

与其他建筑结构设计一样,砌体房屋结构从设计内容上分计算设计和构造设计两部分。从受力性质上分,又可分为静力设计(非抗震设计)和抗震设计两种情况。计算设计的目的是通过承载力、变形等计算来保证结构或构件的工作能力;构造设计的目的则是保证结构或构件经计算设计后应有工作性能的实现。构造设计的内容概括地说就是一系列构造措施,包括合理地选择材料等级、规格、数量,合理的构件形式和尺寸,墙、柱、楼(屋)盖之间的有效连接以及不同类型构件和结构在不同受力条件下采取的特殊要求措施等。为了使结构或构件具有良好的工作性能,构造设计还应包括在计算设计中难以反映,但由工程实践中总结出来的规律和要求而必须采取的构造措施。

工程实践表明,以上认识虽然正确,但并不全面。

20世纪70年代以来,工程界逐渐认识到合理的“概念设计”比计算设计更为重要。所谓“概念设计”,是指在设计中,从保证结构在各种荷载作用下具有良好的整体工作性能的目的出发,把握好承重结构体系选择、结构布置、刚度分布及结构整体性等结构设计的基本要素,再以相应构造措施予以保证。概念设计对房屋结构的抗震能力起着决定性的控制作用,因而工程抗震的概念设计思想,越来越受到世界各国工程界的普遍重视。

其实,概念设计的思想对结构的静力设计也是非常重要的。无论是结构的静力设计或抗震设计,都应包括概念设计和计算设计两部分。构造设计只是概念设计的部分内容。

任何结构的计算,主要包括两方面的内容,即内力计算和截面设计(或验算),砌体房屋结构也不例外。静力计算的目的是求得砌体结构在荷载作用下的内力。为此,有必要讨论砌体结构的空间受力性能、静力计算方案、结构计算简图以及内力计算方法等。

1. 混合结构的整体受力特点

砌体房屋结构,是由楼、屋盖等水平承重结构构件和墙、柱、基础等竖向承重结构构件构成的空间受力体系。各类构件共同承受作用于房屋上的各类竖向荷载(结构自重、屋面和楼面活荷载、雪荷载等)以及水平荷载(风荷载等),不仅直接承载的构件有抵御荷载的作用,与其相连的其他构件也都不同程度地参加工作、分担荷载。

房屋在荷载作用下的工作特性(荷载传递路线、墙柱中的内力分布等),随空间刚度的不同而异。而影响房屋结构空间刚度的因素很多,主要有是否设置横墙及其数量多少、厚度如何,楼、屋盖平面内的水平刚度大小等。

砌体房屋结构静力计算方案,就是根据其结构的空间工作性能划分的。

现比较图6.6中所列三种单层砌体房屋的结构布置在风荷载下的工作状态。图中a、b、c三图分别为无山墙纵墙承重房屋、设置山墙的纵墙承重房屋以及设置有较多横墙的纵墙承重房屋。

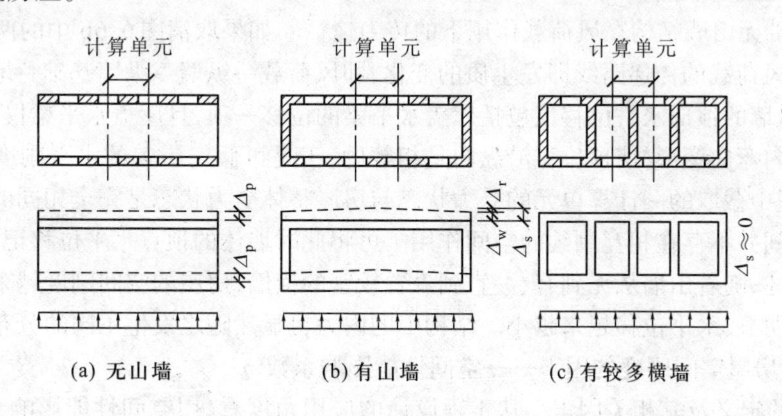

图6.6 具有不同空间作用的单层纵墙承重砌体房屋结构

房屋是空间受力体系,但进行结构静力分析时,为简便起见,常按平面受力结构进行计算,一般地,用在平面结构中加上附加约束的方法来体现(或处理)其空间作用。这便是砌体结构静力计算的基本思路。通常,取房屋的一个开间为计算单元,单元内的荷载由本单元的构件承受。此时,把纵墙看作为与计算单元数相等的柱组成,而把屋盖看作为一根水平梁。于是,计算单元就是一平面排架或框架。

2. 混合结构的传力途径

(1) 两端有山墙的结构在风荷载作用下的传力途径为:

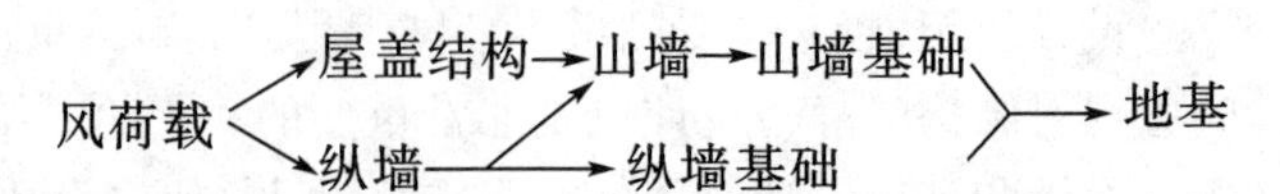

这一传力途径反映了房屋的一定空间作用:风荷载不仅通过纵墙平面也通过屋盖平面及山墙平面传递,组成了一空间作用体系。在风荷载作用下,山墙如同悬臂梁一样工作。荷载由纵墙传至楼、屋盖,再传至山墙,所以山墙所受水平力一般为集中力,见图 6.6b。房屋纵墙顶部的位移则具有两个特点:一是水平位移值沿纵墙方向是变化的,并与屋盖结构水平方向的位移一致,两端小,中间大;二是纵墙顶部水平位移值除了与纵墙本身刚度有关外,还与屋盖结构水平刚度以及山墙刚度有关。以水平位移最大的墙(柱)中间单元为例,其顶端位移由山墙的水平位移和屋盖水平梁的最大水平位移两部分组成,即

$$\Delta_s = \Delta_w + \Delta_r \tag{6.1}$$

式中 Δ_s——中间墙柱单元的水平位移;

Δ_w——山墙的水平位移;

Δ_r——屋盖水平梁的最大水平位移。

很显然,如果单层砌体房屋内还设置了较密的横墙或增大了横墙刚度,则屋盖水平梁可看作是支承于横墙、山墙上的水平连续梁,见图 6.6c,其位移 Δ_r 值随之很快减小;同时由于横墙较密,相当于增加了许多"山墙"或相当于大幅度地提高了山墙的刚度,Δ_w 值也随之减小,最后 Δ_s 也大为减小。这就是说,横墙加密后不仅提高了屋盖梁的水平刚度,也使房屋结构的空间作用大大加强。

(2) 两端无山墙结构在风荷载作用下的传力途径　如果取消图 6.6b 中的两端山墙(图 6.6a),那么风荷载的传递路线即发生质的变化,即风荷载→纵墙→纵墙基础→地基。

此时,纵墙的顶部水平位移仅包括屋盖水平梁的位移一项,且屋盖水平梁仅发生平面移动而无平面内弯曲变形,墙顶位移沿纵向是相等的,于是可假定屋盖的水平刚度为无限大。因而,从房屋中截取的一计算单元的受力状态与房屋整体受力状态是完全相同的,沿房屋纵向各开间之间并不存在相互制约的空间作用。可将此时墙体的顶点水平位移记为 Δ_p。

综上所述,随着山墙从无到有、一直到设置较密的横墙,房屋的空间刚度越来越大,空间作用越来越明显,水平位移越来越小。结构中的内力也显然随之发生不同的分布。

3. 影响房屋空间刚度的因素——空间性能影响系数 η

(1) η 的定义及其相关因素　从工程设计的应用角度看,用空间性能影响系数 η 来反映房屋结构的空间作用是合理的,也较简便。对于单层房屋,空间性能影响系数 η 定义为

$$\eta = \frac{\Delta_s}{\Delta_p} < 1.0 \tag{6.2}$$

η 值越大,表示其空间刚度越差,空间工作性能越弱,反之亦然。从理论上讲,可以这样来理解:η 值在零到 1.0 之间时为刚弹性方案房屋,η 由小到大,结构空间刚度逐渐减弱;当 η 逐渐增大到等于 1.0 时取为弹性方案房屋;当 η 逐渐减小到等于 0 时即为刚性方案房屋。工程实践中,情况比较复杂,一般不能如此划分。

(2) 影响单层房屋结构 η 值的因素　对于单层房屋,影响 η 值的因素很多,诸如屋盖

的水平刚度(取决于它的整体性及截面的宽度和厚度)、横墙间距、房屋跨度、排架刚度和纵墙刚度等。从理论上分析,在其他条件相同的情况下,房屋跨度(即进深)越大,屋盖水平刚度也越大,η 值应越小。但试验研究表明,房屋跨度的影响并不显著,故其影响可以忽略;排架刚度对 η 的影响也不明显;而纵墙刚度对房屋空间工作性能的影响却十分显著。这是因为砌体结构屋盖的变形主要是剪切变形,而纵墙刚度较大时显著提高了屋盖系统的综合剪切刚度的缘故。因此,对 η 值有显著影响的主要是屋盖类型、横墙间距和纵墙刚度。表 6.1 中的 η 值,虽只用屋盖类别、横墙间距反映,但其中已考虑了纵墙刚度的影响。

表 6.1　房屋各层的空间性能影响系数 η_i

屋盖或楼盖类别	横墙间距 s/m														
	16	20	24	28	32	36	40	44	48	52	56	60	64	68	72
1	—	—	—	—	0.33	0.39	0.45	0.50	0.55	0.60	0.64	0.68	0.71	0.74	0.77
2	—	0.35	0.45	0.54	0.61	0.68	0.73	0.78	0.82	—	—	—	—	—	—
3	0.37	0.49	0.60	0.68	0.75	0.81	—	—	—	—	—	—	—	—	—

注:1. i 取 $1 \sim n$,n 为房屋的层数;

2. 第 1 类楼(屋)盖包括整体式、装配整体式和装配式无檩体系钢筋混凝土楼(屋)盖;第 2 类楼(屋)盖包括装配式有檩体系钢筋混凝土屋盖、轻钢屋盖和有密铺望板的木屋盖或楼盖;第 3 类楼(屋)盖包括瓦材屋面的木屋盖和轻钢屋盖。

工程实践中,屋盖或楼盖的构造有多种,设计规范中按屋盖或楼盖水平纵向体系的刚度作为分类依据把屋盖或楼盖分为三类,见表 6.1。第 1 类为刚性楼(屋)盖,第 2 类为中等刚度的楼(屋)盖,第 3 类为柔性楼(屋)盖。按屋盖或楼盖整体性而论,以第 1 类为最强,第 3 类为最弱。

再者,每片横墙自身的抗侧刚度越大,其顶端位移 Δ_w 越小,对屋盖或楼盖提供的支承越充分;横墙间距越小,Δ_r 也越小,空间作用越明显。

(3) 影响多层砌体房屋结构 η 值的因素　工程实践表明,多层砌体房屋结构的空间工作特性远比单层房屋复杂。一般地,当在房屋某一层楼盖或屋盖标高的某处施加一集中荷载时,不仅沿房屋纵向各开间均发生位移,同时各层也发生位移。这就足以说明,在沿房屋纵向各开间表现出空间作用(同层空间作用)的同时,沿房屋高度方向的各层也表现出空间作用(层间空间作用)。这样,多层房屋结构的空间性能影响系数,应一方面反映同层空间作用的主空间作用,另一方面还应反映层间空间作用的副空间作用。考虑到准确分析两类空间性能影响系数十分复杂,为了结构的安全及计算方便,《规范》规定,多层砌体房屋各层空间性能影响 η 可按该楼层楼盖、屋盖类别和横墙间距由表 6.1 查得。

6.2.2 房屋的静力计算方案

工程实践中,砌体结构房屋的静力计算方案是按房屋空间刚度的大小确定的。可分为刚性方案、弹性方案和刚弹性方案三种。

1. 刚性方案

若Δ_s很小,即$\Delta_s \approx 0$,说明这类房屋的空间刚度很强。此时可把屋盖梁看作纵向墙体上端的不动铰支座。在荷载作用下,墙柱内力可按上端有不动铰支座的竖向构件计算,见图6.7a。这类房屋称为刚性方案房屋。

2. 弹性方案

若$\Delta_s \approx \Delta_p$,说明这类房屋的空间刚度很弱。虽然传力还是有空间作用,但墙顶的最大水平位移与平面结构体系很接近。在荷载作用下,墙体内力可不考虑空间作用而按平面排架结构计算,见图6.7c。图中Δ_p为柱顶位移,排架横梁代表屋盖,它的水平刚度很大,故近似地取其值为无穷大。这类房屋称为弹性方案房屋。

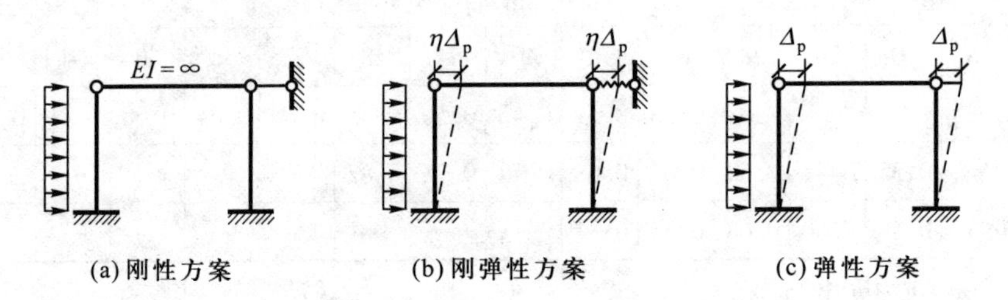

图6.7 三种静力计算方案的基本概念

3. 刚弹性方案

若Δ_s介于上述两者之间,即$0 < \Delta_s < \Delta_p$,则称为刚弹性方案房屋。其受力状态介于刚性方案与弹性方案之间 。计算简图可以取平面排架结构,但还应考虑空间作用的影响。为此,计算时在排架的柱顶加上一弹性支座,引入一个小于1的空间性能影响系数η,见图6.7b。图中Δ_p为不考虑空间作用的平面排架位移。

上述三种方案计算简图的共同点是:都假定屋盖和墙顶之间的节点为铰接,即不考虑墙柱对屋盖的约束作用,形成的是平面排架。如前所述,在多层砌体房屋中,情况较为复杂,但基本概念是一致的。

显然,划分三种静力计算方案的目的,就是按实际情况考虑房屋结构存在的空间作用,并把空间结构转化成平面结构来计算。实现这一转化的途径是在计算中考虑空间性能影响系数η。

6.2.3 房屋静力计算方案的确定

为便于设计,《规范》规定房屋的三种静力计算方案可按表6.2划分。

表6.2 房屋的三种静力计算方案

	屋盖类别	刚性方案	刚弹性方案	弹性方案
1	整体式、装配整体式和装配式无檩体系钢筋混凝土屋盖	$s<32$	$32 \leqslant s \leqslant 72$	$s>72$

续表

	屋盖类别	刚性方案	刚弹性方案	弹性方案
2	装配式有檩体系钢筋混凝土屋盖、轻钢屋盖和有密铺望板的木屋盖	$s<20$	$20\leqslant s\leqslant 48$	$s>48$
3	瓦材屋面的木屋盖和轻钢屋盖	$s<16$	$16\leqslant s\leqslant 36$	$s>36$

注：1. 表中 s 为房屋横墙间距，其长度单位为 m；

2. 当屋盖、楼盖类别不同或横墙间距不同时，可按对“上柔下刚”和“上刚下柔”多层房屋的规定采用；

3. 对无山墙或伸缩缝处无横墙的房屋，应按弹性方案考虑。

需要注意的是，上述三种静力计算方案，是为了计算纵墙内力按纵墙承重结构的房屋划分确定的。此时，横墙为主要抗侧力构件。当要计算山墙内力或横墙承重结构中横墙内力时，纵墙便为主要抗侧力构件。此时，应以纵墙间距代替横墙间距作为划分静力计算方案的依据。

工程实践中，有的房屋上下层不属同一类静力计算方案，即构成所谓上柔下刚或上刚下柔多层房屋结构。

上柔下刚房屋系指顶层不符合刚性方案要求，而下面各层由楼盖类别和横墙间距可确定为刚性方案的房屋。通常，顶层为礼堂，以下各层为办公室的多层砌体房屋，顶层为木屋盖、以下各层为钢筋混凝土楼盖的多层房屋有可能属于上柔下刚房屋。对这类房屋，顶层可按单层房屋计算，其空间性能影响系数可根据屋盖类别按表 6.1 采用。

上刚下柔房屋系指底层不符合刚性方案要求，而上面各层符合刚性方案要求的房屋。一般地，底层设置俱乐部、食堂、商场等空旷房间而上面各层为办公室、宿舍、招待所等横墙密集的房间的砌体房屋，有可能属于上刚下柔房屋。这类房屋底层空间性能影响系数可取表 6.1 中第 1 类屋盖的空间性能影响系数值。

6.2.4 刚性方案和刚弹性方案房屋横墙的构造要求

如上所述，横墙间距是确定房屋墙柱的静力计算方案的主要依据之一。这里所说的横墙是要满足一定的刚度要求的。这是因为静力计算方案是通过一定的构造设计体现的，若把山墙的刚度削弱到一定程度（如采用轻质多孔材料等），则刚弹性方案可能成了弹性方案；若把屋盖或楼盖及山墙的刚度显著加大，则刚弹性方案也可能形成刚性方案。因此，与表 6.2 相适应的刚性方案和刚弹性方案的横墙应符合下列要求：

（1）横墙中开有洞口时，洞口的水平截面面积不应超过横墙截面面积的 50%。

（2）横墙的厚度不应小于 180 mm。

（3）单层房屋的横墙长度不小于其高度，多层房屋的横墙长度不小于 $H/2$（H 为横墙总高度）。

6.3 单层房屋的墙体承载力

单层房屋计算时,对墙顶与屋盖连接节点为铰接的假定,反映了两构件连接处实际上存在的非整体特点。而对墙体与基础的连接点则假定为固接,且房屋的高度应从基础顶面起算。这是因为单层房屋一般高度较大,在计算风荷载的作用时,墙底部截面的弯矩值最大而不可忽略。

6.3.1 计算单元的选取

砌体房屋中承重纵墙的墙体一般较长,无论是竖向荷载作用或水平荷载作用,内力计算时均取其中有代表性(荷载,受力状态等方面)的一段 m—n 作为计算单元(图 6.8)。受荷载宽度为$\frac{1}{2}(l_1+l_2)$,计算截面的宽度 b_f 取壁柱宽加$\frac{2}{3}$墙高,但不大于窗间墙宽度及相邻壁柱间的距离。

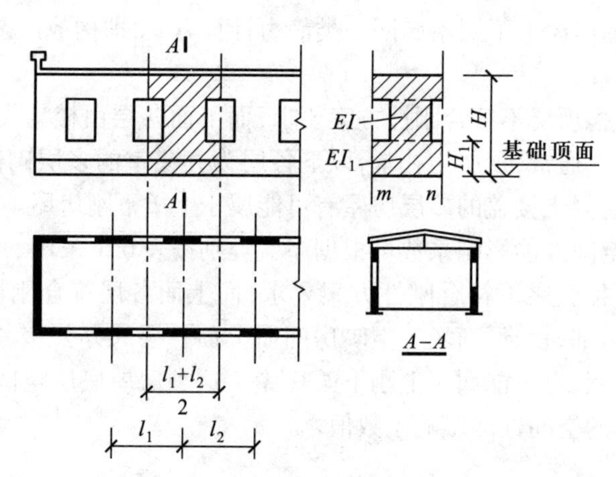

图 6.8　单层砌体房屋的计算单元

墙体作为排架柱构件参加平面排架结构的工作。

纵墙往往开有门窗洞口,为简化起见,可将洞口上、下方墙体截面均取为门间墙或窗间墙截面。

6.3.2 刚性方案房屋的墙体设计

1. 纵墙的内力计算

(1) 水平荷载作用下的承重纵墙内力　房屋的静力水平荷载为作用于墙面上的和屋面上的风荷载。屋面上(包括女儿墙上)的风荷载一般简化为作用于屋面梁(屋架)与墙体连接处(即墙顶处)的集中力 W。墙面上的风荷载均作为均布荷载,迎风面上为风压力(q_1)、背风面上为风吸力(q_2)(图 6.9)。工程设计中为了组合不利内力,墙面风荷载应考虑两个方向(左风和右风)。

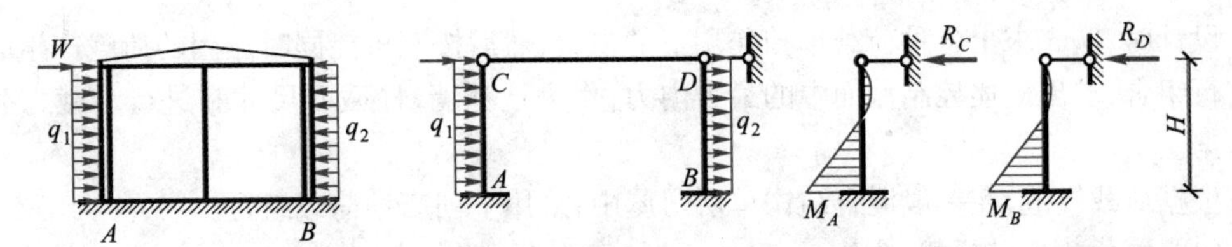

图 6.9　刚性方案单层房屋纵墙在水平荷载下的内力分析

刚性房屋空间性能显著，荷载作用下排架的柱顶水平位移可以忽略，屋盖结构作为墙体的不动铰支座，所以各墙柱可以分别计算（图 6.9）。

柱顶支座反力 R_r（R_C、R_D 等），可由结构力学的方法求得，也可由下式算得

$$R_r = \alpha q H \tag{6.3}$$

式中，系数 α 按表 6.3 取用。由于墙体计算截面一般均取门窗洞口截面，查表时应查“等截面”一列；图 6.9 中的荷载为水平力，则 α 系数应查表中“水平力”一行。式中 q 即为 q_1 或 q_2。求得 R_C、R_D 后，沿墙高各截面上的内力即可用静力法求得。

表 6.3　系数 α

荷载	α		
	等截面 $EI_1 = EI$	$EI_1 = 2EI$	$EI_1 = 4EI$
水平力	0.375	0.346	0.320
柱顶力矩	1.50	1.64	1.82

注：1. 本表适用于 $H_1 = H/3 \sim H/4$ 的场合；

2. 当实际 $EI_1 = EI$ 在上述数值之间时，可以用线性插入法计算。

（2）竖向荷载作用下的承重纵墙内力　同样，由于竖向荷载下墙顶无水平位移，仍按单个排架柱计算。柱顶作用有屋盖结构传来的竖向力 N（包括屋盖恒载、活荷载、女儿墙重等），N 对柱轴线往往都有偏心距 e。对单层工业厂房柱，屋顶对柱顶的作用力点离柱轴线（不是柱中心线）的距离为 150 mm；钢筋混凝土屋面梁对柱顶的作用力点离柱边缘 $0.33a_0$，a_0 为屋面梁的有效支承长度。因此，柱顶的力矩为 $M = Ne$（图 6.10）。柱顶支座反力 R_r 可由结构力学方法求出。

2. 纵墙的承载力验算

在进行承载力验算时，墙体的截面宽度取窗间墙宽度。需复核的截面有墙、柱的上端截面Ⅰ—Ⅰ、下端截面Ⅱ—Ⅱ和在水平均布荷载作用下的最大弯矩截面Ⅲ—Ⅲ（图 6.10）。截面Ⅰ—Ⅰ除竖向力外，还有弯矩的作用，故既要验算偏心受压承载力，还要验算梁下砌体的局部受压承载力。截面Ⅱ—Ⅱ，承受有最大的轴向力和相应的弯矩，需按偏心受压进行承载力验算。截面Ⅲ—Ⅲ亦需根据相应的 M 和 N 按偏心受压进行承载力验算。

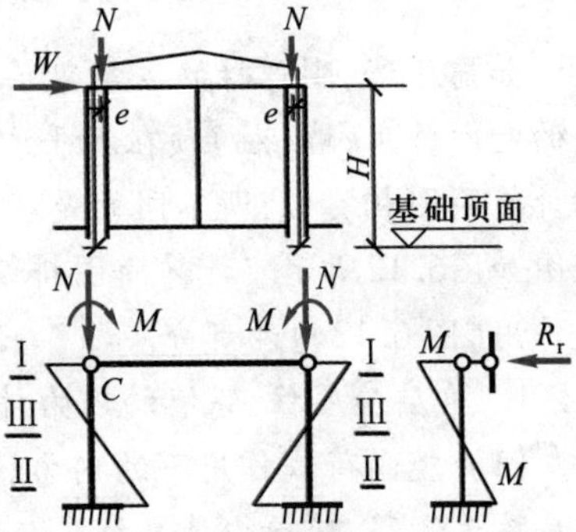

图 6.10　刚性方案单层房屋纵墙在竖向荷载下的内力分析

设计时，应先求出各种荷载单独作用下的内力，然后按照可能同时作用的荷载产生的内力进行组合，求出上述控制截面中的最大内力，作为选择墙、柱截面尺寸和进行承载力验算的依据。

根据荷载规范，在一般混合结构单层房屋中，采用下列三种荷载组合：

(1) 恒荷载 + 风荷载；

(2) 恒荷载 + 活荷载(风荷载除外)；

(3) 恒荷载 +0.85 活荷载(包括风荷载)。

当考虑风荷载时还应分左风和右风，分别组合。

*6.3.3 弹性方案房屋墙体设计简介

对于弹性方案的房屋，水平荷载作用下的承重纵墙内力，计算时不考虑空间作用(平面排架柱顶无支座)，如图 6.11a 所示。其在水平荷载 W 和 q_1、q_2 作用下的内力计算，可分解为两部分：先在柱顶人为地加一不动铰支座约束，利用刚性方案房屋的计算方法求出由水平荷载产生的支座反力 R_r 及其内力，如图 6.11b 所示。但由于实际上 R_r 并不存在，所以第二部分是在一榀无荷载作用的排架上反向施加一柱顶反力 R_r 后求出内力，见图 6.11c。最后叠加这两部分内力就可得到弹性方案房屋的内力。

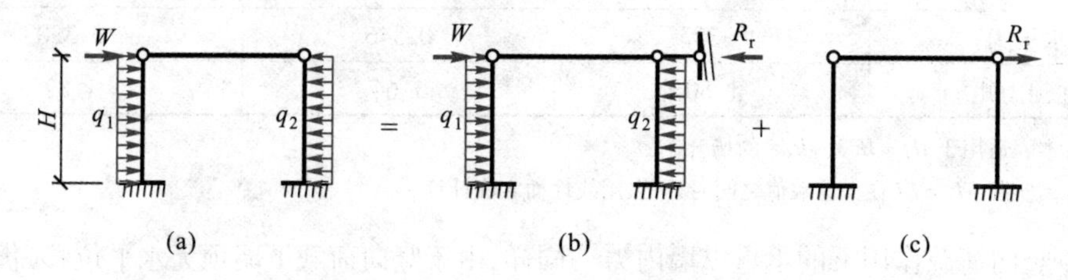

图 6.11 弹性方案单层房屋在水平荷载作用下的内力分析

在计算弹性方案房屋竖向荷载作用下的承重纵墙内力时，由于一般情况下，房屋纵墙的刚度和荷载都是对称的，所以此时的内力计算方案同刚性方案房屋。

*6.3.4 刚弹性方案房屋墙(柱)设计

如前所述，刚弹性的方案单层房屋的空间刚度介于弹性方案与刚性方案之间。由于房屋的空间作用，墙(柱)顶在水平方向的侧移受到一定的约束作用。其计算简图与弹性方案的计算简图相类似，所不同的是在排架顶加上一个弹性支座，以考虑房屋的空间工作。计算简图如图6.12所示。计算简图排架所受到的荷载可分解为竖向荷载作用(图6.12b)和风荷载作用(图 6.12c)两部分。

1. 单层房屋柱、纵墙的内力计算

(1) 竖向荷载作用下的内力计算　在竖向荷载作用下(图 6.12b)，如房屋及荷载对称，则房屋无侧移，其内力计算结果与刚性方案相同。

(2) 水平荷载(风荷载)作用下的内力计算　由于刚弹性方案房屋的空间作用，屋盖在

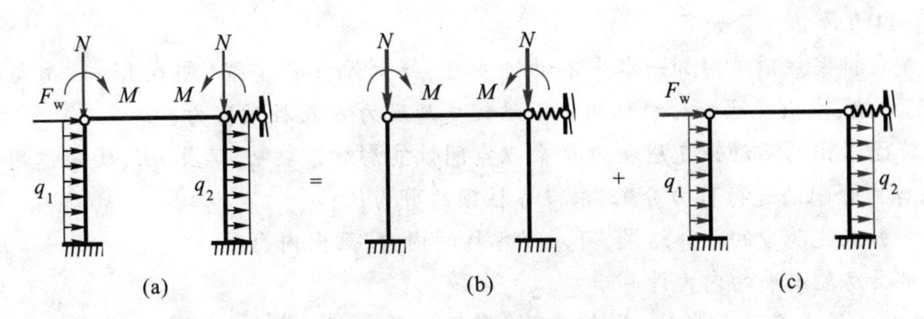

图 6.12 单层刚弹性方案房屋的内力简图

水平方向对柱顶起到一定程度的支承作用，所提供的柱顶侧向支承力（弹性支座反力）为 X，柱顶侧移值也由无空间作用时的 u_p 减小至 ηu_p，即柱顶侧移值减小了 $u_p-\eta u_p=(1-\eta)u_p$（图 6.13a、b、c）。图 6.13b 与弹性方案承受风荷载作用的情况相同，可分解为图 6.13d、e 两种情形，其中图 6.13d 与刚性方案的计算简图相同。图 6.13e、f 的结构图相同，但反向作用的假设支座反力 R 与弹性支座反力 X 方向相反，根据位移与力成正比的关系，可求得弹性支座的反力 X 为

$$\frac{u_p}{(1-\eta)u_p}=\frac{R}{X} \tag{6.4}$$

因此，图 6.13e、f 可叠加为图 6.13h，柱顶反力为 $R-X=R-(1-\eta)R=\eta R$。

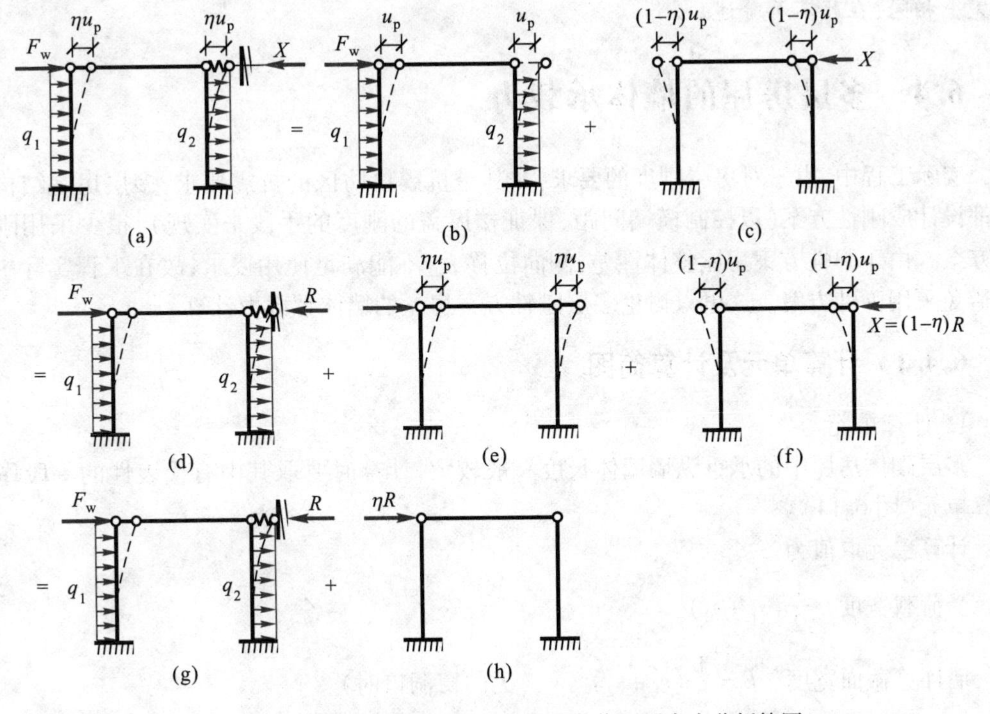

图 6.13 刚弹性方案单层房屋在风荷载作用下内力分析简图

(3) 内力计算步骤如下:

① 先在排架柱顶端附加一水平不动铰支座,得到无侧移排架(图6.13g),用与刚性方案同样的方法,求出在已知荷载作用下不动铰支座反力 R 及柱顶剪力;

② 将已求出的不动铰支座反力 R 乘以空间性能影响系数 η,变成 ηR,反向作用于排架柱顶,用剪力分配法进行剪力分配,求得各柱顶的剪力值;

③ 叠加上述两步的计算结果,可求得各柱的内力,画出内力图。

2. 单层房屋山墙的内力计算

当房屋纵墙承受风荷载时,山墙如同悬臂梁一样受力。荷载由纵墙经屋盖再传至山墙,故山墙所受的水平力一般为集中力,即可按刚性方案方法分析其内力。此时,假定墙体上端为不动铰支座,墙底固接于基础顶面。

当山墙墙承受风荷载时,由于房屋长度较大,计算简图也与刚性方案时相同,不过荷载均布地作用于墙面上。

当考虑山墙承受屋面传来的半跨竖向荷载时,应按承重墙计算内力。计算简图取上端为不动铰支座,下端为固接。一般山墙承受的是均布竖向荷载,故可取宽度 b 为1 m的山墙墙体作为计算单元。当为坡屋顶时,墙体高度取层高与山尖高的平均高度。

*6.3.5 单层房屋墙柱的承载力验算

弹性方案单层房屋墙柱的承载力验算方法,与前述刚性方案单层房屋墙柱的承载力验算完全相同,在此不再赘述。

6.4 多层房屋的墙体承载力

实际工程中,由于对房屋刚度的要求,尤其是抗震设防区的抗震要求,多层房屋结构一般都设计成刚性方案(以控制横墙间距,保证楼屋盖的刚度的手段来实现),很少采用刚弹性方案。由于弹性方案房屋整体性差,侧向位移大,不能满足使用要求,故在工程实际中更应避免采用弹性方案。这里只讨论多层刚性方案房屋的墙体承载力计算。

6.4.1 计算单元及计算简图

1. 计算单元

多层砌体房屋中的承重纵墙墙体长度一般较大,计算时要取其中有代表性的一段作为计算单元(图6.14)。

计算单元取值为

受荷载宽度 $\frac{1}{2}(s_1+s_2)$

墙计算截面宽度 $B=\frac{1}{2}(s_1+s_2)$ (无门窗洞口时)

$$B=\left(b+\frac{2}{3}H\right)\leqslant\frac{1}{2}(s_1+s_2) \qquad \text{(有门窗洞口时)}$$

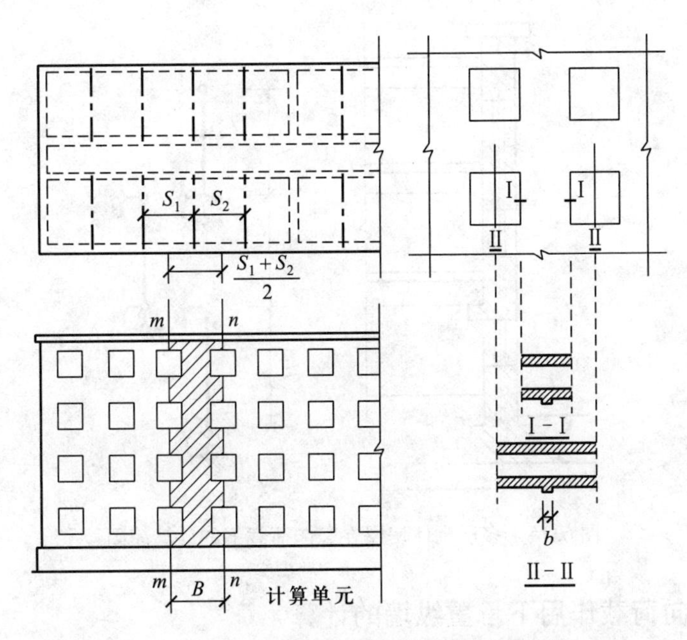

图 6.14　多层砌体房屋的计算单元

式中　b——壁柱宽度；

　　　H——层高。

在同一房屋中，各个部分墙体的截面尺寸和承受的荷载可能不尽相同，应取的计算单元也就不止一个。设计时一般在墙体最薄弱的部位选取计算单元，对墙体进行验算。

2. 纵墙计算简图

(1) 水平荷载下的计算简图　多层砌体结构房屋的承重纵墙，是一以横墙作为侧向支承，以楼、屋盖及基础顶面为上下支承的墙体。所以，在水平荷载作用下，纵墙墙体受弯，此时不能忽略墙体的连续性，应将墙体作为竖向连续梁计算。各层墙体的计算高度 H，底层取基础顶面至第二层楼盖梁底的距离，以上各层取上下层梁底之间的距离。

(2) 竖向荷载下的计算简图　竖向荷载作用下，由于楼盖的梁和板在墙体内均有一定搁置长度，墙体在楼盖支承处的截面受到削弱，同时也削弱了墙体在楼盖处的连续性，被削弱后的截面只能承受较小的弯矩。为了简化计算，假定墙体在楼盖处和基础顶面处都为不动铰支座，而各层墙体的计算高度的取定方法同水平荷载作用的情况，见图 6.15。

值得注意的是，在确定单层房屋的计算简图时，假定墙体与基础顶面的连接为固接，这是考虑到单层房屋一般层高较大，计算时需考虑风荷载作用，墙柱底部的弯矩和轴向内力都较大，弯矩不可忽略，假定为固接与实际情况较相符。而在多层砌体房屋中，轴向力则是主要内力而且数值较大，当墙体有窗口削弱及层高不大时，可不计风荷载的作用。况且，在墙体与基础连接的截面上，轴向力是决定性因素，弯矩值相对较小，由弯矩作用引起的轴向力偏心距也很小，故可以忽略。

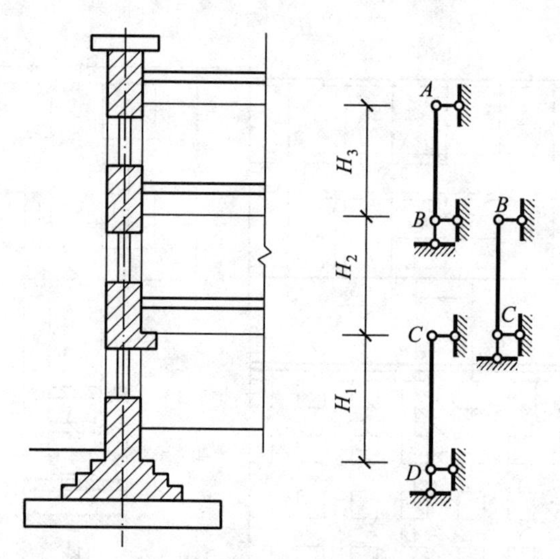

图 6.15 多层砌体房屋在竖向荷载下的计算简图

6.4.2 竖向荷载作用下承重纵墙的计算

由上述计算简图可知，在竖向荷载作用下，上、下层墙体在楼盖支承截面(一般取为梁底或板底截面)均为铰接。在计算某层墙体时，以上各层荷载不论有无偏心弯矩，传至该层墙体顶面铰支座处弯矩均为零，即以上各层所有竖向荷载仅以轴心压力向该层传递，作用于上一层墙体的截面形心处。而直接作用于该层墙体顶面的本层楼盖荷载一般对该层墙体产生偏心压力。《规范》规定，当梁、板支承在墙体上时，对屋盖梁、板，其压力作用点位置可取为距墙或壁柱内边缘$\frac{1}{3}a_0$处，对于楼盖梁、板则可取为距墙或壁柱内边缘 $0.4a_0$ 处，其中 a_0 为梁或板的有效支承长度。

以图 6.15 所示的三层房屋为例，说明纵墙的内力计算如下：

上、下层墙体厚度相同时(图 6.16a)。

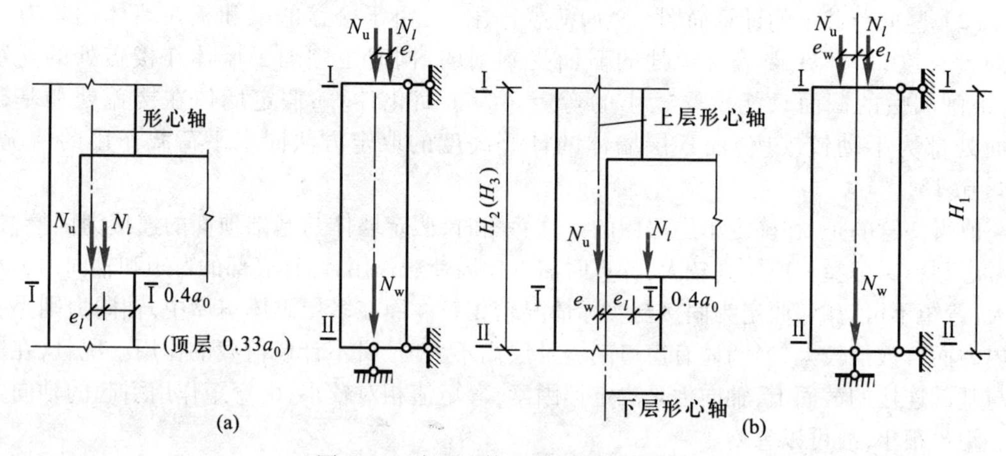

图 6.16 多层砌体房屋纵墙内力计算

计算层墙体顶面:I—I 截面

$$\left.\begin{aligned} N_{\mathrm{I}} &= N_{\mathrm{u}} + N_l \\ M_{\mathrm{I}} &= N_l e_l \end{aligned}\right\} \tag{6.5}$$

计算层墙体底面:II—II 截面

$$\left.\begin{aligned} N_{\mathrm{II}} &= N_{\mathrm{u}} + N_l + N_{\mathrm{w}} = N_l + N_{\mathrm{w}} \\ M_{\mathrm{II}} &= 0 \end{aligned}\right\} \tag{6.6}$$

上、下层墙体厚度不同时(图 6.16b):

由于上、下层墙体的形心轴不相重合,因而通过上层墙体向下传递的轴向力 N_{u}将对计算层墙体产生偏心作用,因此可得

计算层墙体顶面:I—I 截面

$$\left.\begin{aligned} N_{\mathrm{I}} &= N_{\mathrm{u}} + N_l \\ M_{\mathrm{I}} &= N_l e_l \pm N_{\mathrm{u}} e_{\mathrm{w}} \end{aligned}\right\} \tag{6.7}$$

其中 e_l 和 e_{w} 在计算层墙体形心轴同一侧时用加号,反之则为减号。

计算墙体底面:Ⅱ—Ⅱ截面

$$\left.\begin{aligned} N_{\mathrm{II}} &= N_{\mathrm{u}} + N_l + N_{\mathrm{w}} = N_l + N_{\mathrm{w}} \\ M_{\mathrm{II}} &= 0 \end{aligned}\right\} \tag{6.8}$$

式中 N_l——直接支承于计算层墙体的梁或板传来的荷载设计值;

e_l——N_l 对计算层墙体形心轴的偏心距,即对屋盖梁、板:$e_l = y - \frac{1}{3}a_0$,对楼盖梁、板:$e_l = y - 0.4a_0$,其中,y 为墙截面形心至受压最大边缘的距离,对墙厚为 h 的无壁柱墙,$y = \frac{h}{2}$;

N_{u}——由计算层以上各层传来的荷载设计值;

e_{w}——计算层与上层墙形心轴间的距离。对无壁柱墙:$e_{\mathrm{w}} = \frac{1}{2}(h_1 - h_2)$,其中,$h_1$、$h_2$ 分别为计算层及上层的墙厚;

N_{w}——计算层墙体自重(包括墙体粉刷层及门窗自重)。

6.4.3 水平风荷载作用下承重纵墙的计算

因为在水平风荷载作用下,纵墙可按竖向连续梁分析内力(图 6.17),为简化计算,由风荷载引起的各层纵墙上、下端的弯矩则可按两端固定梁计算,即

$$M_{\mathrm{w}} = \pm \frac{wH^2}{12} \tag{6.9}$$

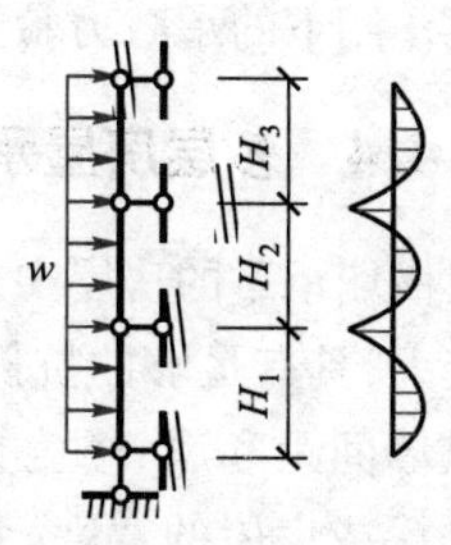

图 6.17 刚性方案多层房屋纵墙在水平荷载作用下的内力计算

式中 w——计算单元范围内,沿每米墙高的风荷载设计

值(风压力或风吸力);

H——层高。

应当指出,由于风荷载在墙截面中引起的弯矩一般较小,对截面承载力几乎没有影响,所以风荷载引起的弯矩可以忽略不计。《规范》规定,多层刚性房屋的外墙,当符合下列条件时,可以不考虑风荷载的影响,而仅按竖向荷载验算墙体的承载力。

(1) 洞口水平截面面积不超过全截面面积的2/3;

(2) 房屋的层高和总高不超过表 6.4 的规定;

(3) 屋面自重不小于 0.8 kN/m^2。

表 6.4 不考虑风荷载作用的刚性方案多层房屋外墙的最大层高和总高

基本风压值/(kN/m^2)	层高/m	总高/m
0.4	4.0	28
0.5	4.0	24
0.6	4.0	18
0.7	3.5	18

注:对于多层砌块房屋 190 mm 厚的外墙,当层高不大于 2.8 m,总高不大于 19.6 m,基本风压不大于 0.7 kN/m^2 时,可不考虑风荷载的影响。

如前所述,在刚性方案多层房屋中,屋盖及各层楼盖均作为承重纵墙的不动铰支座,在水平风荷载作用下,不动铰支座的反力将通过屋盖及各层楼盖传递给抗侧力构件——横墙承受。因此,作用在纵墙上的风荷载除通过底层墙体的局部弯曲将少量风荷载直接传递给纵墙基础外,大部分作用在纵墙上的风荷载将通过纵墙的局部弯曲传递给横墙承受。这时横墙将如同竖向悬臂梁一样,在自身平面内弯曲,并将带动纵墙作为横墙的受压或受拉翼缘参与工作,使迎风面纵墙内产生附加拉力,背风面纵墙内产生附加压力,使背风面纵墙内的轴向压力增大。这种由风荷载引起的、主要由横墙承受的弯曲一般称为房屋的总弯曲。但是在刚性方案房屋中,每片横墙承担的风荷载相对较小,且房屋的高宽比相对不大,因而在横墙内由风荷载引起的弯曲应力以及纵墙内产生的附加压力一般都比较小。这就是为什么对一般的刚性方案房屋,在计算纵墙时,可以不考虑附加压力的影响,也不需要对横墙进行风荷载作用下的承载力验算的原因。

6.4.4 多层房屋承重横墙的计算

在横墙承重的房屋中,需要对承重横墙进行承载力计算。一般情况下,房屋的纵墙长度都比较大,具有足够的抗侧力刚度,能满足刚性方案房屋关于“横墙”刚度的要求。这时应以纵墙间距和屋、楼盖类别由表 6.2 确定房屋的静力计算方案。由于纵墙的间距(房间的进深或房屋的宽度)都不会很大,横墙承重体系房屋一般都属于刚性方案房屋。在计算承重横墙时,屋盖和楼盖都可作为横墙的不动铰支座。因此,承重横墙(包括山墙)在竖向荷载和水平荷载作用下的计算简图和内力分析方法,与刚性方案房屋和承重纵墙相同。

不过,计算应注意以下几个问题:

(1) 横墙大多承受屋面板或楼板传来的均布荷载,因而可沿墙长取 1 m 宽作为计算单元。

(2) 计算时,各层层高的取值原则与承重纵墙相同。但对顶层,如为坡屋顶,可取层高加山尖的平均高度,而对底层,如底层地面刚度较大时(如混凝土地面)墙体下端可取至地坪标高处。

(3) 当房屋的开间相同或相差不大,而且楼面活荷载不大时,内横墙两侧由屋盖或楼盖传来的纵向力相等或接近相等,内横墙可近似按轴心受压构件进行计算,此时仅需验算各层墙底截面的承载力。如果横墙两侧开间尺寸相差悬殊,或活荷载较大,当仅一侧作用有活荷载时,横墙顶面两侧的纵向力相差较大,而使横墙承受较大的偏心弯矩(图 6.18)。此时应按偏心受压验算横墙的上部截面的承载力。计算偏心弯矩时,楼盖支座反力合力作用点的位置与承重纵墙计算时的规定相同。

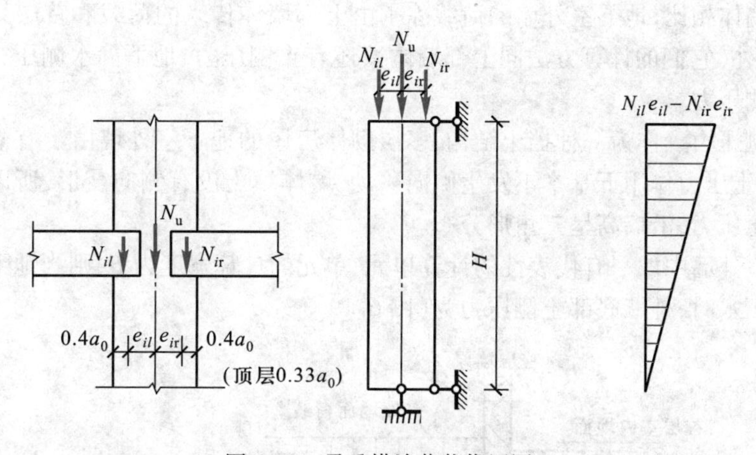

图 6.18　承重横墙荷载作用图

(4) 山墙承受由内侧屋盖或楼盖传来的偏心荷载及作用在山墙上的风荷载,其计算方法与纵墙完全相同。

(5) 当横墙承受大梁传来的集中荷载时,计算方法与承重纵墙相同。

(6) 当横墙上开有洞口时,可取洞间墙作为计算截面。若横墙上仅有一个洞口,则计算洞边墙时应考虑过梁传来的荷载。

(7) 在纵、横墙的转角墙段角部作用有集中荷载时,计算截面的长度可近似从角点算起每侧取层高的$\frac{1}{3}$。当上述墙体范围内有门窗洞口时,计算截面取至洞边,但不大于层高的$\frac{1}{3}$。计算简图仍可参照竖向荷载作用下承重纵墙的计算简图取用。即以上各层的竖向集中荷载传至本层时,可按均匀受压考虑,压应力的合力通过角形截面的形心。转角墙段可按角形截面偏心受压构件进行承载力验算。

6.5 地下室墙体的计算

多层砌体房屋中有时需设置地下室。为了保证房屋结构具有良好的空间刚度，地下室的横墙要求布置得密些，且纵横墙之间应有可靠的砌合连接。地下室一般都能满足刚性方案要求，因而可按刚性方案进行墙体静力计算。地下室内的纵、横墙计算与地上相应各层墙体计算类似。本节仅介绍地下室外墙的设计。

地下室外墙体的内侧为使用空间，外侧为回填土，有时地下水位还高于地下室地面（图6.19）。

地下室的外墙由于承受土和地下水的较大侧压力，应比首层墙体厚，因而也可不进行高厚比验算。地下室的外墙体截面设计计算与地上墙体类似，只是荷载有所不同。

6.5.1 地下室墙体的荷载

与地上墙体相比，地下室外墙的荷载除了由上部墙体传来的荷载和首层梁板传来的荷载、墙体自重外（它们的计算方法同上部墙体），还有土侧压力、地下静水侧压力和室外地面荷载引起的侧压力。

（1）土侧压力　作为一种挡土结构，多层砌体房屋的地下室外墙由于有楼盖结构和内墙的约束，在土压力作用下基本不发生侧向移动，墙体填土没有侧向变形，所以其所受土侧压力属静止土压力，沿墙高呈三角形分布。

在地下室外墙中取一有代表性的计算单元，单元的计算宽度为 B，则当地下室墙体高度范围内无地下水时，外墙底部土侧压力为（图6.19）

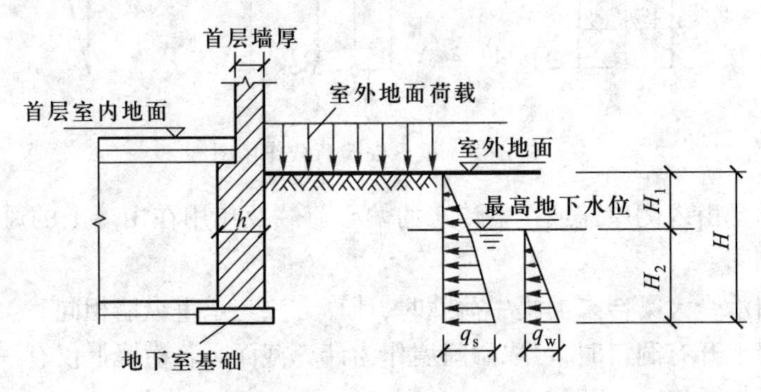

图6.19　地下室外墙及荷载

$$q_a = BK_0\gamma H \tag{6.10}$$

式中　γ——地下室外墙外侧填土的重度；

K_0——静止土压力系数，可近似按 $K_0 = \tan^2\left(45° - \dfrac{\phi'}{2}\right)$ 计算，其中，ϕ' 为土的有效内摩擦角（根据钻探资料取值，也可简化地按 $\phi' = 30°$ 采用）；

H——室外地面以下产生土侧压力的土的深度；

B——墙体计算单元长度。

当地下室墙体高度范围内有地下水时，地下水位以下的土侧压力应考虑水的浮力影响，此时土的重度应按有效重度计算，即

$$q_s = BK_0(\gamma H_1 + \gamma' H_2) = BK_0[\gamma H - (\gamma - \gamma')H_2] \tag{6.11}$$

式中 γ'——地下水以下土的有效重度，$\gamma' = \gamma_s - \gamma_w$，其中，$\gamma_s$ 为土的饱和重度，γ_w 为水的重度，一般取 10 kN/m^3；

H_1——地表面至地下水位的深度；

H_2——最高地下水位时静水压力的高度。

（2）静水压力　静水压力按历年来可能出现的最高水位计算，宽度为 B 的计算单元内的静水压力为

$$q_w = B\gamma_w H_2 \tag{6.12}$$

（3）室外地面荷载产生的侧压力　室外地面上的活荷载 p 会引起对地下室外墙的侧压力，如堆积的煤、建筑材料、车辆等荷载。若无特殊要求，地面堆载 p 一般可取不小于 10 kN/m^2。计算侧压力时，可将活荷载 p 换算成当量土层，此土层高度为 $H_p = p/\gamma$，并近似地认为当量土层对地下室墙体产生的侧压力 q_p，从地面到基础底面呈均匀分布，故其数值为

$$q_p = BK_0\gamma H_p = BK_0 p \tag{6.13}$$

所以，包括 H 高度内的土压力和地面荷载产生的当量土压力 q_p，沿墙高度土的侧压力分布图形为一高度为$(H_p + H)$的三角形（图 6.20a），在基础底面处的侧压力 q_b 最大，其值为

$$q_b = BK_0\gamma(H_p + H) \tag{6.14}$$

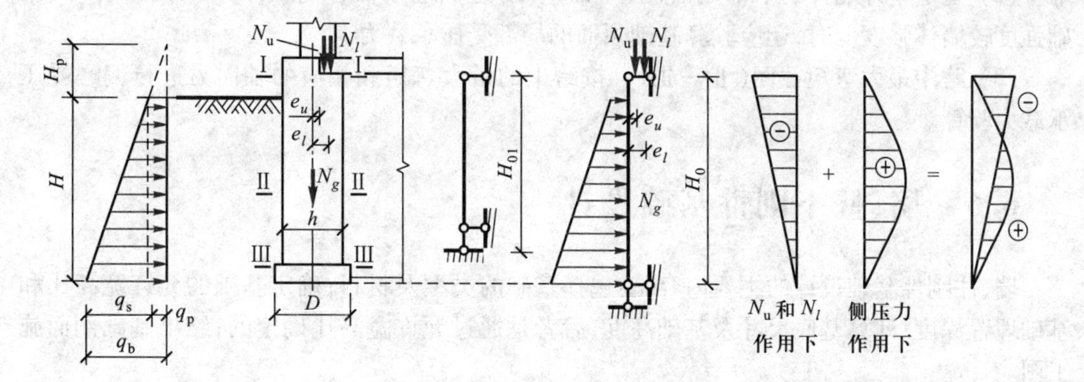

图 6.20　地下室外墙计算简图及弯矩内力图

6.5.2　地下室墙体的内力计算

1. 计算简图

（1）当地下室基础宽度较小时，与地下楼层间的墙体计算一样，地下室的外墙也按竖向

简支构件计算内力。墙的上端支座可取在地下室顶板底面处,当混凝土地面具有一定厚度或墙体基础为整体现浇的钢筋混凝土底板时,墙的下端支座可取在混凝土地面或钢筋混凝土底板的顶面(图6.20b);当混凝土地面尚未施工,或虽已施工但混凝土未达到足够的强度时,即在外墙外侧回填土,则墙的下端支座应取在钢筋混凝土底板顶面或基础底面(图6.20c)。工程实践中,地下室外墙常采用后一种计算简图。

(2) 当地下室墙体基础的宽度与墙厚的比值 D/h 较大、基础刚度也较大时,墙体下部支座可按部分嵌固端考虑。此时墙体的计算简图上端为铰支座、下端为弹性固定支座的单跨竖向梁,下端支座位置可取在基础底面水平处。计算时要考虑地基承载力和地基变形性能的不同。但按这种计算简图计算的结果表明,除非 D/h 值很大,其控制内力组合值往往小于上述按两端简支竖向杆件的计算值,且计算复杂。所以,一般情况下可不考虑基础对墙体的嵌固作用。

2. 内力计算

从首层传来荷载(包括墙体传来的偏心距为 e_u 的轴向力 N_u,地下室顶盖传来的偏心距为 e_l 的轴向力 N_l),墙体中的内力有轴力和弯矩;在地下室墙体重 N_g 和各种侧向力作用下,墙体中也产生轴力和弯矩,把它们叠加,即可求得地下室外墙的内力 M 和 N。

6.5.3 地下室墙体的控制截面

进行地下室外墙体的承载力验算时,应考虑的控制截面有(图6.20a):

(1) 地下室外墙体上部截面(Ⅰ—Ⅰ) 按偏心受压验算其承载力,同时还要验算大梁底面的局部受压承载力。当弯矩很大时,应注意控制其极限偏心距。

(2) 地下室外墙体的下部截面(Ⅲ—Ⅲ) 可近似地按轴心受压计算其承载力。当基础强度较墙体强度低时,还应验算基础顶面的局部受压承载力。

(3) 跨中最大弯矩截面(Ⅱ—Ⅱ) 按跨中的最大弯矩和相应的轴向力进行偏心受压承载力验算。

6.6 墙、柱下刚性基础设计

墙、柱刚性基础设计的主要内容是:选择基础的类型及材料;确定基础的允许宽高比和基础埋置深度;计算基底尺寸及基础高度,后者是通过允许宽高比确定的;绘出基础剖面施工图。

6.6.1 概述

基础是房屋至关重要的构件。若基础设计与施工不当,可能引起房屋较大的变形,导致房屋开裂甚至不能使用。再者,由于地质水文条件变化多,基础的施工条件较差,施工周期也较长,又属于隐蔽工程,一旦发生事故,检查加固都比较困难。另外,多层砌体房屋的基础工程造价一般约占房屋总造价的1/4左右。所以,对基础设计必须予以充分重视。

基础设计中除了保证地基和基础均有足够的承载力外,基础的沉降还要控制在规定的地基变形限值之内,减小各部分的沉降差异,以免较大的地基不均匀沉降引起房屋的开裂和损坏。

由于基础经常受潮甚至受到地下水浸渍,应采用耐久性较好的材料,以保证基础的耐久性。在室内地面以下、室外散水坡顶面以上的砌体内应铺设防潮层(常采用防水砂浆)。地面以下或防潮层以下的砌体所选用的材料,不得低于《规范》表 6.2.2 规定的最低强度等级。

多层砌体房屋中常采用条形基础,它包括刚性基础或柔性基础。这种条形基础常连续地设置于内外墙下,见图 6.21a;壁柱下基础应与墙下基础连成一片,见图 6.21b;独立柱下通常采用独立基础,见图 6.21c。

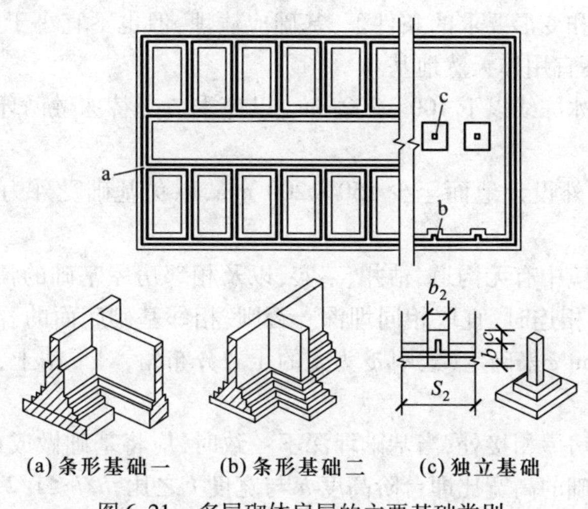

图 6.21 多层砌体房屋的主要基础类别

一般地,多层房屋砌体墙、柱下的基础按轴心受压基础设计;单层房屋的墙柱基础应按偏心受压基础设计;对于内框架砌体结构的钢筋混凝土柱下基础、底层框架砌体房屋的基础的设计同框架结构。

6.6.2 基础的埋置深度

基础的埋置深度系指基础底面到设计地面的距离。

对于内墙、内柱基础,其埋置深度为基础底面至室内设计地面的距离,见图 6.22a。

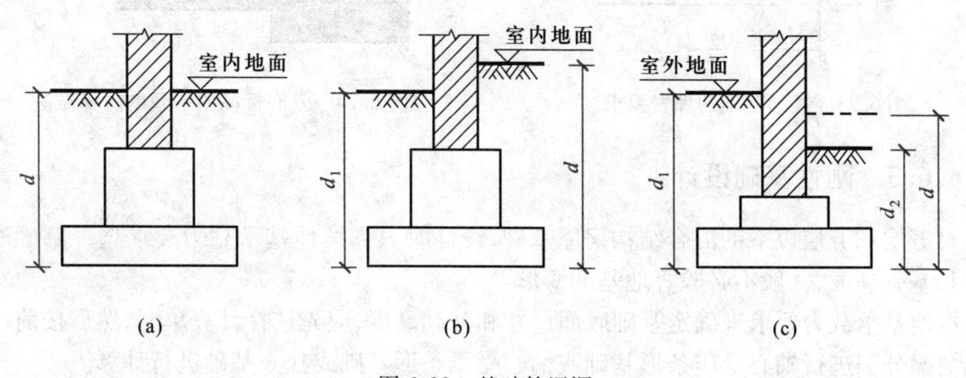

图 6.22 基础的埋深

对于外墙、柱基础，当室内、外设计地面标高相差较大(如下室外墙基础)时，如图6.22c所示，可取基础的埋置深度

$$d=(d_1+d_2)/2$$

当室内、外设计地面标高相差不大时，如图6.22b所示，其埋置深度也可取基础底面至室外设计地面的距离。

影响基础埋深的因素很多，设计时应根据实际情况，确定适当的埋置深度。一般天然地基上浅基础的掩埋应满足以下几点要求：

在满足地基稳定和变形要求的条件下，基础应浅埋，但也不宜小于0.5 m，因为地表上常受到风化和侵蚀，不宜用作天然地基。

基础底面应位于冰冻线以下100～200 mm，以免季节交替冻融循环引起建筑物发生沉降和倾斜。

基础顶面应距室外设计地面至少150～200 mm，以免基础受外力的碰撞以及大气的影响。

考虑周围地下环境中有无沟道、枯井、墓穴，以及相邻房屋基础的情况如何等。当相邻房屋基础相距很近或相连时，宜取相同埋深。否则，相邻基础底面的容许高差 h 应根据图6.23按 $\tan\alpha=h/l\leqslant\tan\varphi$ 来确定(式中 φ 为土的压力分布角，对干粘土、干砂可取40°，对稍湿粘土可取30°)。

纵、横墙或新、旧房屋相接处，当基础埋深不一致时，应将基础做成如图6.24所示的阶梯形。对一般土质基础的高宽比即台阶高度 h 与宽度 l 之比，$h/l\leqslant1/2$，且 $h\leqslant0.5$ m；对坚硬土质，$h/l\leqslant1$，且 $h\leqslant1$ m。

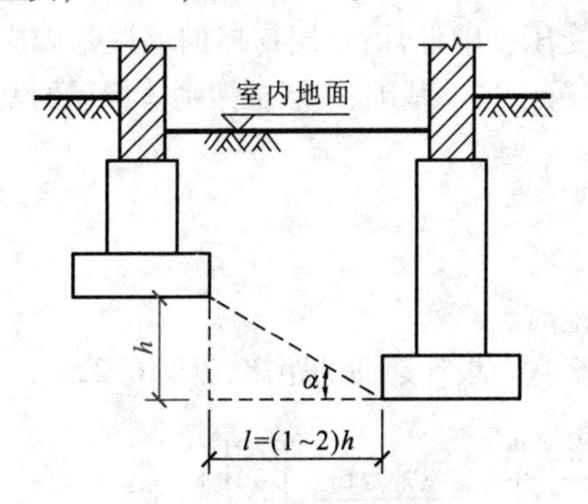

图6.23 相邻基础的埋置要求

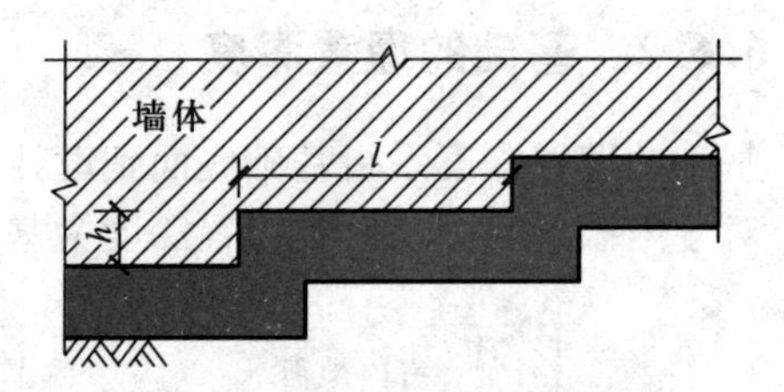

图6.24 基底标高不一致的阶梯做法

6.6.3 刚性基础设计

对五层和五层以下的混合结构房屋基础，设计时只需按地基承载力要求选择基础底面尺寸和基础高度，一般不必验算地基的变形。

按地基承载力要求来确定基础底面尺寸和基础高度，应先选择计算单元，然后按前述内容视情况分别进行轴心受压条形基础或偏心受压条形基础或独立基础进行计算。

1. 选择计算单元

如图 6.25 所示的基础平面布置图中,阴影线部分分别表示横墙、纵墙和柱基础的受荷载范围。此范围可用来确定计算单元内基础承受上部结构传来的荷载(N_k)。

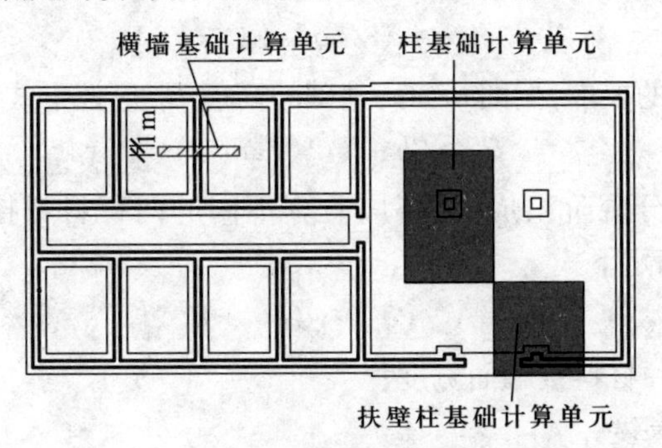

图 6.25　基础平面及计算单元

对于横墙基础,其计算单元一般取沿墙长度方向 1.0 m 而按条形基础计算,其上承受左、右各 1/2 跨度范围内全部均布恒载和活荷载的标准值。

对于纵墙基础,可取为一个开间 s_1 为计算单元,将其屋盖、楼盖传来的荷载以及墙体、门窗自重的总和,折算为沿纵墙长每米的均布荷载,按条形基础计算。

对于壁柱的基础,可忽略条形基础对柱基的影响,近似取矩形柱基$(b+c)\times b_2$ 进行计算,如图 6.21b 所示。

2. 轴心受压条形基础的计算

长为 1.0 m 的条形基础,计算简图如图 6.26 所示。图中,N_k 为上部结构传至基础顶面的垂直荷载标准值,其中楼面活荷载可根据房屋层数,按荷载规范的规定乘以相应的折减系数;G_k 为基础及其台阶上回填土的平均自重标准值,N_k、G_k 均按 kN/m 计。

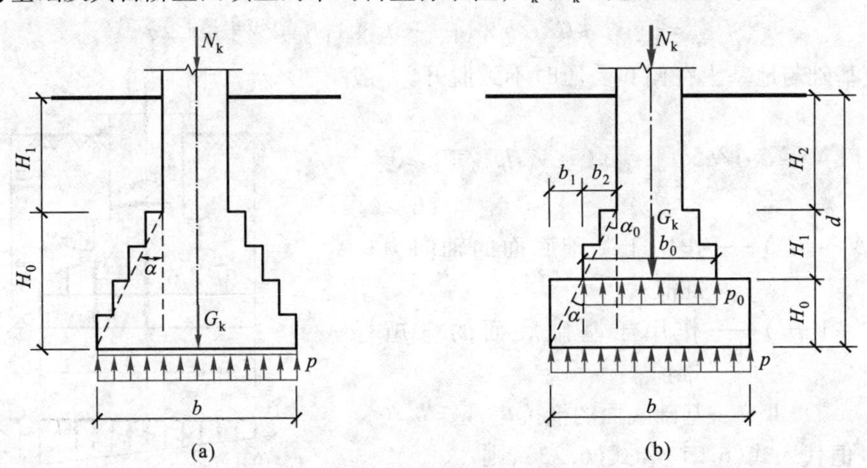

图 6.26　轴心受压基础计算简图

为满足地基承载力的要求,条形基础底面宽度 b,应按下式计算

$$p=[(N_k+G_k)/(1\times b)]\leqslant q \tag{6.15}$$

式中　p——基础底面的平均压应力;

q——底面土的承载力，根据地质勘察报告，按地基规范确定。

因 $G_k=\gamma bd$（γ 为回填土重度），代入式(6.15)，经整理得

$$b \geqslant N_k/(q-\gamma d) \tag{6.16}$$

为满足基础刚性角的要求，据图 6.26a 基础的高度 H_0 应按下式计算

$$H_0 \geqslant (b-h)/(2\tan\alpha) \tag{6.17}$$

当基础由不同材料分台阶组成时，还应验算不同的两种材料接触面上的受压承载力（图 6.26b），其宽度应满足下式

$$b_0 \geqslant N_k/[q_{cs}-\gamma(H_1+H_2)] \tag{6.18}$$

式中　b_0——不同的两种材料接触面宽度；

H_1——上段基础高度；

H_2——上段基础顶面到设计地面的距离。

根据下段基础刚性角的要求，其高度 H_1 应根据下式确定

$$H_1 \geqslant (b_0-h)/(2\tan\alpha_0) \tag{6.19}$$

式中　h——墙厚；

α_0——上段基础的刚性角，$\tan\alpha=[l/H_0]$，$[l/H_0]$ 为容许宽高比。

根据下段基础刚性角的要求，其高度 H_0 应根据下式确定

$$H_0 \geqslant (b-b_0)/(2\tan\alpha) \tag{6.20}$$

式中　α——下段基础的刚性角，$\tan\alpha=[l/H_0]$，$[l/H_0]$ 为容许宽高比。

3. 偏心受压条形基础的计算

对单层房屋的墙柱基础，其基础顶面一般作用有轴心力 N_k、弯矩 M_k 和剪力 V_k（图 6.27），应按偏心受压基础验算其地基的承载力。除需满足式(6.16)外，尚应满足：

$$P_{max}=[(N_k+G_k)/b\times 1]+[M_k+V_kH_0)/W]\leqslant 1.2q \tag{6.21}$$

为使基础与地基土在偏心受压时不致脱开，一般还要求

$$P_{min}=[(N_k+G_k)/b\times 1]+[M_k+V_kH_0)/W]\geqslant 0 \tag{6.22}$$

式中　(N_k+G_k)——作用于基础底面的轴向力标准值；

$(M_k+V_kH_0)$——作用于基础底面的弯矩标准值；

W——基础底面的抵抗矩，$W=b^2/6$。

将 W 值代入式(6.21)和式(6.22)，则

$$(N_k+G_k)/b+[6(M_k+V_kH_0)]/b^2\leqslant 1.2q \tag{6.21a}$$

$$(N_k+G_k)/b-[6/(M_k+V_kH_0)]/b^2\geqslant 0 \tag{6.22a}$$

基础偏心受压时，P_{min} 与 P_{max} 不能相差太大，否则会造成基础倾斜，甚至影响房屋的正常使用。若偏心

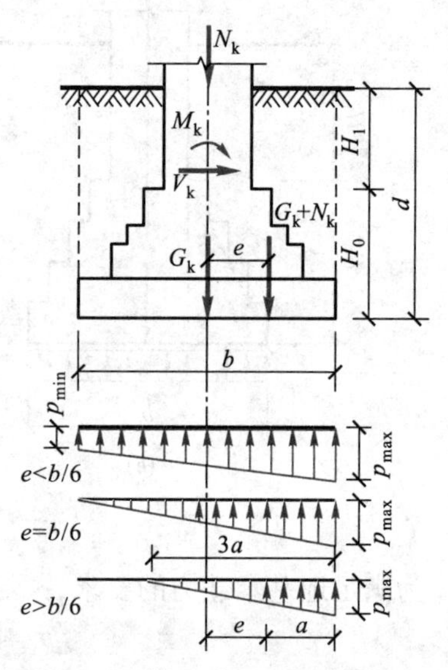

图 6.27　偏心受压基础计算简图

距过大，可将基础设计成偏置于墙中心线的构造偏心基础（图6.28）。若使基础底面中心与偏心压力合力作用点相重合，在宽度为 b_1 的基础底面的压力将为均匀分布。此时基础的尺寸仍需满足刚性角的限制条件，即$l/(H_1+H_2)\leqslant[l/H_0]$。

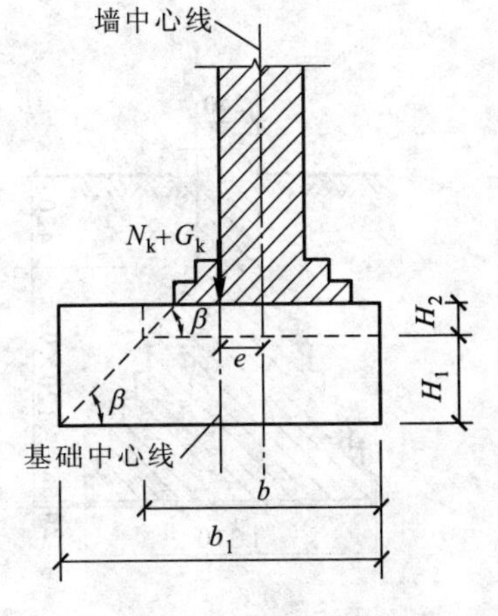

图6.28 偏置基础做法

4. 柱下单独刚性基础的计算

柱下单独基础通常为轴心受压，基础底面积 $a\times b$ 应按下式计算

$$a\times b\geqslant N_k/(q-\gamma d) \tag{6.23}$$

式中 N_k——上部结构传至柱基础顶面的轴向力标准值。

一般都应该做成正方形基础，即 $b=a$，则

$$b\geqslant\sqrt{\frac{N_k}{q-\gamma d}} \tag{6.24}$$

如果由于某种原因（如旁边有地沟、设备基础等），不能作成正方形基础时，也可作成矩形基础。这时，令 $\beta=a/b$（通常可取 $\beta=1.25\sim1.5$），则

$$b=\sqrt{\frac{N_k}{\beta(q-\gamma d)}} \tag{6.25}$$

［例6.1］ 某承重墙厚 $h=240$ mm，墙下设置条形基础。由上部结构传至基础顶面的荷载标准值 $N_k=190$ kN/m，基础埋置深度 $d=1.50$ m，经修正后的地基土容许承载力 $q=180$ kN/m^2，$\gamma=20$ kN/m^3，灰土抗压承载力 $q_{cs}=250$ kN/m^2，容许宽高比为1/1.5。试设计该基础。

［解］ (1) 求基础底面宽度，由式(6.17)得

$$b\geqslant\frac{N_k}{q-\gamma d}=\frac{190\ \text{kN/m}}{180\ \text{kN/m}^2-20\ \text{kN/m}^3\times1.5\ \text{m}}=1.27\ \text{m}$$

(2) 确定基础高度及剖面尺寸

采用砖基础。根据砖的规格，基础底面宽度调整为 $b=1\ 370$ mm（5砖半长另加灰缝宽），则基础高度 $H_0\geqslant\dfrac{1\ 370\ \text{mm}-240\ \text{mm}}{2\times(1.0/1.5)}=850$ mm，取 $H_0=1\ 080$ mm，砖基础剖面见图6.29。

当有地下水作用时，则应选用毛石混凝土基础。

该例若采用毛石混凝土基础，保持基础宽度不变，砖砌大放脚取2砖长，取 $b_0=490$ mm，满足刚性角要求的基础高度 $H_0=\dfrac{1\ 370\ \text{mm}-490\ \text{mm}}{2\times(1/1.25)}=550$ mm，取 $H_0=600$ mm，作成二阶，每阶300 mm，某剖面如图6.30所示。

［例6.2］ 某五层办公楼，设有地下室一层（图6.31），建筑剖面及构造见图6.31b。楼层砖墙厚240 mm，双面粉刷，地下室墙厚370 mm，双面粉刷。门、窗尺寸分别为1.0 m×2.7 m和1.5 m×1.8 m。结构体系为纵横墙承重结构。进深梁截面尺寸200 mm×500 mm，伸入墙体240 mm，混凝土强度等级C20；基本风压 $W_0=0.5$ kN/m^2；基本雪压 $S_0=0.5$ kN/m^2。

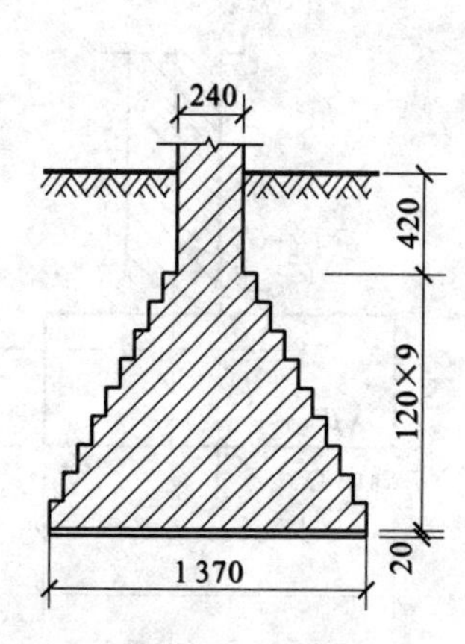

图 6.29 例 6.1 砖基础剖面

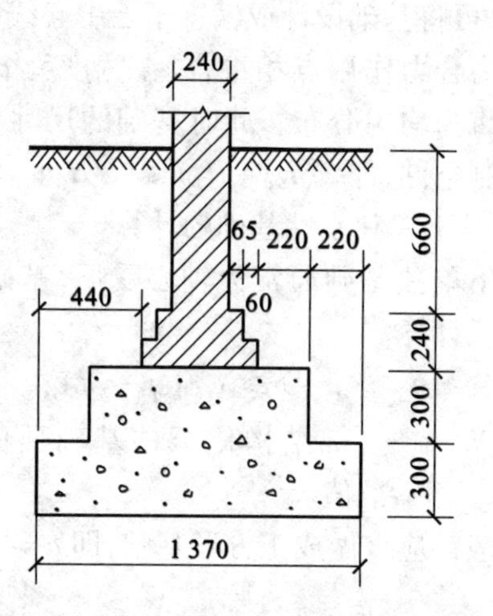

图 6.30 例 6.1 毛石混凝土基础

试验算承重纵墙及地下室墙的承载力。

[解] (1) 砌体材料选用及强度

砖:MU10(烧结普通砖)。

砂浆:地下室用 M10 水泥砂浆;一至三层用 M5 混合砂浆,四、五层用 M2.5 混合砂浆。

砌体抗压强度:地下室 $f=1.89$ MPa;一至三层 $f=1.50$ MPa,四、五层 $f=1.30$ MPa。

(2) 荷载

① 屋面永久荷载标准值

二毡三油绿豆砂	0.35 kN/m^2
20 mm 水泥砂浆找平层	0.4 kN/m^2
50 mm 泡沫混凝土填充层	0.25 kN/m^2
120 mm 预应力空心板(包括灌缝)	2.20 kN/m^2
20 mm 板底抹灰	0.34 kN/m^2
	3.54 kN/m^2

② 楼面永久荷载标准值

20 mm 水泥砂浆找平层	0.4 kN/m^2
120 mm 预应力空心板(包括灌缝)	2.20 kN/m^2
20 mm 板底抹灰	0.34 kN/m^2
	2.94 kN/m^2

③ 屋面均布活荷载标准值 0.7 kN/m^2

此值大于基本雪压值,故不计雪荷载。

④ 楼面均布活荷载标准值

该房屋共 6 层(包括地下室),各层活荷载折减系数及活荷载总值列于表 6.5。

表 6.5 例 6.2 各层活荷载的折减系数及总值

墙层	折减系数	活荷载总值/(kN/m²)
五	1.0	0.7
四	1.0	1.5
三	0.85	2.775
二	0.85	4.05
一	0.7	5.1
地下室	0.7	6.15

注:除五层墙外,其他各层活荷载总值内均未计入屋面活载。

⑤ 进深梁自重 $0.2\ \mathrm{m}\times 0.5\ \mathrm{m}\times 25\ \mathrm{kN/m^3}=2.5\ \mathrm{kN/m}$

⑥ 墙体自重

240 mm 墙、双面抹灰 $5.24\ \mathrm{kN/m^2}$

370 mm 墙、双面抹灰 $7.58\ \mathrm{kN/m^2}$

⑦ 木窗自重 $0.3\ \mathrm{kN/m^2}$

⑧ 本房屋外墙可不考虑风荷载的影响。

(3) 静力计算方案

该房屋楼、屋盖属 1 类,横墙最大间距为 $3.6\ \mathrm{m}\times 3=10.8\ \mathrm{m}<30\ \mathrm{m}$,故为刚性方案。同时满足不考虑风荷载影响的要求。

(4) 高厚比验算

高厚比最不利的墙体为Ⓓ轴纵墙,由于 $s=10.8\ \mathrm{m}>2H=6.8\ \mathrm{m}$,$H_0=H=3.4\ \mathrm{m}$,则

$$\beta=H_0/h=3\ 400\ \mathrm{mm}/240\ \mathrm{mm}=14.16$$

墙体选用 M2.5 混合砂浆砌筑,允许高厚比$[\beta]=22$。由于是承重墙,$\mu_1=1.0$,考虑窗洞口影响 $\mu_2=1-0.4b_s/s=1-0.4\dfrac{1\ 500\ \mathrm{mm}}{3\ 600\ \mathrm{mm}}=0.833$,故

$$\mu_1\mu_2[\beta]=1.0\times 0.833\times 22=18.33>\beta=14.16$$

高厚比满足要求。

(5) 计算单元和墙体控制截面承载力验算

按楼板布置情况,可取图 6.31 中斜线部分为计算单元。ⓒ轴线墙体上荷载较大,但截面积也较大,故Ⓓ轴线上纵墙体的承载力最小;另外,横墙与纵墙厚度相同,荷载值较小,故不必再验算横墙承载力。

① 屋面荷载 由屋面大梁传来的集中荷载:

墙计算截面承受的屋面荷载面积为

$$\left(\frac{5.7\ \mathrm{m}}{2}+0.5\ \mathrm{m}\right)\times 3.6\ \mathrm{m}=12.06\ \mathrm{m^2}$$

集中荷载标准值

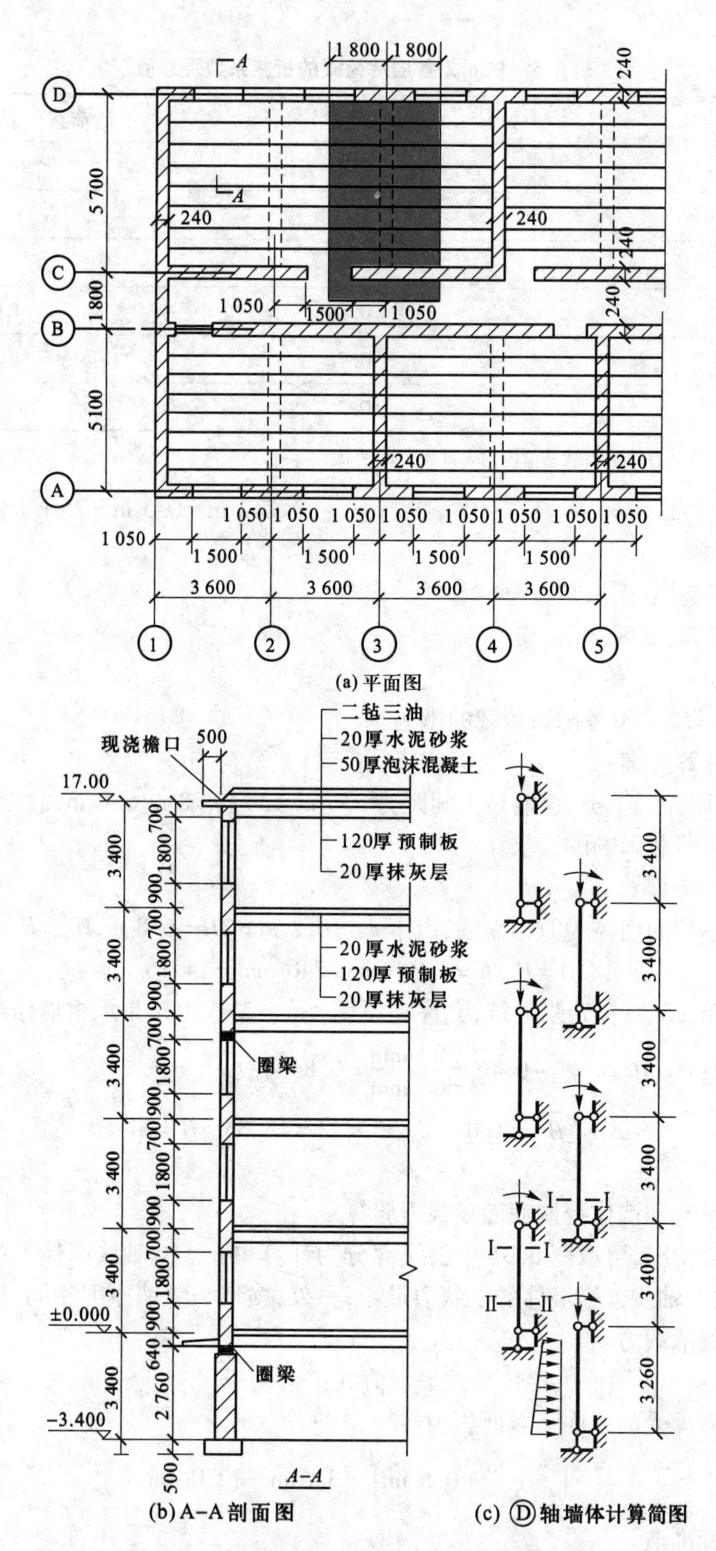

图 6.31 例 6.2 某办公楼平剖面图及计算简图

$$3.54\ \text{kN/m}^2\times 12.06\ \text{m}^2+2.5\ \text{kN/m}\times\frac{5.7\ \text{m}}{2}+0.7\ \text{kN/m}^2\times 12.06\ \text{m}^2=58.26\ \text{kN}$$

集中荷载设计值

$$1.2\left(3.54\ \text{kN/m}^2\times 12.06\ \text{m}^2+2.5\ \text{kN/m}\times\frac{5.7\ \text{m}}{2}\right)+1.4\times 0.7\ \text{kN/m}^2\times 12.06\ \text{m}^2=71.6\ \text{kN}$$

② 楼面荷载

a. 由楼面大梁传来的集中恒荷载

墙计算截面承受的墙面荷载面积

$$\frac{5.7\ \text{m}}{2}\times 3.6\ \text{m}=10.26\ \text{m}^2$$

集中恒荷载标准值

$$\left(2.94\ \text{kN/m}^2\times 10.26\ \text{m}^2+2.5\ \text{kN/m}\times\frac{5.7\ \text{m}}{2}\right)=37.29\ \text{kN}$$

集中恒荷载设计值

$$1.2\times 37.29\ \text{kN}=44.75\ \text{kN}$$

b. 各层楼面大梁传来集中活荷载

对四层墙　标准值　$1.5\ \text{kN/m}^2\times 10.26\ \text{m}^2=15.39\ \text{kN}$

　　　　　设计值　$1.4\times 15.39\ \text{kN}=21.55\ \text{kN}$

对二、三层墙　标准值　$1.5\ \text{kN/m}^2\times 0.85\times 10.26\ \text{m}^2=13.08\ \text{kN}$

　　　　　　　设计值　$1.4\times 13.08\ \text{kN}=18.31\ \text{kN}$

对地下室墙和一层墙　标准值　$1.5\ \text{kN/m}^2\times 0.7\times 10.26\ \text{m}^2=10.77\ \text{kN}$

　　　　　　　　　　设计值　$1.4\times 10.77\ \text{kN}=15.08\ \text{kN}$

c. 各层墙上由大梁传来的集中荷载(考虑活荷载折减系数)

对五层墙　标准值　$58.26\ \text{kN}$

　　　　　设计值　$71.60\ \text{kN}$

对四层墙　标准值　$58.26\ \text{kN}+37.29\ \text{kN}+1.5\ \text{kN/m}^2\times 10.26\ \text{m}^2=110.94\ \text{kN}$

　　　　　设计值　$71.60\ \text{kN}+44.75\ \text{kN}+1.4\times 1.5\ \text{kN/m}^2\times 10.26\ \text{m}^2=137.30\ \text{kN}$

对三层墙　标准值　$58.26\ \text{kN}+37.29\ \text{kN}\times 2+2.775\ \text{kN/m}^2\times 10.26\ \text{m}^2=161.31\ \text{kN}$

　　　　　设计值　$71.60\ \text{kN}+44.75\ \text{kN}\times 2+1.4\times 2.775\ \text{kN/m}^2\times 10.26\ \text{m}^2=200.96\ \text{kN}$

对二层墙　标准值　$58.26\ \text{kN}+37.29\ \text{kN}\times 3+4.05\ \text{kN/m}^2\times 10.26\ \text{m}^2=207.18\ \text{kN}$

　　　　　设计值　$71.60\ \text{kN}+44.75\ \text{kN}\times 3+1.4\times 4.05\ \text{kN/m}^2\times 10.26\ \text{m}^2=264.02\ \text{kN}$

对一层墙　标准值　$58.26\ \text{kN}+37.29\ \text{kN}\times 4+5.1\ \text{kN/m}^2\times 10.26\ \text{m}^2=259.75\ \text{kN}$

　　　　　设计值　$71.60\ \text{kN}+44.75\ \text{kN}\times 4+1.4\times 5.1\ \text{kN/m}^2\times 10.26\ \text{m}^2=323.86\ \text{kN}$

对地下室墙　标准值　$58.26\ \text{kN}+37.29\ \text{kN}\times 5+6.15\ \text{kN/m}^2\times 10.26\ \text{m}^2=307.81\ \text{kN}$

　　　　　　设计值　$71.60\ \text{kN}+44.75\ \text{kN}\times 5+1.4\times 6.15\ \text{kN/m}^2\times 10.26\ \text{m}^2=383.69\ \text{kN}$

d. 墙自重

各层墙自重　标准值　$(3.6\ \text{m}\times 3.4\ \text{m}-1.5\ \text{m}\times 1.8\ \text{m})\times 5.24\ \text{kN/m}^2+1.5\ \text{m}\times 1.8\ \text{m}\times 0.3\ \text{kN/m}^2=50.80\ \text{kN}$

由于计算层高取上下层梁底之间距离，故对五层墙还应计入梁底面至屋面的一段墙自重（墙高640 mm），则

标准值　$3.6\ \text{m}\times0.64\ \text{m}\times5.24\ \text{kN/m}^2=12.07\ \text{kN}$

设计值　$1.2\times12.07\ \text{kN}=14.47\ \text{kN}$

e. 楼、屋面大梁荷载的偏心距

梁端有效支承长度

四、五层墙上（$f=1.30$ MPa）

$$a_0=10\sqrt{h_c/f}=10\sqrt{500\ \text{mm}/1.30\ \text{MPa}}=196.1\ \text{mm}$$

二、三层墙上（$f=1.50$ MPa）

$$a_0=10\sqrt{h_c/f}=10\sqrt{500\ \text{mm}/1.50\ \text{MPa}}=182.6\ \text{mm}$$

一层墙下选用240 mm×490 mm 刚性梁垫。

因为，$\sigma_0=\dfrac{N_u}{A}=\dfrac{552.35\times10^3\ \text{N}}{5\ 040\times10^2\ \text{mm}^2}=1.10\ \text{N/mm}^2$

$\sigma_0/f=\dfrac{1.10}{1.50}=0.73$

查《规范》表5.2.5，得 $\delta_1=\dfrac{0.73-0.6}{0.8-0.6}\times(7.8-6.9)+6.9=7.49$

（6）地下室外墙体承载力验算

地下室外墙剖面及计算简图见图6.32。

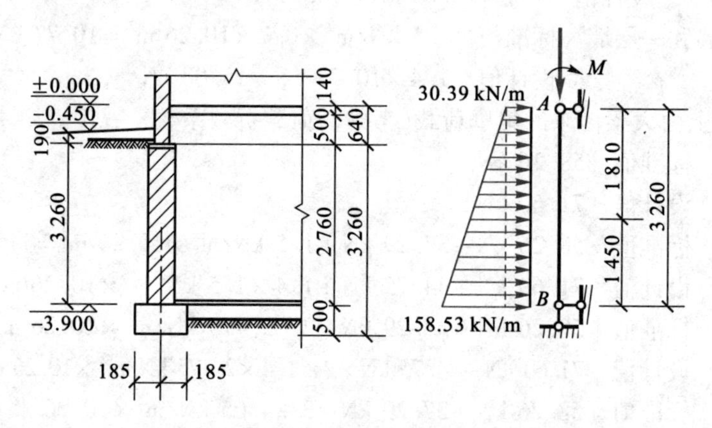

图6.32　例6.2 地下室外墙剖面及计算简图

① 荷载及内力

a. 楼面传来集中荷载及相应内力

轴力：标准值　$37.29\ \text{kN}+1.5\ \text{kN/m}^2\times0.7\times10.26\ \text{m}^2=48.06\ \text{kN}$

　　　设计值　$44.75\ \text{kN}+1.4\times1.5\ \text{kN/m}^2\times0.7\times10.26\ \text{m}^2=59.83\ \text{kN}$

有效支承长度：$a_0=10\sqrt{h_c/f}=10\times\sqrt{500\ \text{mm}/1.89\ \text{MPa}}=162.7\ \text{mm}$

墙上端弯矩：标准值　$M_{l,k}=48.06\ \text{kN}\times0.120\ \text{m}=5.76\ \text{kN}\cdot\text{m}$

设计值 $M_l = 59.83\ \text{kN} \times 0.120\ \text{m} = 7.18\ \text{kN}\cdot\text{m}$

b. 各层传来的集中荷载及相应内力

轴力:标准值 $N_{uk} = 307.81\ \text{kN} + 50.80\ \text{kN/m} \times 5 + 12.07\ \text{kN} = 573.88\ \text{kN}$

设计值 $N_u = 383.69\ \text{kN} + 60.96\ \text{kN} \times 5 + 14.49\ \text{kN} = 702.98\ \text{kN}$

c. 墙自重引起轴力

标准值 $7.58\ \text{kN/m}^2 \times 3.6\ \text{m} \times 3.26\ \text{m} = 88.96\ \text{kN}$

设计值 $1.2 \times 88.96\ \text{kN} = 106.75\ \text{kN}$

d. 地面荷载及土侧压力及相应内力

已知本工程,土的重度 20 kN/m^2,内摩擦角 $\varphi = 22°$,地面荷载 10 kN/m^2。

地面荷载标准值 $q_{pk} = 3.6\ \text{m} \times 15\ \text{kN/m}^2 \times 0.67\ \text{m} \times \tan^2\left(45° - \dfrac{22°}{2}\right) = 16.38\ \text{kN/m}$

设计值 $q_p = 1.4 \times 16.38\ \text{kN/m} = 22.93\ \text{kN/m}$

墙顶土侧压力标准值 $q_{s,lk} = 3.6\ \text{m} \times 20\ \text{kN/m}^3 \times 0.19\ \text{m} \times \tan^2\left(45° - \dfrac{22°}{2}\right) = 6.22\ \text{kN/m}$

设计值 $q_{s,l} = 1.2 \times 6.22\ \text{kN/m} = 7.46\ \text{kN/m}$

$$a_0 = \delta_1 \sqrt{\frac{h_c}{f}} = 7.49 \sqrt{\frac{500\ \text{mm}}{1.50\ \text{MPa}}} = 136.7\ \text{mm}$$

偏心距,屋面梁下 $e_0 = y - 0.33a_0 = 120\ \text{mm} - 0.33 \times 196.1\ \text{mm} = 55.3\ \text{mm}$

五层楼面梁下 $e_0 = y - 0.4a_0 = 120\ \text{mm} - 0.4 \times 196.1\ \text{mm} = 41.6\ \text{mm}$

二至四层楼面梁下 $e_0 = y - 0.4a_0 = 120\ \text{mm} - 0.4 \times 182.6\ \text{mm} = 47.0\ \text{mm}$

一层楼面梁下 $e_0 = y - 0.4a_0 = 120\ \text{mm} - 0.4 \times 136.7\ \text{mm} = 65.2\ \text{mm}$

e. 各层墙体受压承载力计算见表 6.6。控制截面分别取各层墙体上下端截面,墙截面积仍以窗间墙面积计算,较为简便且偏于安全。

墙底土侧压力标准值

$$q_{s,2k} = 3.6\ \text{m} \times 20\ \text{kN/m}^2 \times 3.45\ \text{m} \times \tan^2\left(45° - \frac{22°}{2}\right) = 113\ \text{kN/m}$$

设计值 $q_{s,2} = 1.2 \times 113\ \text{kN/m} = 135.6\ \text{kN/m}$

在地面荷载和土侧压力下墙顶处的荷载标准值为

$$16.38\ \text{kN/m} + 6.22\ \text{kN/m} = 22.60\ \text{kN/m}$$

设计值为 $22.93\ \text{kN/m} + 7.46\ \text{kN/m} = 30.39\ \text{kN/m}$

在墙底处荷载标准值为 $16.38\ \text{kN/m} + 113\ \text{kN/m} = 129.38\ \text{kN/m}$

设计值为 $22.93\ \text{kN/m} + 135.6\ \text{kN/m} = 158.58\ \text{kN/m}$

地下室外墙的最大弯矩截面位置(按荷载设计值计算):

由于 A 端支座反力

$$R_A = \frac{1}{2} \times 30.39\ \text{kN/m} \times 3.26\ \text{m} + \frac{1}{6} \times (158.53\ \text{kN/m} - 30.39\ \text{kN/m}) + \frac{6.82\ \text{kN}\cdot\text{m}}{3.26\ \text{m}}$$
$$= 121.25\ \text{kN}$$

令 $\sum V = 0$,即

表 6.6 [例 6.2] 各层墙体受压承载力计算

墙层	控制截面	轴向力 N/kN	弯矩 M(kN·mm)	偏心距 e/mm	e/h	高厚比 β	砂浆强度等级	f/MPa	影响系数 φ	截面积/mm^2	承载力设计值/kN
五	Ⅰ—Ⅰ	$71.6+14.49=86.09$	$71.6\times57.2=4.1\times10^3$	$\frac{58.26\times57.2}{58.26+12.07}=47.4$	0.2	$3\ 400/240=14.16$	M2.5	1.30	0.36	$1\ 050\times240=5\ 040\times10^2$	$1.30\times0.36\times5\ 040\times10^2=253.9$
	Ⅱ—Ⅱ	$86.09+60.96=147.05$	0	0	0	14.16	M2.5	1.30	0.7	$5\ 040\times10^2$	458.7
四	Ⅰ—Ⅰ	$137.90+60.96+14.49=213.5$	$(44.75+21.55)\times43.9=2.91\times10^3$	$\frac{(37.29+15.39)\times43.9}{110.94+50.80+12.07}=13.3$	0.06	14.16	M2.5	1.30	0.60	$5\ 040\times10^2$	393.1
	Ⅱ—Ⅱ	$213.5+60.96=274.31$	0	0	0	14.16	M2.5	1.30	0.7	$5\ 040\times10^2$	458.7
三	Ⅰ—Ⅰ	$200.96+60.96\times2+14.49=337.37$	$(44.75+18.31)\times43.9=2.77\times10^3$	$\frac{(37.29+13.08)\times48.8}{161.31+50.80+12.07}=11.0$	0.05	14.16	M5	1.50	0.67	$5\ 040\times10^2$	506.5
	Ⅱ—Ⅱ	$337.37+60.96=398.33$	0	0		14.16	M5	1.50	0.77	$5\ 040\times10^2$	582.2
二	Ⅰ—Ⅰ	$264.02+60.96\times3+14.49=461.39$	2.77×10^3	$\frac{(37.29+13.08)\times48.8}{207.18+50.80+12.07}=8.9$	0.04	14.16	M5	1.50	0.67	$5\ 040\times10^2$	521.6
	Ⅱ—Ⅱ	$461.39+60.96=522.35$	0	0		14.16	M5	1.50	0.77	$5\ 040\times10^2$	582.2
一	Ⅰ—Ⅰ	$323.86+60.96\times4+14.49=582.19$	$(44.75+15.08)\times43.9=2.63\times10^3$	$\frac{(37.29+10.77)\times48.8}{259.75+50.80+12.07}=7.3$	0.03	14.16	M5	1.50	0.71	$5\ 040\times10^2$	536.9
	Ⅱ—Ⅱ	$582.19\times60.96=643.15$	0	0		14.16	M5	1.50	0.77	$5\ 040\times10^2$	582.2

注：1. 偏心距 e 值按内力标准值计算。若房屋静力计算时不考虑风荷载，也可近似按内力计算值计算；

2. 验算结构表明一层墙体受压承载力不足，但相差不大，可采用提高砂浆强度等级的措施，本例不再验算。

$$121.25-30.39y-(158.53-30.39)y^2/(2\times3.26)=0$$

整理得 $$y^2+1.547y-6.169=0$$

解得 $$y=1.81\ \text{m}$$

现按内力标准值计算偏心距。由于

$$R_{Ak}=\frac{1}{2}\times22.60\ \text{kN/m}\times3.26\ \text{m}+\frac{1}{6}\times(129.38\ \text{kN/m}-22.60\ \text{kN/m})\times3.26\ \text{m}+\frac{5.48\ \text{kN}\cdot\text{m}}{3.26\ \text{m}}$$

$$=96.54\ \text{kN}$$

则最大弯矩截面上的弯矩标准值为

$$M_k=96.54\ \text{kN}\times1.81\ \text{m}-\frac{1}{2}\times22.6\ \text{kN/m}\times(1.81\ \text{m})^2-\frac{1}{6}\times(129.38\ \text{kN/m}-22.6\ \text{kN/m})\times(1.81\ \text{m})^2-5.48\ \text{kN/m}$$

$$=73.93\ \text{kN}\cdot\text{m}$$

截面上的轴力标准值和设计值分别为

$$N_k=307.81\ \text{kN}+50.80\ \text{kN}\times5+7.58\ \text{kN/m}^2\times1.81\ \text{m}\times3.6\ \text{m}=611.2\ \text{kN}$$

$$N=383.69\ \text{kN}+60.96\ \text{kN}\times5+1.2\times7.58\ \text{kN/m}^2\times1.81\ \text{m}\times3.6\ \text{m}=747.76\ \text{kN}$$

则偏心距 $$e=M_k/N_k=73.93\ \text{kN}\cdot\text{m}/611.2\ \text{kN}=121\ \text{mm}$$

$$e/y=111\ \text{mm}/185\ \text{mm}=0.6\leqslant[e/y]=0.6$$

② 承载力验算

因为 $$\beta=3\ 260\ \text{mm}/370\ \text{mm}=8.81,\ e/h=121\ \text{mm}/370\ \text{mm}=0.3$$

查表3.1得 $$\varphi=0.35$$

故地下室墙体承载力为(应考虑水泥砂浆的强度调整,$\gamma_a=0.85$):

$$0.35\times0.85\times1.89\ \text{N/mm}^2\times370\ \text{mm}\times3\ 600\ \text{mm}=748.95\ \text{kN}>747.76\ \text{kN}\ (\text{可})$$

(7) 梁端支承处砌体局部受压承载力验算

$$N_l=44.75\ \text{kN}+1.4\times1.5\ \text{kN/m}^2\times10.26\ \text{m}^2=66.3\ \text{kN}$$

$$N_u=552.35\ \text{kN}$$

由于选用预制刚性梁垫240 mm×490 mm(图6.33)。

$$A_b=240\ \text{mm}\times390\ \text{mm}=1\ 176\times10^2\ \text{mm}^2$$

$$N_0=\sigma_0A_b=\frac{N_u}{A}A_b=\frac{552.35\ \text{kN}\times1\ 176\times10^2\ \text{mm}^2}{5\ 040\times10^2\ \text{mm}^2}=128.8\ \text{kN}$$

$$N_0+N_l=195.1\ \text{kN}$$

$$e=\frac{N_le_l}{N_0+N_l}=\frac{66.3\ \text{kN}\times48.8\ \text{mm}}{155.1\ \text{kN}}=16.6\ \text{mm}$$

$$e/h=16.6\ \text{mm}/240\ \text{mm}=0.069$$

查表3.1得 $$\varphi=0.94$$

又 $$\gamma=1+0.35\sqrt{\frac{A_0}{A_l}-1}=1.35$$

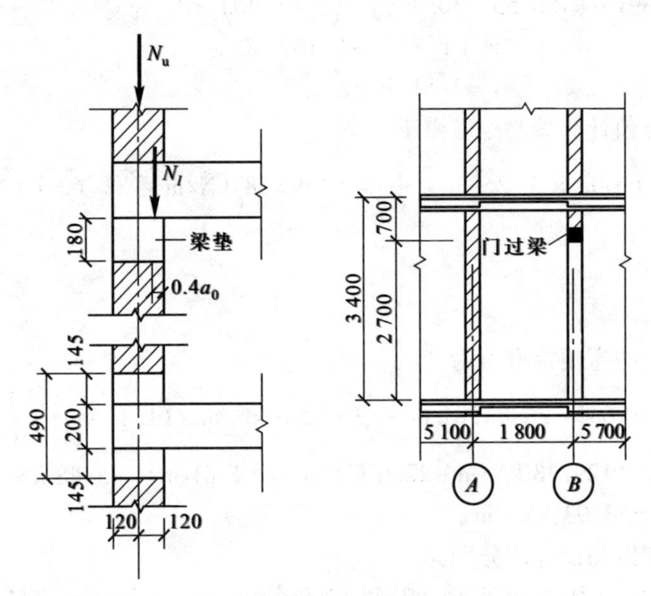

图 6.33 [例 6.2]梁端局部受压承载力验算

$$\gamma_1 = 0.8\gamma = 1.08$$

则局部受压承载力为

$$\varphi\gamma_1 f A_0 = 0.94 \times 1.08 \times 1.50\ \text{MPa} \times 1\ 176 \times 10^2\ \text{mm}^2 = 179.1\ \text{kN} < 195.1\ \text{kN}$$

局部受压承载力不满足，应提高砂浆强度。

其他各层梁端局部受压承载力验算(略)。

(8) 过梁

采用钢筋混凝土过梁。内纵墙过梁中的荷载除了上部墙体重外，还应考虑走廊荷载，计算从略。

本章小结

1. 混合结构房屋的结构布置，根据竖向荷载的传递方式有四种承重体系：横墙承重体系、纵墙承重体系、纵横墙混合承重体系以及内框架承重体系。它们在房屋的使用功能、刚度、整体性等诸方面各有其优缺点。

2. 混合结构房屋墙体设计的内容和步骤是：进行结构布置、确定静力计算方案(计算简图)、验算高厚比以及计算墙体的承载力。

3. 混合结构房屋根据抗侧移刚度的大小，分为三种静力计算方案：刚性方案、刚弹性方案以及弹性方案。其划分的主要根据是刚性横墙的间距及屋盖、楼盖的类型(刚度)。在单层混合结构房屋中，刚性、刚弹性和弹性静力计算方案都可能遇到。多层混合结构房屋一般为刚性方案，有时也设计成上刚下弹或下刚上弹的静力计算方案。

4. 对于刚性方案房屋的空间作用性能，主要通过各层空间性能影响系数 η_i 来反映。在计算其墙、柱内力时，先按在各层楼盖(屋盖)处为无侧移的结构进行分析，并求出不动铰支处的水平反力 R_i；然后，在各铰支处反向作用 $\eta_i R_i$，再按有侧移结构分析；最后，叠加上两种状态，即可求得刚弹性方案房屋墙、柱的内力。

5. 为了保证墙、柱在施工阶段和使用阶段的稳定性，需要进行墙、柱的高厚比验算。验算时应使墙柱的高厚比不超过《规范》规定的容许高厚比$[\beta]$。此外，对非承重$[\beta]$应乘以大于1的修正系数 μ_1；对于有门窗洞的墙应乘以小于1但不小于0.7的修正系数 μ_2。对于带壁柱的墙，除进行整片墙高厚比验算之外，还应进行壁柱间墙高厚比的验算。

6. 刚性基础的设计应满足地基容许承载力和刚性角(或允许宽高比)两方面的要求，由地基容许承载力确定基础底面尺寸，则刚性角确定基础高度。

思考题与习题

1. 混合结构房屋有哪几种承重体系？它们各有何优缺点？

2. 什么叫刚性横墙？它应满足哪些条件？

3. 混合结构房屋静力计算方案有哪几种？它主要根据什么来确定？试以单层房屋为例，绘出相应的三种静力计算方案的计算简图。

4. 如何计算刚弹性方案房屋墙柱的内力？

5. 在多层刚性方案房屋墙、柱的内力计算中，采用了哪些近似假定？它们的计算简图如何？

6. 为什么要进行墙、柱高厚比验算？如何进行带壁柱墙的高厚比验算？

7. 如何确定刚性基础的基底尺寸和基础高度？

8. 若[例6.2](图6.31)中房屋的层高地下室为3.0 m，第一层为4.2 m，第二层和第五层为3.0 m。房屋进深Ⓐ、Ⓑ轴线间的距离为5.4 m。其他条件不变。试验算Ⓐ轴外纵墙的高厚比及承载力。

第 7 章

过梁、墙梁、挑梁及雨篷的设计

学习目标

1. 了解砖过梁的受力特点、破坏特征，掌握砖过梁的荷载取值及其承载力的计算方法。
2. 了解墙梁的受力特点、破坏特征，了解墙梁的计算方法，掌握其构造要求。
3. 了解挑梁的破坏特征，掌握挑梁的计算内容及抗倾验算，重点掌握挑梁的构造要求。
4. 了解雨篷设计计算的内容，掌握雨篷的抗倾覆验算。

7.1 过梁

砌体结构中,墙体内跨过门窗洞口上部的梁称为过梁。过梁是用来承受门窗洞口上部墙体以及梁板传来荷载的构件。

7.1.1 过梁的分类、构造要求及适用范围

常见的过梁按其构成的材料不同分为砖砌过梁和钢筋混凝土过梁(图7.1)。砖砌过梁又可分为砖砌平拱过梁、砖砌弧拱过梁和钢筋砖过梁三种。

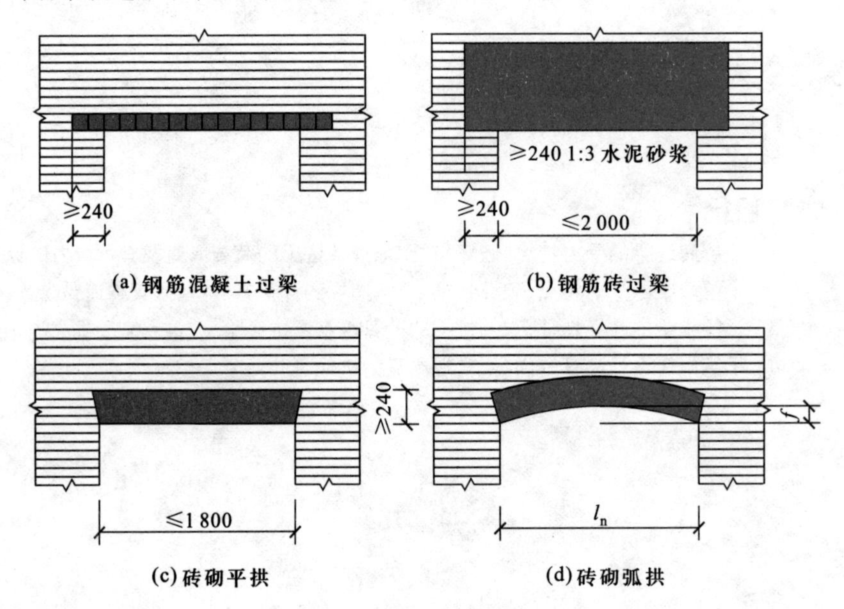

图7.1 过梁的种类

钢筋混凝土过梁具有施工方便、跨度较大、抗震性能好等优点,在地震区得以广泛采用。钢筋混凝土过梁按钢筋混凝土受弯构件计算。在验算过梁下砌体局部受压时,可不考虑上层荷载的影响。

砖砌过梁具有节约钢材水泥、造价低廉、砌筑方便等优点,但对振动荷载和地基不均匀沉降较敏感。因此,在受有较大振动或在软弱地基条件下,均应采用钢筋混凝土过梁。同时砖砌过梁跨度不宜太大,对钢筋砖过梁不应超过1.5 m,对砖砌平拱过梁不应超过1.2 m。砖砌弧拱过梁的净跨度l_n与矢高f(拱顶至拱脚连线的垂直距离)有关,当$f=\left(\frac{1}{8}\sim\frac{1}{12}\right)l_n$时,$l_n=2.5\sim3.0$ m;当$f=\left(\frac{1}{5}\sim\frac{1}{6}\right)l_n$时,$l_n=3.0\sim4.0$ m。砖砌弧拱过梁的建筑立面较美观,但其施工复杂,故在一般房屋中很少采用。

砖砌平拱过梁是将砖竖立和侧立砌筑而成,其竖砌部分的高度不应小于240 mm。

砖砌弧拱过梁也是将砖竖立和侧立砌筑而成。用砖竖砌部分的高度不应小于120 mm

(即半砖长)。

钢筋砖过梁的砌筑方法同墙体,仅在过梁的底部水平灰缝内配置受力钢筋而成。梁底砂浆层厚度不宜小于30 mm,一般采用1∶3水泥砂浆。砂浆层内钢筋直径不应小于5 mm,也不宜大于8 mm,间距不宜大于120 mm。钢筋伸入支座内长度不应小于240 mm,光面钢筋应在末端弯钩。

砖砌过梁截面计算高度(不大于$\frac{1}{3}l_n$ 或梁板以下高度)内砖的强度等级不应低于MU7.5,砂浆不宜低于M5(Mb5、Ms5)。

钢筋混凝土过梁端部支承长度不应小于240 mm。当过梁承受墙体外的其他施工荷载或过梁上墙体在冬季施工时,过梁下应加设临时支撑。

7.1.2 过梁上荷载的计算

如图7.2所示砖砌过梁,当竖向荷载较小时,过梁和受弯构件一样,上部受压,下部受拉。随着荷载的不断增加,将先后在跨中受拉区出现垂直裂缝和在支座处出现接近45°的阶梯裂缝。这两种裂缝出现后,对于砖砌平拱过梁将形成由两侧支座水平推力来维持的三铰拱(图7.2a);对于钢筋砖过梁将形成由钢筋承受拉力的有拉杆三铰拱(图7.2b),钢筋混凝土过梁与钢筋砖过梁有相似之处。试验表明,当过梁上墙体达到一定高度时,过梁上墙体形成的内拱将产生卸荷作用,使一部分荷载直接传给支座。根据试验结果分析,过梁上墙体和梁、板荷载应按表7.1的规定采用(砖砌弧拱过梁的荷载计算参阅有关资料)。

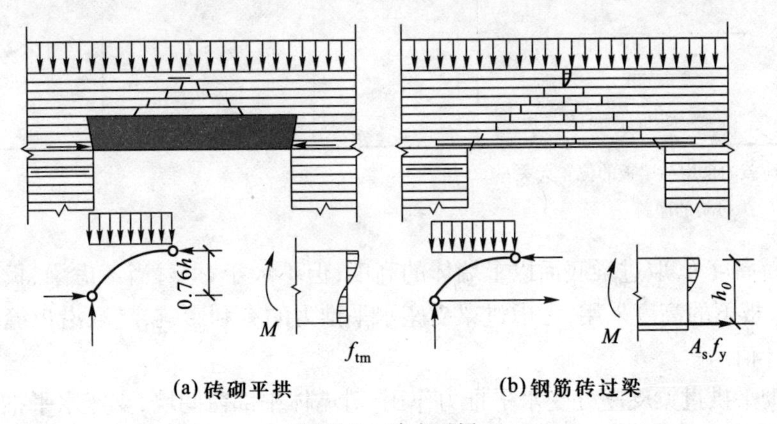

图7.2 砖砌过梁

7.1.3 砌体过梁的计算

1. 砖砌平拱过梁计算

砖砌弧拱的计算与普通拱相同,这里不再赘述。

砖砌平拱过梁跨中正截面受弯承载力及支座截面受剪承载力分别按式(3.25)、式(3.26)计算。式中M、V取跨度为l_n的简支梁跨中最大弯矩和支座剪力设计值;过梁截面宽度b同墙厚。

表 7.1 过梁上的荷载取值表

荷载类型	简图	砌体种类	荷载取值	
墙体荷载	过梁 h_w l_n 注：h_w 为过梁上墙体高度	砖砌体	$h_w < l_n/3$	按墙体的均布自重采用
			$h_w \geqslant l_n/3$	按高度为 $l_n/3$ 的墙体均布自重采用
		小型砌块砌体	$h_w < l_n/2$	按墙体的均布自重采用
			$h_w \geqslant l_n/2$	按高度为 $l_n/2$ 的墙体的均布自重采用
梁板荷载	F p 过梁 h_w l_n 注：h_w 为梁板下墙体高度	砖砌体或混凝土砌块砌体	$h_w < l_n$	按计入梁板传来的荷载
			$h_w \geqslant l_n$	可不考虑梁板荷载

注：1. 墙体荷载的采用与梁板的位置无关；

2. 表中 l_n 为过梁的净跨。

过梁截面高度 h，取过梁底面以上墙体的高度，但不大于 $l_n/3$，当考虑梁、板传来的荷载时，h 则按梁、板下的高度采用，考虑过梁支座水平推力的有利影响，f_{tm} 取沿齿缝截面的弯曲抗拉强度设计值。

由于砖砌平拱过梁支座处受水平推力作用，对墙体中部窗间墙，支座水平推力可相互抵消，而对端部窗间墙，有可能水平灰缝受剪承载力不足，发生受剪破坏。因此需对端部窗间墙水平灰缝进行受剪承载力计算。其受剪承载力按式(3.27)计算，式中 V 取按三铰拱原则确定的支座水平推力设计值 V_H，三铰拱矢高为受拉钢筋合力点至跨中截面受压钢筋合力点距离，根据实验结果为 $0.76h$（图 7.2a），则 $V_H = M/0.76h$（M、h 同跨中正截面承载力计算取值）。

2. 钢筋砖过梁的计算

钢筋砖过梁跨中正截面承载力按下式计算

$$M \leqslant 0.85 h_0 f_y A_s \tag{7.1}$$

式中 M——按简支梁计算的跨中截面弯矩设计值；

$0.85h_0$——内力臂，0.85 为内力臂系数，其中，h_0 为过梁截面有效高度，$h_0=h-a_s$，h 为过梁的截面计算高度（同 7.1.3 中 1 的规定），a_s 为受拉钢筋重心至梁截面下边缘的距离，一般取 15～20 mm；

f_y，A_s——受拉钢筋强度设计值和受拉钢筋截面面积。

钢筋砖过梁支座受剪承载力计算同砖砌平拱过梁。

3. 钢筋混凝土过梁

钢筋混凝土过梁受弯、受剪承载力计算同一般钢筋混凝土受弯构件。过梁梁端支承处砌体局部受压承载力按式(3.18)计算，梁端上部由墙体传来的荷载可不考虑，即按式(3.20)计算即取 $\psi=0$。

［例 7.1］ 已知某墙窗口宽 1.5 m，采用 MU7.5 砖，M5 混合砂浆砌筑。过梁上墙体高度为 1.2 m，墙厚 240 mm，双面批档。上面无楼板荷载，采用砖砌平拱过梁。试验算该过梁的承载力。

［解］ 平拱过梁截面计算高度为

$$h=l_n/3=1.5\ \mathrm{m}/3=0.5\ \mathrm{m}$$

因为 $h_w=1.2>l_n/3=0.5$

所以过梁的设计荷载（墙体自重）为

$$g=1.2\times5.24\ \mathrm{kN/m^2}\times0.5\ \mathrm{m}=3.14\ \mathrm{kN/m}$$

过梁内力为

$$M=\frac{1}{8}gl_n^2=\frac{1}{8}\times3.14\ \mathrm{kN/m}\times(1.5\ \mathrm{m})^2=0.884\ \mathrm{kN\cdot m}$$

$$V=\frac{1}{2}gl_n=\frac{1}{2}\times3.14\ \mathrm{kN/m}\times1.5\ \mathrm{m}=2.36\ \mathrm{kN}$$

$$W=\frac{1}{6}\times240\ \mathrm{mm}\times(500\ \mathrm{mm})^2=10\times10^6\ \mathrm{mm^3}$$

$$z=\frac{2h}{3}=2\times\frac{500\ \mathrm{mm}}{3}=333\ \mathrm{mm}$$

$$\gamma_a=1$$

查表 1.14 得

$$f_{tm}=0.23\ \mathrm{MPa},f_v=0.11\ \mathrm{MPa}$$

由式(3.25)得

$$\gamma_a Wf_{tm}=1\times10\times10^{-3}\ \mathrm{m^3}\times0.23\times10^3\ \mathrm{kN/m^2}=2.3\ \mathrm{kN\cdot m}>M=0.884\ \mathrm{kN\cdot m}$$

由式(3.26)得

$$\gamma_a bzf_v=1\times0.24\ \mathrm{m}\times0.333\ \mathrm{m}\times0.11\times10^3\ \mathrm{kN/m^2}=8.8\ \mathrm{kN}>V=2.36\ \mathrm{kN}$$

满足要求。

［例 7.2］ 已知某墙窗口宽 1.8 m，采用 MU7.5 砖，M5 混合砂浆砌筑。墙厚 240 mm，双面批档。在离窗顶 600 mm 处，作用有板传来的荷载，其设计值为 7.8 kN/m。试设计此砖

过梁。

[解] 由于 $h_w = 0.6\ \text{m} < l_n = 1.8\ \text{m}$,需考虑板传来的荷载

过梁荷载设计值为

$$q = 7.8\ \text{kN/m} + 1.2 \times 5.24\ \text{kN/m}^2 \times \left(\frac{1.8}{3}\right)\ \text{m}$$

$$= 11.57\ \text{kN/m} > [q_n] = 8.89\ \text{kN/m}$$

故设计成砖砌平拱过梁不能满足承载力要求。现采用钢筋砖过梁,选用 HPB235 级钢筋。

$$f_y = 210\ \text{MPa},\ f_v = 0.11\ \text{MPa}$$

$$M = \frac{1}{8} \times 11.57\ \text{kN/m} \times (1.8\ \text{m})^2 = 4.69\ \text{kN}\cdot\text{m}$$

$$V = \frac{1}{2} \times 11.57\ \text{kN/m} \times 1.8\ \text{m} = 10.41\ \text{kN}$$

$$h_0 = h_w - 0.02\ \text{m} = 0.6\ \text{m} - 0.02\ \text{m} = 0.58\ \text{m}$$

由式(7.1)得

$$A_s = \frac{M}{0.85 h_0 f_y} = \frac{4.69 \times 10^6\ \text{kN}\cdot\text{m}}{0.85 \times 580\ \text{m} \times 210\ \text{MPa}} = 45.3\ \text{mm}^2$$

选用2 Φ6($A_s = 57\ \text{mm}^2$)。

由式(3.26)得

$$\gamma_a b z f_v = 1 \times 0.24\ \text{m} \times \frac{2}{3} \times 0.6\ \text{m} \times (0.11 \times 10^3)\ \text{kN/m}^2 = 10.6\ \text{kN} > V = 10.4\ \text{kN}$$

满足要求。

*7.2 墙梁

多层房屋的底层因使用等要求需形成大空间,其上的某些非承重墙或自承重墙常不能直接砌筑在基础上,而是砌筑在专门设置的钢筋混凝土托梁上,梁上的荷载通过梁端的墙体或钢筋混凝土柱传入基础和地基。由钢筋混凝土托梁及其以上某一计算高度范围内的墙体所组成的组合构件称为墙梁(图7.3)。

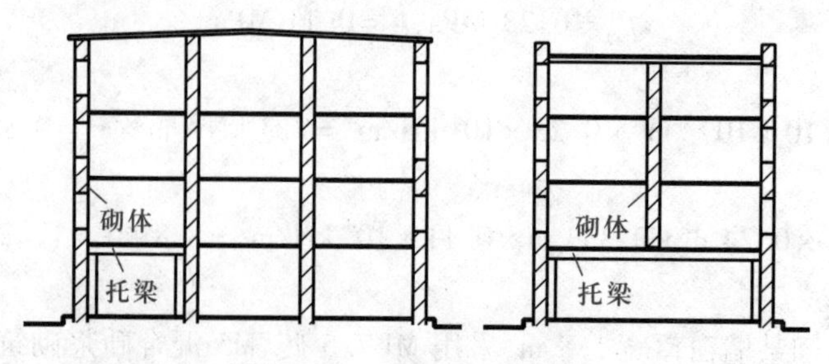

图7.3 房屋中的墙梁

墙梁分承重墙梁和非承重墙梁。只承受托梁自重和托梁顶面以上墙体重量的墙梁称为非承重墙梁，如基础梁、连系梁等。如果托梁还承受由屋盖和楼盖等传来的荷载时，称为承重墙梁。底层为大空间的商店、上层为住宅或旅馆的房屋，常需设置承重墙梁。

托梁可预制，也可现浇。按受力状态分简支托梁和带框架柱的单跨、多跨连续托梁。

7.2.1 墙梁的破坏形态

墙梁在顶部荷载作用下，墙和梁将共同工作而形成墙梁组合结构。其破坏形态有三种。

1. 弯曲破坏

当托梁中钢筋较少而砌体强度却相对较高，且墙体高跨比 h_w/l_0 较小时，一般先在跨中出现垂直裂缝，随着荷载的增加，裂缝迅速向上延伸，并穿过托梁与墙的界面进入墙体，同时托梁中还出现新的裂缝。当主裂缝截面的上、下部钢筋达到屈服强度时，墙梁发生沿跨中垂直截面的弯曲破坏（图 7.4a）。

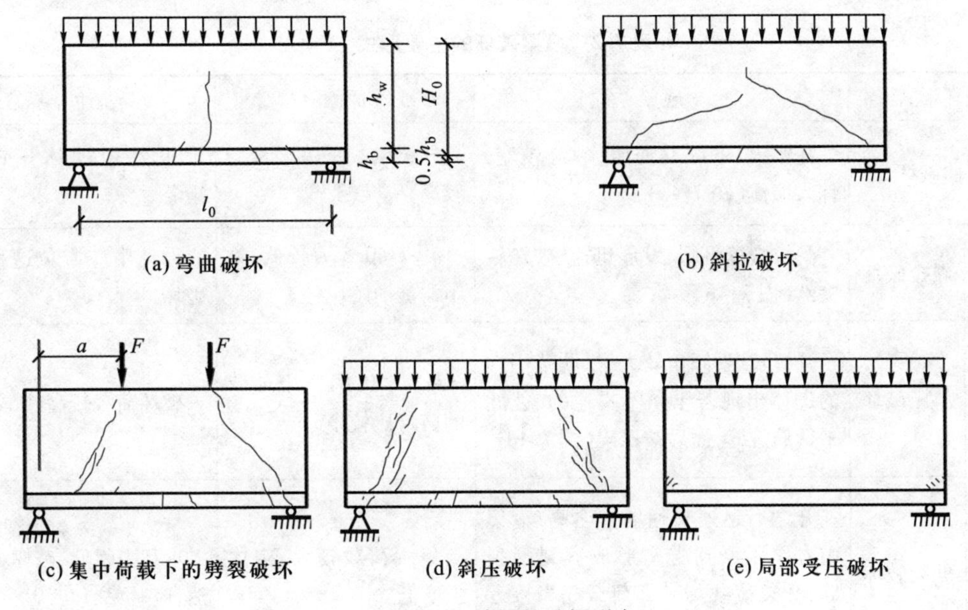

图 7.4 墙梁的破坏形态

2. 剪切破坏

若托梁中的钢筋较多，而砌体强度却相对较低，且 h_w/l_0 适中时，易在支座上部的砌体中出现因主拉或主压应力过大而引起的斜裂缝，导致砌体的剪切破坏。剪切破坏形式与 h_w/l_0、托梁的高跨比 h_b/l_0、荷载作用方式、有无洞口及洞口位置的不同等有关。剪切破坏形式又分为以下三种：

(1) 斜拉破坏　当 $h_w/l_0<0.3$，而砂浆的强度等级又较低时，砌体将因主拉应力过大，产生沿齿缝截面的比较平缓的斜裂缝（图 7.4b）而破坏。斜拉破坏属脆性破坏，设计中应避免斜拉破坏。

(2) 斜压破坏　当 $h_w/l_0\geqslant0.5$，且集中荷载的剪跨比（a/H_0）较小时，支座附近剪跨范围的砌体将因主压应力过大而产生沿斜向的斜压破坏(图7.4d)。破坏时裂缝数量多,坡度陡,倾角一般在55°~60°以上,裂缝间的砌体和砌筑砂浆出现压碎崩落现象,极限承载力较大。

(3) 劈裂破坏　当集中荷载较大,砌体强度低且 a/l_0 较小时,砌体开裂后迅速贯通墙体全高,沿集中力作用点到支座形成劈裂型裂缝(图7.4c),破坏时裂缝沿支座至荷载作用点方向突然开展,开裂荷载与破坏荷载相当接近。劈裂破坏也属脆性破坏,设计中也应避免。

3. 局部受压破坏

当托梁中的钢筋较多,而砌体强度却相对较低,且 $h_w/l_0>0.75$ 时,靠近支座处砌体将因正应力过大,而产生局部受压破坏(图7.4e)。另外,如托梁中纵向钢筋锚固不牢,支座垫板或加荷载垫板刚度较小,也可能在这些部位产生局部破坏。

另外,还存在一些其他形式的破坏。表7.2列出了墙梁破坏的主要形式。

表7.2　墙梁破坏的主要形式

破坏形式		现象	原因	备注
弯曲破坏		托梁上、下纵筋屈服,裂缝较宽,伸入墙体(图7.4a)	托梁的配筋率较小,f 较高,h_w/l 偏小	未发现砌体压碎现象
受剪破坏	斜拉破坏	受拉裂缝平缓、发展迅速、破坏较突然(图7.4b)	$h_w/l<0.5$,f_2 较低,集中荷载剪跨比较大	设计中应避免这种破坏
	斜压破坏	开缝较迟,倾角较大,拱肋范围内的砌体出现若干条不贯通的、彼此平行的裂缝,而后被压碎(图7.4d)	$h_w/l<0.5$,集中荷载的剪跨比较小	破坏荷载较高
	劈裂破坏	开裂后迅速贯通墙体全高,沿集中力作用点到支座形成劈裂型裂缝,开裂荷载与破坏荷载相当接近(图7.4c)	集中荷载较大,砌体强度低	承载力很低,破坏突然,应避免
局压破坏		托梁端部上面砌体先出现多条细的竖向裂缝,最后压碎(图7.4e)	$h_w/l<0.75$,无翼墙,托梁配筋较强,砌体强度较低	设计中应避免
其他		托梁被压碎;小墙肢被推出;过梁以上墙体剪切破坏	托梁混凝土级别低、支承强度小,门洞靠近支座,过梁设计不当	属于构造不合理

单跨墙梁,只有满足表7.3中的条件时,才能被认定为《规范》中所定义的"墙梁"。

表 7.3 墙梁的一般规定

类别	跨度 l/m	墙体总高 H/m	墙体计算高跨比 h_w/l_0	托梁高跨比 h_b/l_0	洞口尺寸	
					宽跨比 b_h/l_0	洞高 h_h
承重墙梁	≤9	≤18	≥0.4	$\geqslant\frac{1}{10}$	≤0.3	$\leqslant 5h_w/6$ 且 $h_w-h_h\geqslant 0.4$ m
自承重墙梁	≤12	≤18	$\geqslant\frac{1}{3}$	$\geqslant\frac{1}{15}$	≤0.8	不限

注:1. 适用于砖砌体墙梁,混凝土小型砌块砌体墙梁可参照使用。

2. 墙体总高度指托梁顶面到檐口的高度,带阁楼的坡屋面应算到山尖墙 1/2 高度处。

3. 对自承重墙梁,洞口至边支座中心的距离不宜小于 $0.1l_0$,门窗洞上口至墙顶的距离不应小于 0.5 m。

4. h_w 为墙体计算高度;h_b 为托梁截面高度;l_0 为墙梁计算跨度;b_h 为洞口宽度;h_h 为洞口高度,对窗洞取洞顶至托梁顶面距离。

7.2.2 简支墙梁的计算

这里仅对简支墙梁的计算进行讨论。

《规范》规定,对墙梁应该分别进行使用阶段的正截面抗弯承载力、斜截面的抗剪承载力和托梁支座上部砌体局部受压承载力计算。此外,还应该验算托梁在施工阶段的承载力。有洞口墙梁和无洞口墙梁的计算有所不同。这里只讨论无洞口墙梁的计算。

单跨墙梁如满足表 7.3 的要求时,可按下述方法进行计算:

1. 墙梁的计算简图

单跨墙梁采用图 7.5 所示的计算简图。图中各符号的意义为:

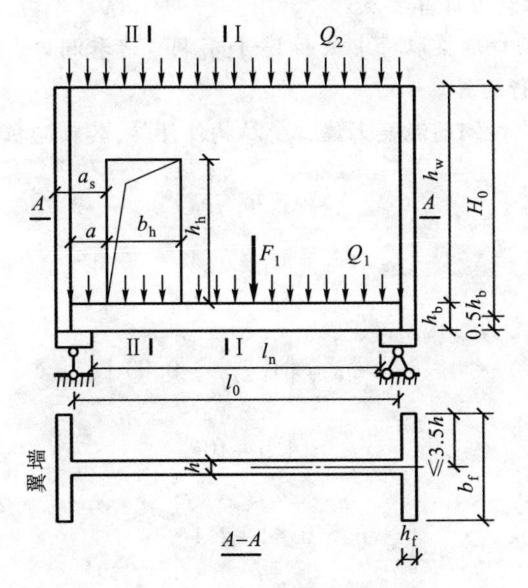

图 7.5 单跨墙梁的计算简图

l_0 为墙梁计算跨度，取 $l_0 = 1.1l_n$ 或 l_c 两者的较小值，l_n 和 l 分别为墙梁的净跨和支座中心线距离；h_b 为托梁高度；h_w 为墙体计算高度，取托梁顶面一层墙高，当 $h_w > l_0$ 时，取 $h_w = l_0$；H_0 为墙梁的计算高度，取 $H_0 = 0.5h_b + h_w$；h 为墙体高度；h_f 为翼墙厚度；b_f 为翼墙计算宽度，取窗间墙宽度或横墙间距的2/3，且每边不大于 $3.5h$ 和 $l_0/6$；a_s 为翼墙外边缘至洞边缘的最近距离；a 为支座中心至门窗洞口边缘的最近距离；h_h 为洞口高度；b_h 为洞口宽度。

2. 墙梁的荷载计算

(1) 使用阶段墙梁上的荷载　对于承重墙梁，有作用在托梁顶面上的设计荷载 Q_1 和 F_1，以及作用在墙梁顶面上的设计荷载 Q_2。其中 Q_1 和 F_1 分别为沿梁跨度方向的包括托梁自重及本层楼盖的恒载和活载在内的均布荷载和集中荷载。Q_2 取托梁以上各层墙体自重，以及墙梁顶面以上各层楼(屋)盖恒荷载和活荷载；集中荷载可沿作用的跨度近似化为均布荷载。

对于非承重墙梁，墙梁顶面的设计荷载 Q_2，取为托梁自重和托梁顶面以上的墙体自重。

(2) 施工阶段托梁上的荷载　施工阶段作用在托梁上的荷载包括托梁自重、本层楼盖的恒载和施工荷载及墙体自重。墙体自重无洞时取高度为 $l_{0max}/3$ 的墙体重量，l_{0max} 为各计算跨度的最大值。开洞时取洞顶以下实际分布的墙体重量。本层的施工荷载可由荷载规范查得。

3. 墙梁的计算要点

(1) 计算原则　在施工阶段对托梁按一般钢筋混凝土受弯构件进行正截面受弯承载力和斜截面受剪承载力验算。在使用阶段要分别计算墙梁的正截面受弯承载能力、墙体和托梁的斜截面受剪承载能力、托梁支座上砌体的局部受压承载能力。单跨墙梁的计算简图如图7.5所示。

(2) 正截面受弯承载力计算要点

① 计算截面　无洞口墙梁取跨中截面Ⅰ—Ⅰ；有洞口者取洞口内缘位置Ⅱ—Ⅱ，并对Ⅰ—Ⅰ截面按无洞口墙梁进行验算。

② 托梁跨中截面应按钢筋混凝土偏心受拉构件计算，其轴向拉力 N_{bt} 和弯矩 M_b 分别为

$$N_{bt} = \eta_N \frac{M_2}{H_0} \tag{7.2}$$

$$M_b = M_1 + \alpha_M M_2 \tag{7.3}$$

对简支墙梁为

$$\alpha_M = \varphi_M = \left(1.7\frac{h_b}{l_0} - 0.03\right) \tag{7.4}$$

$$\varphi_M = 4.5 - 10\frac{a}{l_0} \tag{7.5}$$

$$\eta_N = 0.44 + 2.1\frac{h_w}{l_0} \tag{7.6}$$

式中　M_1——墙梁在设计荷载 Q_1、F_1 作用下，在计算截面产生的简支梁跨中弯矩；

M_2——墙梁设计荷载 Q_2 作用下,在计算截面产生的简支梁跨中弯矩;

α_M——考虑墙梁组合作用的托梁跨中弯矩系数,可按公式(7.4)计算,但对自承重简支墙梁应乘以0.8;当公式(7.4)中的$\frac{h_b}{l_0}>\frac{1}{6}$时,取$\frac{h_b}{l_0}=\frac{1}{6}$;

η_N——考虑墙梁组合作用的托梁跨中轴力系数,可按公式(7.6)计算,但对自承重简支墙梁乘以0.8;式中,当$\frac{h_w}{l_0}>1$时,取$\frac{h_w}{l_0}=1$;

φ_M——洞口对托梁弯矩的影响系数,对无洞口墙梁取1.0,对有洞口墙梁可按公式(7.5)计算;

a——洞口边至墙梁最近支座的距离,当 $a>0.35l_0$ 时,取 $a=0.35l_0$。

(3) 斜截面受剪承载力计算要点

① 墙梁的墙体斜截面抗剪承载力　当墙梁的正截面承载力有保证,$h_w/l<0.75$ 时,承重墙梁的承载能力一般由墙体的抗剪能力控制。此时,墙体的受剪承载力按下式计算

$$V_2 \leqslant \xi_1\xi_2\left(0.2+\frac{h_b}{l_0}+\frac{h_t}{l_0}\right)hh_wf \tag{7.7}$$

式中　V_2——在墙梁荷载设计值 Q_2 作用下墙梁支座边剪力的最大值;

ξ_1——翼墙或构造柱影响系数,对单层墙梁取1.0,对多层墙梁,当$\frac{b_f}{h}=3$时取1.3,当$\frac{b_f}{h}=7$时或设置构造柱时取1.5,当$3<\frac{b_f}{h}<7$时,按线性插入取值;

ξ_2——洞口影响系数,对无洞口墙梁取$\xi_2=1.0$,对单层开洞墙梁,$\xi_2=0.6$,对多层开洞墙梁,$\xi_2=0.9$;

h_t——墙梁顶面圈梁截面高度。

非承重墙梁一般可不验算墙体的抗剪能力。

② 托梁的受剪承载力　托梁的斜截面受剪承载力应按现行《混凝土结构设计规范》(GB 50010—2002)中受弯构件计算,其剪力设计值 V_{bj} 可按下式计算

$$V_{bj}=V_{1j}+\beta V_{2j} \tag{7.8}$$

托梁Ⅱ—Ⅱ截面剪力设计值 V_A

$$V_A=V_{1h}+\frac{1.25\alpha_M M_2}{a+b_h} \tag{7.9}$$

式中　V_{1j}——墙梁荷载设计值 Q_1、F_1 作用下,按连续梁或框架分析的托梁支座边剪力或简支梁支座边剪力;

V_{2j}——墙梁荷载设计值 Q_2 作用下,按连续梁或框架分析的托梁支座边剪力或简支梁支座边剪力;

β——考虑组合作用的托梁剪力系数,无洞口墙梁边支座取0.6,中支座取0.7;有洞口墙梁边支座取0.7,中支座取0.8。对自承重墙梁,无洞口时取0.45,有洞口时取0.5;

V_{1h}——墙梁荷载设计值 Q_1、F_1 作用下,按连续梁或框架分析的托梁洞口处剪力。

③ 托梁支座上部砌体的局部受压承载力计算　试验表明,纵向翼墙对墙体的局压有明显的改善作用。对非承重墙梁,砌体有足够的局压强度,故可不必验算。当翼墙为承重墙时,应不考虑其作用。支座上部砌体局压按下式计算

$$Q_2 \leqslant \zeta h f \tag{7.10}$$

式中　ζ——局压系数,$\zeta = 0.25 + 0.08 b_f / h$,当 $\zeta > 0.81$ 时,取 $\zeta = 0.81$。

当 $b_f / h \geqslant 5$ 或墙梁支座处设置上下贯通的落地构造柱时,可不验算局部受压承载力。

7.2.3　墙梁的构造要求

由于墙梁属于组合结构,为使托梁与砌体保持良好的组合工作状态,除进行上述强度验算外,还应满足下列构造要求:

(1) 托梁的混凝土强度等级不低于C30。其纵向受力筋宜采用HRBF400、HRB400、HRBF500、HRB500或HRB335、HRBF335、HPB300级钢筋,且宜通长设置,但可采用焊接接头,其质量应符合相应规程的要求。承重墙梁托梁的纵筋总配筋率不少于0.6%。在梁端 $l_0/4$ 范围内,托梁上部钢筋用量不应少于跨中下部钢筋的1/3。当托梁高≥500 mm时,应沿梁高设置通长水平腰筋,直径不应小于12 mm,间距不应大于200 mm。纵向受力筋伸入支座应满足受拉钢筋的锚固要求。对洞口边缘截面的箍筋用量不应少于支座边缘截面的箍筋用量。

(2) 墙梁在计算高度范围内的墙体厚度,对砖砌体不应不小于240 mm,对混凝土小型砌块砌体不应小于190 mm。承重墙梁支座处应设置落地翼墙,其厚度对砖砌体不应小于240 mm,对混凝土砌块砌体不应小于190 mm,翼墙宽度不应小于墙梁墙体厚度的3倍,并与墙梁同时砌筑。砌体砖强度等级不应低于MU10,在承重墙梁计算高度范围内,砂浆强度等级不应低于M10。

(3) 墙梁开洞时,宜在洞口范围内设钢筋混凝土过梁,其支承长度不宜小于240 mm,且在洞口范围内不宜设置集中荷载。

(4) 当墙梁墙体在靠近 $\frac{1}{3}$ 跨度范围内开洞时,支座处应设置落地且上下贯通的构造柱,并应与每层圈梁连接。

(5) 墙梁计算高度范围内的墙体施工高度,每天不超过1.5 m,否则应加设临时支撑。在墙体计算高度范围内的墙体强度达到设计强度75%以前,临时支撑不得拆除。

[例7.3]　某商店—办公楼底层设有墙梁(图7.6)。已知设计资料如下:

屋盖荷载　$1.2 \times 4.5\ \text{kN/m}^2 + 1.4 \times 0.7\ \text{kN/m}^2 = 6.38\ \text{kN/m}^2$

三至五层楼盖荷载　$1.2 \times 3\ \text{kN/m}^2 + 1.4 \times 1.5\ \text{kN/m}^2 = 5.7\ \text{kN/m}^2$

二层楼盖荷载　$1.2 \times 3.5\ \text{kN/m}^2 + 1.4 \times 1.5\ \text{kN/m}^2 = 6.3\ \text{kN/m}^2$

240 mm墙(双面抹灰)自重　$1.2 \times 5.32\ \text{kN/m}^2 = 6.38\ \text{kN/m}^2$

房屋开间3.4 m,外墙窗宽1.5 m,其他有关资料详见图7.6。设计该墙梁。

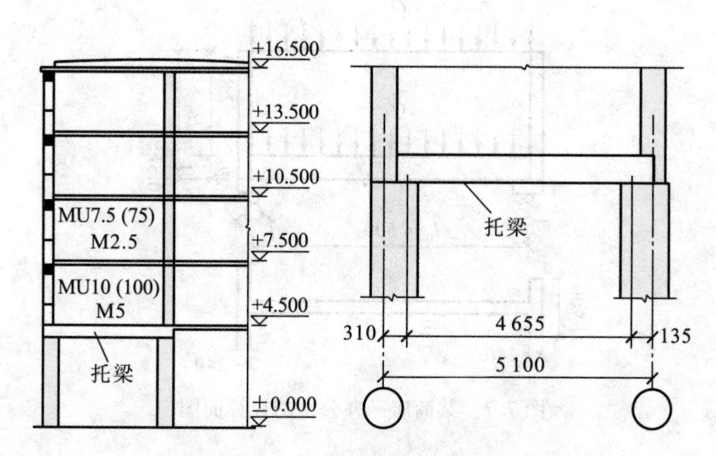

图 7.6 某商店—办公楼墙梁

[解] 二层墙体由 MU10、M5 砌筑，$f=1.50$ MPa

墙体计算高度 $h_w=2.88$ m ($h_w=3.00$ m -0.12 m $=2.88$ m)

托梁高度取 550 mm，即 $h_b=550$ mm，支承长度为 370 mm，支座中心距离为 4.655 m，净跨$l_n=4.285$ m，取墙梁计算跨度 $l_0=1.05/l_n=1.05\times 4.285$ m $=4.499$ m ≈ 4.5 m。

外墙窗宽 1.5 m，翼墙计算宽度取 $b_f=\frac{l_0}{3}=\frac{4.5\text{ m}}{3}=1.5$ m，托梁采用混凝土 C30，配置纵筋 HRB335 级和箍筋 HPB235 级钢筋，$f_c=14.3$ MPa，HRB335 级钢筋 $f_y=300$ MPa，HPB235 级钢筋 $f_y=210$ MPa。

(1) 使用阶段墙梁的承载力计算

① 墙梁上的荷载　除墙体外直接作用在托梁顶面的荷载设计值为托梁自重及本层楼盖的恒荷载和活荷载 Q_1，Q_1 为

$$Q_1=1.2\times 25\text{ kN/m}\times 0.25\times 0.55\text{ kN/m}+6.3\text{ kN/m}^2\times 3.4\text{ m}=25.5\text{ kN/m}$$

墙梁顶面的荷载计算值 Q_2 为

$$Q_2=g_w+Q_3$$

式中 g_w——托梁以上各层墙体自重；

Q_3——墙梁顶面及以上各层楼盖和屋盖的恒荷载和活荷载。

$$g_w=4\times 6.38\text{ kN/m}^2\times 2.88\text{ m}=73.5\text{ kN/m}$$

$$Q_3=(6.38\text{ kN/m}^2+3\times 5.7\text{ kN/m}^2)\times 3.4\text{ m}=79.8\text{ kN/m}$$

故 $Q_2=g_w+Q_3=73.5\text{ kN/m}+79.8\text{ kN/m}=153.3\text{ kN/m}$

② 墙梁计算简图如图 7.7 所示。

③ 墙梁正截面受弯承载力计算

$$M_1=\frac{1}{8}Q_1l_0^2=\frac{1}{8}\times 25.5\text{ kN/m}\times(4.5\text{ m})^2=64.5\text{ kN}\cdot\text{m}$$

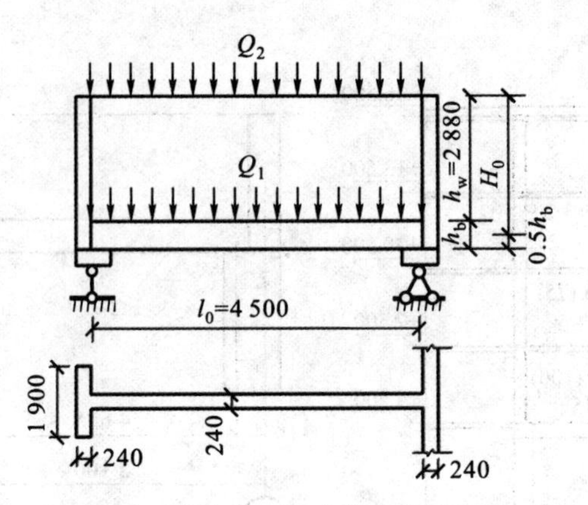

图7.7 某商店—办公楼的计算简图

$$M_2=\frac{1}{8}Q_2l_0^2=\frac{1}{8}\times153.3\text{ kN/m}\times(4.5\text{ m})^2$$

$$=388.0\text{ kN}\cdot\text{m}$$

$$h_0=h_w+\frac{h_b}{2}=2.88\text{ m}+\left(\frac{0.55}{2}\right)\text{ m}=3.16\text{ m}$$

由于无洞口,取 $\psi_M=1.0$

对简支墙梁,且 $\frac{h_b}{h_0}=0.122<\frac{1}{6}$

由公式(7.4)得

$$\alpha_M=\psi_M\left(1.7\frac{h_b}{l_0}-0.03\right)\times0.8=1.0\times\left(1.7\times\frac{0.55}{4.5}-0.03\right)=0.142$$

由公式(7.6)得

$$\eta_N=0.44+2.1\frac{h_w}{l_0}=0.44+2.1\times2.88/4.5=1.784$$

由公式(7.2)得

$$M_{bt}=\eta_N\frac{M_2}{H_0}=1.784\times\frac{3.88.0\text{ kN/m}}{3.16\text{ m}}=219.0\text{ kN}$$

由公式(7.3)得

$$M_b=M_1+\alpha_MM_2=64.5\text{ kN}\cdot\text{m}+0.142\times388.0\text{ kN}\cdot\text{m}=119.6\text{ kN}\cdot\text{m}$$

托梁按钢筋混凝土偏心受拉构件计算得 $A_s'<0$,故按构造配筋:

$$A_s'=\frac{0.2}{100}\times250\text{ mm}\times525\text{ mm}=262.5\text{ mm}^2$$

选用 2 Φ 14($A_s'=308\text{ mm}^2$)。

由

$$M_1'=f_y'A_s'(h_0-\alpha_b')=300\text{ MPa}\times308\text{ mm}^2\times500\text{ m}=46.2\text{ kN}\cdot\text{m}$$

$$M_2'=N_{bt}'e-M_1'=140.6\text{ kN}\times0.458\text{ m}-46.2\text{ kN}\cdot\text{m}=18.2\text{ kN}\cdot\text{m}$$

计算得

$$A_{s2}=114\text{ mm}^2$$

得

$$A_s=A_{s1}+A_{s2}+\frac{N_{bt}}{f_y}=308\text{ mm}^2+114\text{ mm}^2+\frac{140.6\times10^3\text{ kN}}{300\text{ MPa}}=890.7\text{ mm}^2$$

选用3Φ20(941 mm²)。

④ 托梁斜截面受弯剪承载力计算

$$V_1=\frac{1}{2}Q_1l_0=\frac{1}{2}\times 25.5\ \text{kN/m}\times 4.5\ \text{m}=57.4\ \text{kN}$$

$$V_2=\frac{1}{2}Q_2l_0=\frac{1}{2}\times 153.3\ \text{kN/m}\times 4.5\ \text{m}=344.9\ \text{kN}$$

由公式(7.6),由于无洞口,$\beta=0.45$。

$$V_e=V_1+\beta V_2=57.4\ \text{kN}+0.45\times 344.9\ \text{kN}=212.6\ \text{kN}$$

梁端受剪按钢筋混凝土受弯构件计算,得

$$\frac{A_{sy}}{s}=0.73$$

选用双肢箍筋Φ8@120 $\left(\frac{A_{sv}}{s}=\frac{101}{120}=0.84\right)$

⑤ 墙体斜截面受剪承载力计算

由公式(7.7)得

$$\zeta_1\zeta_2\left(0.2+\frac{h_b}{l_0}\right)hh_wf$$

$$=1\times 1\times\left(0.2+\frac{0.55}{4.5}\right)\times 240\ \text{mm}\times 2\ 880\ \text{mm}\times 1.50\times 10^{-3}\ \text{MPa}$$

$=334.1\ \text{kN}\approx V_2$(安全)

⑥ 托梁支座上部砌体局部受压承载力验算

由公式(7.8)得

$$\zeta=0.25+0.08\frac{h_f}{h}=0.25+0.08\times\frac{1\ 500\ \text{mm}}{240\ \text{mm}}=0.75$$

$$\zeta hf=0.75\times 240\ \text{mm}\times 1.50\ \text{MPa}=270.0\ \text{kN}>Q_2\text{(安全)}$$

(2) 施工阶段托梁的承载力验算

① 托梁上的荷载

$$Q_1=25.5\ \text{kN/m}+\frac{1}{3}\times 4.5\ \text{m}\times 6.38\ \text{kN/m}^2=35.1\ \text{kN/m}$$

② 托梁正截面受弯承载力验算

$$M_1=\frac{1}{8}Q_1l_0^2=\frac{1}{8}\times 35.1\ \text{kN/m}\times(4.5\ \text{m})^2=88.8\ \text{kN}\cdot\text{m}$$

计算得:$A_s=582.3\ \text{mm}^2$,小于按使用阶段的计算结果。

③ 托梁斜截面受剪承载力验算

$$V_1=\frac{1}{2}Q_1l_0=\frac{1}{2}\times 35.1\ \text{kN/m}\times 4.5\ \text{m}=79\ \text{kN}>0.07f_tbh_0$$

对于托梁,最后应按使用阶段的计算结果进行了配筋,见图7.8。

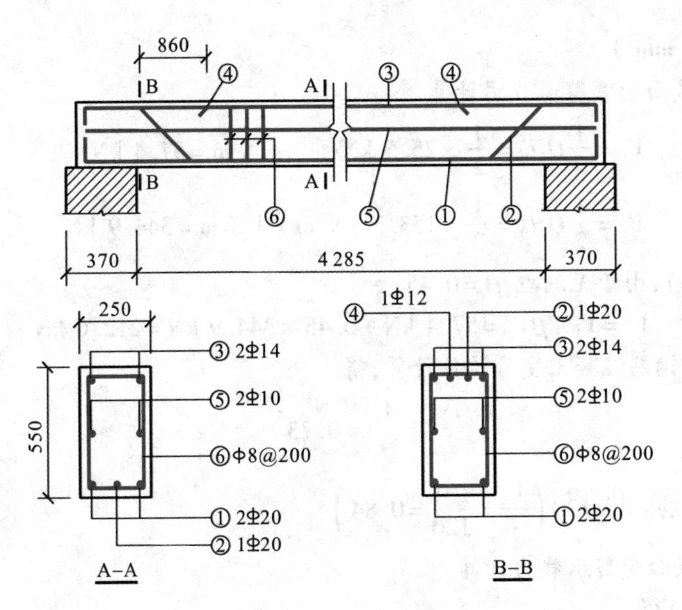

图 7.8　例题 7.3 托梁配筋图

7.3　挑梁

在混合结构房屋中，常常利用埋入墙内一定长度的钢筋混凝土悬臂梁来承托走廊、阳台或雨篷等荷载，这种梁称为挑梁或称为悬挑构件。

7.3.1　挑梁的受力性能

图 7.9 所示挑梁，其嵌固部分受上部砌体的压应力作用。当挑梁悬臂端受荷载 F 作用后，在支座弯矩和剪力作用下，埋入段梁内也将产生弯曲变形。由于挑梁受到上部和下部砌体的约束，故变形大小与墙体和挑梁埋入段的刚度有关。随着荷载 F 的增加，挑梁埋入段外墙下砌体压缩变形增加，其上表面产生水平裂缝与上部砌体脱开。继续加荷，挑梁埋入段尾部的下方也产生水平裂缝，与下部砌体脱开。若挑梁本身的强度足够，则挑梁及其周围砌体有以下两种破坏的可能：

（1）挑梁倾覆破坏　当挑梁埋入段砌体强度足够而埋入段长度 l_1 较小时，可能在埋入段尾部外的砌体中产生 $\alpha \geqslant 45°$ 方向的裂缝（图 7.9）。这是因为砌体内的主拉应力大于砌体沿齿缝截面的抗拉强度。当斜裂缝继续发展不能抑制时，裂缝范围内砌体及其他抗倾覆荷载不再能有效地抵抗挑梁的倾覆，挑梁即发生倾覆破坏。

（2）挑梁下砌体的局部受压破坏　当挑梁埋入较长且砌体强度较低时，可能使挑梁埋入段前部的砌体局部压碎而破坏。

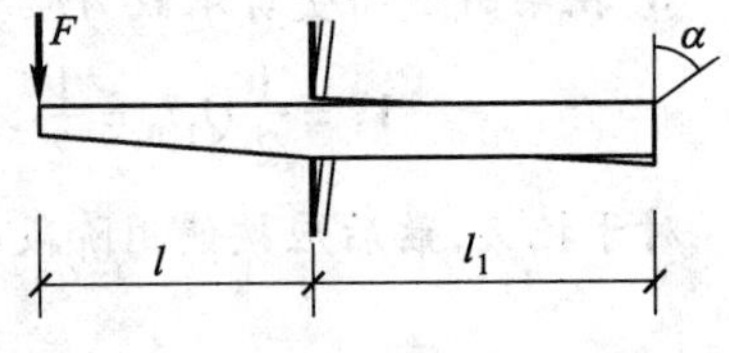

图 7.9　挑梁的倾覆破坏图

7.3.2 挑梁的抗倾覆验算

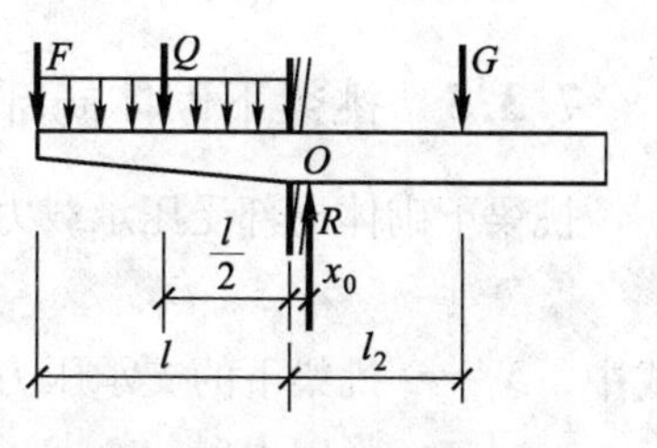

图 7.10 挑梁的计算简图

计算简图如图 7.10 所示。图中 O 点为挑梁丧失稳定时的计算倾覆点。作用于挑梁的设计荷载(包括挑梁外挑段的自重)对 O 点的力矩称为倾覆力矩 M_{ov}。而挑梁的抗倾覆力对 O 点的力矩称为抗倾覆力矩 M_r。挑梁不发生倾覆破坏的条件为

$$M_r \geqslant M_{ov} \tag{7.11}$$

计算倾覆点 O 至墙外边缘的距离 x_0(单位为 mm),可按下列规定采用:

当 $l_1 \geqslant 2.2h_b$ 时,$x_0 = 0.3h_b$,且 $x_0 \leqslant 0.13l_1$;

当 $l_1 < 2.2h_b$ 时,$x_0 = 0.13l_1$。

以上式中的 l_1 为挑梁埋入砌体的长度(单位为 mm),h_b 为挑梁的截面高度(单位为 mm),x_0 为计算倾覆点至墙外边缘的距离(单位为 mm)。当挑梁下有构造柱或梁垫时,计算倾覆点至墙外边缘的距离可取 $0.5x_0$。

挑梁的抗倾覆力矩按下式计算

$$M_r = 0.8G_r(l_2 - x_0) \tag{7.12}$$

式中 G_r——挑梁的抗倾覆荷载,为挑梁尾部上部 45°扩散角范围(水平长度为 l_3)内的砌体(图 7.11 中画阴影部分砌体)自重与挑梁埋入长度 l_1 范围内的楼面恒载标准值之和;

l_2——G_r 作用点至墙外边缘的距离。

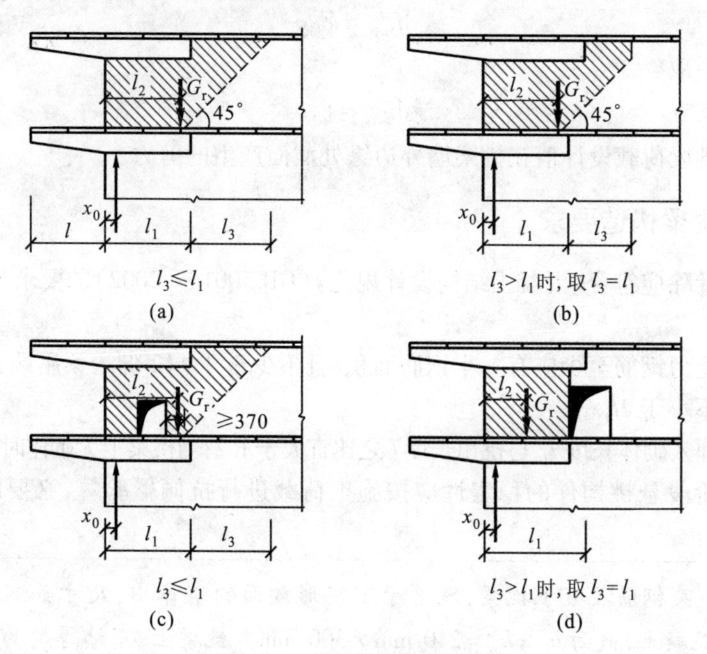

图 7.11 挑梁的抗倾覆荷载

7.3.3 挑梁下砌体局部受压承载力验算

挑梁下砌体局部受压承载力按下式进行验算

$$N_l \leqslant \eta\gamma f A_l \tag{7.13}$$

式中 N_l——挑梁下的支承压力，可取 $N_l = 2R$，R 为挑梁在荷载设计值作用下产生的支座竖向力；

η——梁端底面压应力图形的完整系数，取 $\eta = 0.7$；

γ——砌体局部抗压强度提高系数，按图7.12采用；

A_l——挑梁下砌体局部受压面积，可取 $A_l = 1.2bh_b$，其中，b 为挑梁截面宽度；h_b 为挑梁截面高度。

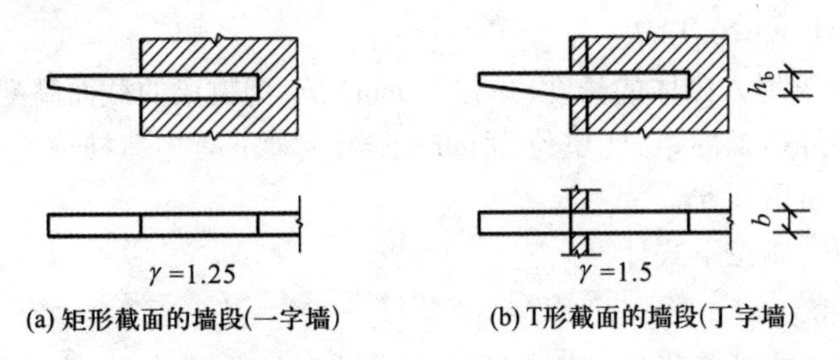

图7.12 砌体局部抗压强度提高系数

根据理论分析，挑梁的最大弯矩 M_{max} 与挑梁上荷载对墙边弯矩之比的平均值为1.07，试验平均值为1.09，其值与倾覆力矩 M_{ov} 接近，故挑梁的弯矩设计值取

$$M_{max} = M_{ov} \tag{7.14}$$

剪力设计值取

$$V_{max} = V_0 \tag{7.15}$$

式中 V_0——挑梁荷载设计值在挑梁墙外边缘处截面产生的剪力。

7.3.4 挑梁构造要求

挑梁的设计除应符合《混凝土结构设计规范》(GB 50010—2002)的要求外，尚应满足下列要求：

(1) 纵向受力钢筋至少应有一半钢筋面积，且不少于2 ϕ12 伸入梁尾端，其他钢筋伸入支座的长度应不小于 $2l_1/3$。

(2) 挑梁埋入砌体长度 l_1 与挑出长度 l 之比宜大于1.2；当挑梁上无砌体时，l_1/l 宜大于2。

(3) 施工阶段悬挑构件的稳定性应按施工荷载进行抗倾覆验算，必要时可加设临时支撑。

[例7.4] 某钢筋混凝土挑梁，埋置于丁字形截面的墙体中，尺寸如例图7.13所示。挑梁采用C20混凝土，截面 $b_b \times h_b = 240\ \mathrm{mm} \times 300\ \mathrm{mm}$。挑梁上、下墙厚均为240 mm，采用MU10烧结普通砖、M5砂浆砌筑。楼板传给挑梁荷载标准值为：$F_k = 4.5\ \mathrm{kN}$，$g_{1k} = 10\ \mathrm{kN/m}$，

$q_{1k}=8.3\ kN/m, g_{2k}=10\ kN/m, g_{3k}=15.5\ kN/m, q_{3k}=1.8\ kN/m$，挑梁自重为1.35 kN/m。试设计该挑梁。

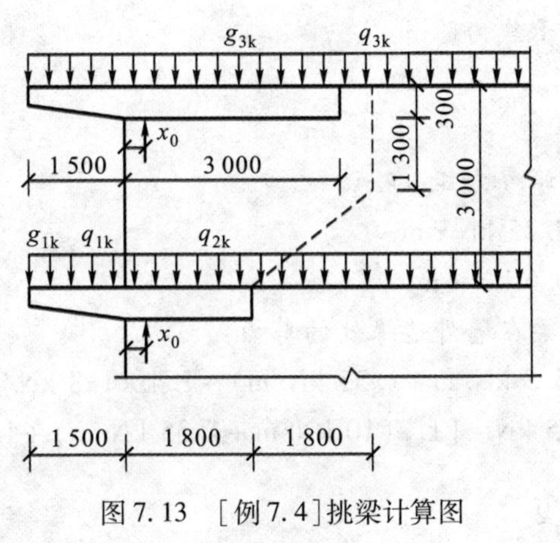

图7.13 [例7.4]挑梁计算图

[解] (1) 抗倾覆验算

① 倾覆时旋转点位置 x_0

$$l_1=1\ 800\ mm>2.2h_b=660\ mm$$

则

$$x_0=0.3h_b=0.3\times300\ mm=90\ mm<0.13l_1=234\ mm$$

② 倾覆力矩

顶层：$M_{ov}=\frac{1}{2}[1.2(15.5\ kN/m+1.35\ kN/m)+1.4\times1.8\ kN/m](1.5\ m+0.09\ m)^2$

$=28.75\ kN\cdot m$

楼层：$M_{ov}=1.2\times4.5\ kN\times1.59\ m+\frac{1}{2}[1.2(10\ kN/m+1.35\ kN/m)+1.4\times8.3\ kN/m]$

$\times(1.59\ m)^2=40.5\ kN\cdot m$

③ 抗倾覆力矩

顶层：

$$G_r=(15.5\ kN/m+1.8\ kN/m)\times(3.0\ m-0.09\ m)=50.3\ kN$$

$$M_r=0.8G_r(l_2-x_0)=0.8\times50.3\ kN\times\frac{1}{2}(3\ m-0.09\ m)=58.7\ kN\cdot m>M_{ov}\text{（满足要求）}$$

楼层：由楼盖荷载产生

$$M_{r1}=(10\ kN/m+1.8\ kN/m)\times\frac{1}{2}(1.8\ m-0.09\ m)^2=11.80\ kN\cdot m$$

由墙自重（不包括粉刷，$4.32\ kN/m^2$）产生

$$M_{r2}=1.8\ m\times3.0\ m\times4.32\ kN/m^2\times\left(\frac{1.8\ m}{2}-0.09\ m\right)+\frac{1}{2}\times1.8^2\ m^2\times4.32\ kN/m^2$$

$$\times\left(\frac{1}{3}\times1.8\ m+1.8\ m-0.09\ m\right)+1.8\ m\times(3.0\ m-1.8\ m)\times4.32\ kN/m^2$$

$$\times\left(\frac{1}{2}\times1.8\ m+1.8\ m-0.09\ m\right)=59.42\ kN\cdot m$$

楼层总抗倾覆力矩

$M_r = 0.8(M_{r1} + M_{r2}) = 0.8(11.80\ kN \cdot m + 59.42\ kN \cdot m) = 56.98\ kN \cdot m > M_{ov}$,满足要求。

(2) 挑梁下局部受压承载力验算

略。

(3) 挑梁承载力验算

最大弯矩设计值等于倾覆力矩,即

顶层 $M_{max} = M_{ov} = 28.75\ kN \cdot m$

楼层 $M_{max} = M_{ov} = 40.5\ kN \cdot m$

最大剪力设计值为挑梁在墙外边缘处的剪力:

顶层 $V_{max} = [1.2(15.5\ kN/m + 1.35\ kN/m) + 1.4 \times 1.8\ kN/m] \times 1.5\ m = 34.1\ kN$

楼层 $V_{max} = 1.2 \times 4.5\ kN + [1.2(10\ kN/m + 1.35\ kN/m) + 1.4 \times 8.3\ kN/m] \times 1.5\ m = 43.3\ kN$

楼层挑梁配筋计算从略。

7.4 雨篷

7.4.1 雨篷的构成及受力特点

雨篷一般由雨篷板和雨篷梁组成。雨篷板自外墙体门洞上方向外挑出(图7.14)。雨篷板为嵌固在雨篷梁上的钢筋混凝土悬臂板。雨篷梁承受由雨篷板传来的荷载、梁上部墙体的重量以及楼盖梁板可能传来的荷载。由于雨篷板对雨篷梁纵轴的偏心作用,这些荷载除使梁产生弯曲外,还使梁产生扭矩,所以雨篷梁一般按弯、剪、扭构件设计。

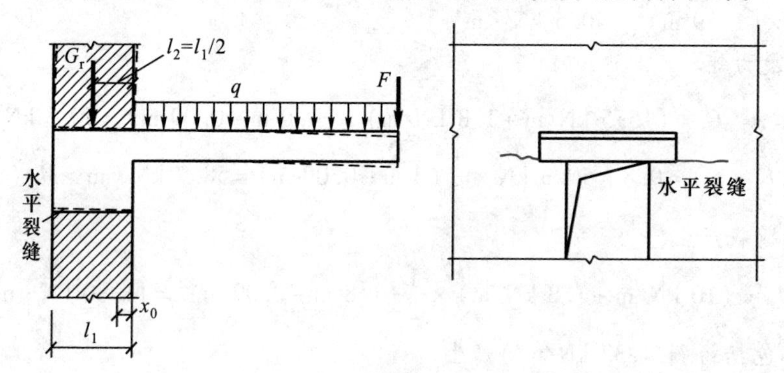

图7.14 雨篷抗倾覆荷载及水平裂缝

另一方面,埋置于墙体中的雨篷梁构件又属于刚性悬挑构件,它在墙体中的埋置长度一般为墙厚。试验结果表明,雨篷构件一旦承受荷载作用,雨篷梁下砌体就产生不同的变形,梁下砌体外侧的一部分产生压应变,砌体内侧一部分雨篷梁与砌体界面上产生拉应变。拉、压应变的中和轴接近墙的中间。随荷载增大,中和轴逐渐向外侧移动。当砌体受拉边灰缝拉应力超过构件与砌体界面水平灰缝的弯曲抗拉强度时，就出现裂缝。此时的荷载值约为倾覆荷载的50% ~60%。荷载再增加，裂缝逐渐向雨篷下门洞口方向延伸，形成沿雨篷梁底长方向的裂缝(图7.14)，与此同时，砖墙顶部变位也逐渐增大向外荷载一边倾斜，直到墙体裂缝由墙内侧延伸至墙体边缘，墙体丧失抗倾覆能力。

根据弹性理论分析，倾覆时的旋转点位置以下式确定

$$x_0 = 0.13 l_1 \tag{7.16}$$

式中 l_1——墙厚，见图7.14。

雨篷的破坏除了其中的钢筋混凝土构件因弯、剪、扭承载力不足而引起的外，另一破坏形式就是倾覆破坏，倾覆时并不引起墙体的局部受压破坏。这里仅涉及雨篷的倾覆破坏及抗倾覆验算。

7.4.2 雨篷的抗倾覆验算

雨篷的抗倾覆验算可按挑梁的计算公式即公式(7.13)和公式(7.14)进行计算。但其中抗倾覆荷载 G_r 的取值范围如图7.15所示的阴影部分。

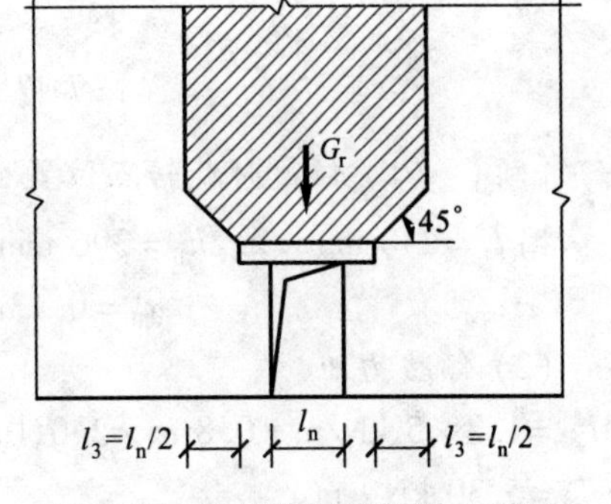

图7.15 雨篷抗倾覆荷载 G_r 范围

若计算不能满足上述要求，表明抗倾覆可靠度不足，应采取措施加强抗倾覆能力。例如将雨篷梁向两端延长，增加它在砌体内的支承长度以增加梁上抗倾覆荷载值(雨篷板则不必加宽)。当倾覆力矩过大，仅延长梁仍不能满足要求时，可将梁延长到两边横墙处并在横墙内设拖梁(图7.16)，或将雨篷梁与附近的结构构件(过梁、圈梁等)连成整体。

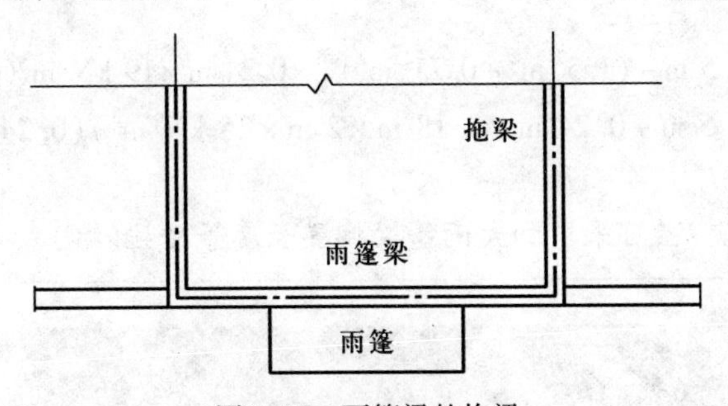

图7.16 雨篷梁的拖梁

至于雨篷板、雨篷梁的设计计算，则应满足《混凝土结构设计规范》(GB 50010—2010)要求。计算雨篷板受弯承载力时，最大弯矩值应取离墙边 x_0 处的截面为计算截面。

7.4.3 雨篷的构造要求

雨篷板的厚度同普通钢筋混凝土悬臂板。雨篷板受力钢筋伸入雨篷梁内的长度不得小于受拉钢筋锚固长度 l_a。雨篷梁的宽度一般与墙体厚度相同，高度由计算确定。

[例7.5] 某钢筋混凝土雨篷,尺寸如例图7.17所示,采用MU10烧结普通砖及M5砂浆砌筑。雨篷板自重(包括粉刷)为5 kN/m,悬臂端集中活荷载按1 kN计,楼盖传给雨篷梁之恒荷载标准值$G_k = 8$ kN/m,砖砌体的高度为19 kN/m³,钢筋混凝土的重度为25 kN/m³。试对该雨篷进行抗倾覆验算。

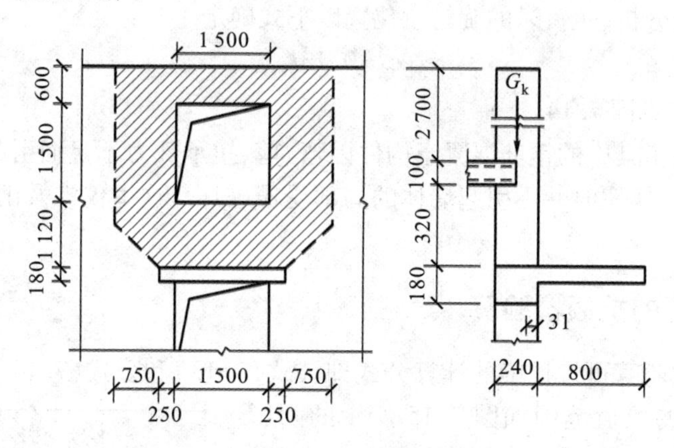

图7.17 [例7.5]雨篷抗倾覆验算图

[解] (1)倾覆时旋转点位置x_0

因$l_1 = 240$ mm $< 2.2h_b = 396$ mm

$$x_0 = 0.13l_1 = 0.13 \times 240 \text{ mm} = 31 \text{ mm}$$

(2)倾覆力矩

$$M_{ov} = 1.2 \times 5 \text{ kN/m} \times 0.8 \text{ m} \times 2.0(0.8 \text{ m}/2 + 0.031 \text{ m}) + 1.4 \times 1 \text{ kN} \times (0.8 \text{ m} + 0.031 \text{ m})$$
$$= 5.30 \text{ kN} \cdot \text{m}$$

(3)抗倾覆力矩

$$M_r = 0.8\{[3.02 \text{ m} \times 3.5 \text{ m} - (1.5^2 \text{ m}^2 + 0.75^2 \text{ m}^2)] \times 0.24 \text{ m} \times 19 \text{ kN/m}^3(0.24 \text{ m}/2 - 0.031 \text{ m})$$
$$+ (8 \text{ kN/m} \times 3.5 \text{ m} + 0.24 \text{ m} \times 0.18 \text{ m} \times 2 \text{ m} \times 25 \text{ kN/m}^3)(0.24 \text{ m}/2 - 0.031 \text{ m})\}$$
$$= 4.71 \text{ kN} \cdot \text{m} < M_{ov}$$

抗倾覆要求不能满足,可采取加大雨篷梁搁置长度等措施(略)。

本章小结

1. 常用的过梁类型有砖砌平拱、砖砌弧拱、钢筋砖过梁和钢筋混凝土过梁。砖砌平拱过梁的净跨$l_n \leqslant 1.2$ m,钢筋砖过梁的净跨$l_n \leqslant 1.5$ m,当采用砖砌弧拱(矢高$f = l_n/5$)时,净跨l_n可达4.0 m。对于跨度较大的以及有较大振动荷载或可能产生不均匀沉降的房屋,应采用钢筋混凝土过梁。此时,过梁和其上的砌体也可以形成共同工作的墙梁,但工程上,一般仍按过梁设计。

2. 砖过梁受力时具有内拱作用,这种作用使梁上部荷载直接传给支座,故过梁荷载的取法与一般构件不同。如砖过梁墙体自重，当 $h_w \geq l_n/3$ 时，按 $l_n/3$ 的砌体自重考虑；当 $h_w \leq l_n/3$ 时，由于不能形成内拱受力机构，故按实际墙高考虑。而过梁上有楼盖梁、板传来的荷载，则根据梁、板下墙体的高度 h_w 是否大于 l_n，来决定考虑与否。对于砖砌平拱过梁，考虑支座水平推力作用，还应对墙体端部窗间墙水平灰缝进行受剪承载力计算。钢筋混凝土过梁梁端支承处砌体局部受压承载力计算时，可不考虑上部荷载的影响。

3. 墙梁是由钢筋混凝土托梁及其上墙体组成的深梁。根据墙梁组成材料的性能，托梁与墙体的高度和跨度以及托梁配筋率的不同，墙梁将出现弯曲破坏、剪切破坏和局压破坏。若托梁混凝土强度较低时，也可能发生托梁的剪切破坏。砌体局压承载力不足时，将发生局部受压破坏。

4. 在施工阶段，墙体与托梁尚未形成组合深梁，不能共同工作，同时荷载也与使用阶段有所不同。因此，不能按墙梁分析方法计算托梁，而应按单独受力的受弯构件进行计算。

5. 墙梁承载力的计算公式，是根据试验建立的经验公式，学习中应着重了解公式建立的基础、适应范围及应用。

6. 墙梁的计算除对钢筋混凝土托梁按普通受弯构件进行计算外，还应进行使用阶段的抗弯、抗剪、局压等方面承载力的计算。

7. 钢筋混凝土挑梁是嵌入砌体结构的悬臂构件。它除进行正截面、斜截面承载力计算外，还要进行整体抗倾覆验算和挑梁下砌体局部承载力验算。

8. 挑梁和雨篷的抗倾覆验算，关键在于确定倾覆点的位置和抗倾覆荷载的大小。

思考题与习题

1. 砖过梁有哪几种？它们的适用范围如何？

2. 砖砌平拱过梁和钢筋砖过梁在荷载作用下，将形成怎样的受力机构？发生的破坏形态有哪几种？它们分别是在什么情况下发生的？

3. 过梁上受到哪些荷载？

4. 过梁有哪些构造要求？

5. 墙梁可能发生哪几种破坏？它们各自是在什么条件下发生的？

6. 为什么现行《规范》规定的墙梁计算方法要求墙梁符合一定的规定？

7. 试述无洞口墙梁的计算要点。

8. 墙梁在施工阶段应如何计算？为什么？对它有哪些构造要求？

9. 挑梁的倾覆点和抗倾覆是如何考虑的？

10. 当雨篷的抗倾覆可靠度不足时，可采取哪些措施？

11. 已知砖砌平拱过梁净跨 $l_n = 1.2$ m，采用 MU10 砖和 M5 混合砂浆砌筑，墙厚 240 mm，在距洞口顶面1.0 m处作用梁板荷载 3.5 kN/m，试验算该过梁承载力。

12. 已知钢筋砖过梁净跨 $l_n = 1.5$ m，墙厚 180 mm，采用 M10 砖和 M5 混合砂浆砌筑，钢筋砖过梁配筋2 ϕ6，求该过梁所能承受的允许均布荷载。

第 8 章

砌体特种结构

学习目标

1. 了解水池所受荷载及圆形水池与矩形水池的受力特点有何异同,掌握砖砌水池的基本构造要求。

2. 了解挡土墙的作用和基本类型,了解重力式挡土墙的基本构造要求。

3. 了解砌体小桥涵的受力特点,掌握其基本构造要求。

8.1 水池

水池是工业与民用建筑中常用的给排水工程构筑物。

水池可用钢、钢筋混凝土、钢丝网水泥或砖石等材料修建,主要由顶盖、池壁、底板和基础以及支座环梁、柱等部分组成。

砌体水池具有构造简单,施工方便,就地取材,节约木材和钢材,造价低廉,不需要特殊的技术要求和设备等优点。其缺点是整体性、抗渗性较差,抗拉强度低,对地基的不均匀沉降、温度变化引起的伸缩等比较敏感。

砌体水池一般适用于池壁高度与底板面积不大的中小型水池。因为砌体结构承载力较低,当水池容量较大时,池壁需做得很厚,材料消耗较多。

常用水池按平面形状分,有圆形和矩形两种。从内力分布和经济角度而言,圆形较为有利,但从适应地形特点及布置紧凑、占地面积等方面考虑,矩形水池更为有利。

按使用条件不同,水池又分为有顶盖水池和无顶盖水池。砌体水池的顶盖和底板,常见的形式有平板式、梁板式、无梁楼盖式和圆锥形等几种。

本节将对圆形水池和矩形水池所受到的荷载、池壁的内力分析方法和构造要求作一些必要的介绍。

8.1.1 水池的受力分析简介

1. 水池的荷载

水池受到的荷载有以下几种(图8.1)。

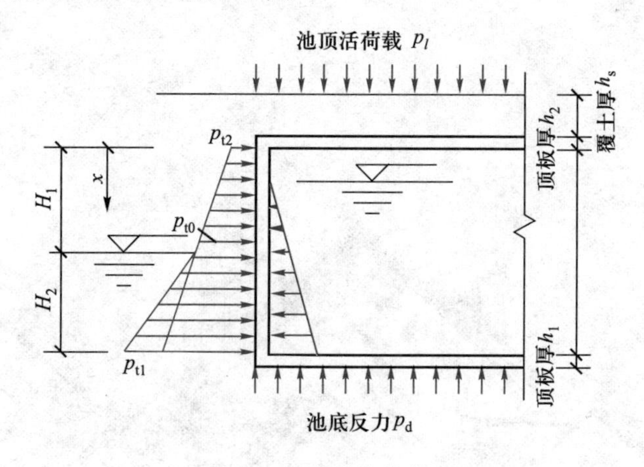

图8.1 水池的荷载

(1) 池顶面荷载　池顶荷载包括顶板自重、防水层重、覆土重、雪荷载和活荷载等。现浇整体式池顶板防水层只需用冷底子油打底,刷一道热沥青,重量很小,可忽略不计。池顶覆土是为了保温或抗浮。进行结构承载力计算时,覆土重度一般取18 kN/m³;进行抗浮计算时,覆土重度一般取16 kN/m³。顶盖活荷载一般取1.5 kN/m²,走道板处取2.0 kN/m²。

活荷载与雪荷载不同时考虑,选两者中较大者进行结构计算。

(2) 池壁水压力　池壁水压按线性分布计算,池壁底侧向水压力值 p_w 为

$$p_w = \gamma_w H_w \tag{8.1}$$

式中　γ_w——水的重度;

H_w——水深,计算池壁底最大水压力时,一般近似取其等于池壁计算高度。

(3) 池壁土压力　地下式或半地下式水池,或用土覆盖的水池池壁外侧受到主动土压力作用。

无地下水时,土压力呈线性分布

$$p_{tx} = [p_l + \gamma_s(h_s + h_2 + x)]\tan^2\left(45° - \frac{\varphi}{2}\right) \tag{8.2}$$

即

$$p_{t1} = [p_l + \gamma_s(h_s + h_2 + H_1 + H_2)]\tan^2\left(45° - \frac{\varphi}{2}\right)$$

$$p_{t2} = [p_l + \gamma_s(h_s + h_2)]\tan^2\left(45° - \frac{\varphi}{2}\right)$$

有地下水时,由于地下水的作用,土压力呈折线分布(图 8.1)。地下水位以上部分的土压力计算同式(8.2),地下水位以下部分土压力按下式计算

$$p_{tx} = [p_l + \gamma_s(h_s + h_2 + H_1) + \gamma_s'(x - H_1)]\tan^2\left(45° + \frac{\varphi}{2}\right) + \gamma_w(x - H_1) \tag{8.3}$$

即

$$p_{t1} = [p_l + \gamma_s(h_s + h_2 + H_1) + \gamma_s' H_2]\tan^2\left(45° - \frac{\varphi}{2}\right) + \gamma_w H_2$$

$$p_{t0} = [p_l + \gamma_s(h_s + h_2 + H_1)]\tan^2\left(45° - \frac{\varphi}{2}\right)$$

式中　p_l——池顶活荷载;

γ_s——土的重度;

γ_s'——土的浮重度;

φ——土的内摩擦角,应根据土壤试验确定。当无试验资料时,对轻亚粘土和砂类土,可近似取 $\tan^2\left(45° - \frac{\varphi}{2}\right) = 1/3$,对亚粘土可近似取 1/4 ~ 1/3。

(4) 池底反力　直接放置在地基上的池底板,其受力状况近似于一块弹性地基上的平板,计算较复杂。实际计算中,只有比较大型且无中间支柱的水池,在地基土比较软弱的情况下才这样考虑。而对一般中小型水池,当底板刚度比较大时,一般可假设地基反力按线性分布。又如果上部荷载比较均匀,则作用在底板上的地基反力可近似按下式计算

$$p_d = \frac{G}{A} \tag{8.4}$$

式中　G——不包括底板自重的水池重量(包括池顶覆土及活荷载);

A——底板面积。

2. 荷载组合

地下式或具有保温设施的地面式水池，强度计算的荷载组合按不同受力阶段分为三种：

(1) 试水阶段　此时池内有水，池外无土，水池只承受结构自重和池内满水压力；

(2) 复土阶段　此时池内无水，池外有土，水池承受结构自重，活荷载，池外地下水压力及土压力；

(3) 使用阶段　此时池内有水，池外有土，水池承受结构自重，活荷载，池内满水压力，池外地下水压力及土压力。

一般来说，上述(1)、(2)两种荷载组合是引起相反的最大内力的两种不利状态。第(3)种荷载组合在一些情况下可能在某些局部位置起控制作用，如池壁两端为弹性嵌固的圆形水池属这些情况。

无保温设施的地面式水池承载力计算时，荷载组合考虑(1)种组合及(3)种组合加上温度荷载。

另外，对于多格矩形水池，尚应根据实际使用条件，考虑一些格满水，一些格无水时的不利组合。

*3. 圆形水池池壁内力分析简介

(1) 计算简图　圆形水池的主要尺寸包括水池的直径、高度、池壁厚度及顶盖、底板的形式等，这些尺寸根据使用要求和一般构造，在内力计算前初步确定。

圆形水池池壁的计算半径，应取自圆心至池壁中心线的距离。池壁竖向计算长度，应根据节点构造和计算简图确定。

① 池壁与顶、底板整体连接，计算简图应整体分析。池壁上下为弹性固定时，池壁竖向计算长度应为顶、底板中线距离；计算简图为池壁上端弹性固定、下端固定时，池壁竖向计算长度应为净高加顶板厚度的一半。

② 池壁与底板整体连接，顶板简支于池壁或两者铰接，计算简图为池壁与底板弹性固定时，池壁竖向计算长度应为净高加底板厚度的一半；计算简图为池壁下端固定时，池壁竖向计算长度应为净高。

计算简图的支承一般作如下考虑：

① 池壁顶端。当为敞口水池时，或预制板搁置在池顶端且无其他连接措施时，池壁顶端应视为自由端；当顶板与池壁顶端设有抗剪钢筋连接时，池壁顶端应视为铰支承。

② 池壁与环梁、底板整体连接时，一般宜视为弹性固定；当位于地下水位以上，地基承载力不低于100 kN/m^2，池壁底端为独立环形基础时，池壁底端可视为固定支承。

(2) 池壁内力计算　池壁的内力计算一般有两种方法，即不考虑壁端约束的近似法和考虑壁端约束的弹性地基梁法。

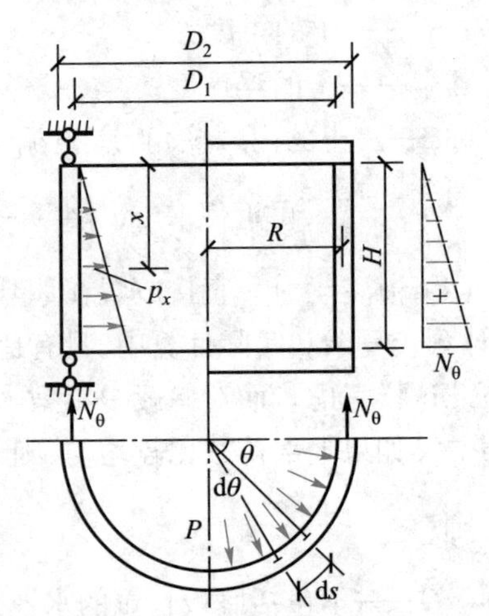

图8.2　不考虑壁端约束的计算简图

① 不考虑壁端约束的近似法　当不考虑底板和顶板池壁的相互作用时,在水(土)压力作用下池壁的计算简图如图 8.2 所示,池壁是具有均匀变化的连续曲面,其上的荷载是均匀而连续变化的。由于池壁的厚度远小于水池的半径,圆形水池池壁可视为圆柱形薄壳。在计算它的内力和变形时,忽略材料的非匀质性、塑性和裂缝的影响而假定其为各向同性的匀质连续弹性体。

对小型水池,可不考虑水池底板、顶板对池壁的约束作用。

② 考虑壁端约束的弹性地基梁法　在实际工程中,①中的状态所要求的条件很难得到全部满足。如边缘支承,实际的支承条件使得水池池壁边缘不能自由地产生法向位移和径向转动,将在池壁内产生弯曲应力,而环向力也将改变。

池壁厚度通常是不大的,即使在不太大的弯矩作用下,产生的弯曲拉应力都有可能超过砌体沿灰缝的抗拉强度。因此,除对小型水池外,一般对砌体水池应考虑这种壁端约束引起的弯曲应力。

[例 **8.1**]　一圆形砖砌水池,池壁高 $H = 3$ m,外径 $D_1 = 5$ m,内径 $D_2 = 4.26$ m,壁厚 $t =$ 370 mm,采用 MU10 砖及 M10 砂浆砌筑,参见图 8.2。试验算该池壁承载力。

[解]　(1) 池壁环向拉力计算

圆筒形砖砌水池,池壁下端与底板为铰接,在水压力作用下,池壁沿高度方向产生水平环拉力及竖向弯矩。上端自由、下端铰接的池壁可查表计算。

环向拉力 $T = \gamma_G k \gamma HR$,计算结果列于表 8.1。

表 8.1　[例 8.1]水池壁环向拉力计算

x	0	$0.1H$	$0.2H$	$0.3H$	$0.4H$	$0.5H$	$0.6H$	$0.7H$	$0.8H$	$0.9H$	$1.0H$
H^2/D_t	5.7	5.7	5.7	5.7	5.7	5.7	5.7	5.7	5.7	5.7	5.7
k	−0.01	0.107	0.227	0.347	0.465	0.565	0.632	0.632	0.534	0.317	0
$\gamma_G \gamma HR$	76.68	76.68	76.68	76.68	76.68	76.68	76.68	76.68	76.68	76.68	76.68
T/(kN · m/m)	−0.767	8.205	17.406	26.610	35.656	43.324	48.461	48.461	40.947	24.307	0

以上,$x = 0$,为池底截面处;$x = 0.1H$,为池顶截面处;

$\gamma_G \gamma HR = 1.2 \times 10 \times 3 \times 2.13$ kN/m $= 76.68$ kN/m;最大环向拉力在 $x/H = 0.6$ 及 0.7 处,T 为 48.461 kN/m。

(2) 按轴心受拉构件进行验算

M10 砂浆砌体 $f_t = 0.19$ MPa

$Af_t = 370$ mm $\times 1\,000 \times 0.19$ MPa $= 70\,300$ N/m $> T = 48\,461$ N/m,满足要求。

(3) 池壁竖向弯矩计算

$M = \gamma_G \gamma H^3$,其中,

$$H^2/D_t = 5.7$$

$$\gamma_G \gamma H^3 = 1.2 \times 10\ \text{kN/m}^3 \times (3\ \text{m})^3 = 324\ \text{kN} \cdot \text{m/m}$$

计算结果列于表 8.2。

表 8.2 [例 8.1]池壁竖向弯矩计算

x	0	0.1H	0.2H	0.3H	0.4H	0.5H	0.6H	0.7H	0.8H	0.9H	1.0H
H^2/D_t	5.7	5.7	5.7	5.7	5.7	5.7	5.7	5.7	5.7	5.7	5.7
k	0	0	0	0.003	0.001	0.002 3	0.004 4	0.006 7	0.008 3	0.007 1	0
$\gamma_G \gamma HR$	324	324	324	324	324	324	324	324	324	324	324
T/(kN·m/m)	0	0	0	0.097 2	0.324	0.745	1.425	2.171	2.689	2.300	0

由上可见，最大竖向弯矩，截面在 $x/H=0.8$，其值为 2.689 kN·m/m。池壁竖向荷载(2.4 m 高度范围内)为

$$N=\gamma_G t H_x \gamma$$

其中，$\gamma_G=1.2$，$t=0.40$ m(含防水层 30 mm)，$\gamma=19$ kN/m^3，$H_x=2.4$ m

$$N=1.2\times0.4\text{ m}\times2.4\text{ m}\times19\text{ kN/m}^3=21.89\text{ kN/m}$$

(4) 按偏心受压构件验算池壁水平截面承载力

$$e=M/N=2.689\text{ kN}\cdot\text{m}/21.89\text{ kN}=0.123\text{ m}$$

$$e/h=123/370=0.332$$

池壁计算高度　$H_0=2.0H=2.0\times3.0\text{ m}=6.0\text{ m}$

高厚比　$\beta=H_0/h=6\,000/370=16.22<[\beta]=26$

由 $\beta=16.22$，$e/h=0.322$，M10 查表 3.1 得，$\varphi=0.27$。

又由 MU10 砖，M10 砂浆，查表 1.8 得，$f=1.89$ MPa。

$\gamma_a\varphi Af=1.0\times0.27\times370\,000\text{ mm}^2\times1.89\text{ MPa}=188\,811\text{ N/m}>N=21\,890\text{ N/m}$，满足要求。

*4. 矩形水池池壁内力分析简介

(1) 计算简图　矩形水池的平面尺寸由使用要求决定，不受其他限制。

矩形水池池壁的水平计算长度，按两端池壁的中线距离计算。池壁竖向计算长度，应根据节点构造和计算简图确定，其方法同圆形水池。在确定计算简图时，池壁顶端、池壁底端的简化与圆形水池相似。

(2) 池壁内力分析　与圆形水池不同，矩形水池壁板除受到水平拉力的作用外，还主要承受水平方向和竖直方向弯矩的作用。矩形水池是由顶盖、池壁及底板组成的空间结构，精确计算池壁内力是比较困难的。目前，在矩形水池设计时，一般都要经过一些简化和近似处理。本节主要介绍几种常用的简化计算方法。

矩形水池按形状划分为深池、中深池和浅池三类。当池壁高宽比大于 2 时，称为深池。当池壁为四边支承，且高宽比小于 0.5 时，或池边虽三边支承但顶端自由，且高宽比小于 1/3 时，称为浅池。当池壁为四边支承，且高宽比在 0.5～2.0 范围内(含 0.5 和 2.0)，或当池边虽为三边支承但顶端自由，且高宽比在 1/3～2.0 范围内(含 1/3 和 2.0)时，称为中深池。

① 深池池壁　根据板的理论可知，在横向荷载作用下，深池壁板上、下两端的约束作用对壁板中间部分影响不大，壁板中间部分主要是水平方向受力的单向板。因此，矩形深池壁

板可分为两个计算区域，即中间部分和两端部分。中间部分按水平方向单向板计算，当有顶板时靠近顶、底附近的部分按双向板计算；当没有顶板时，池顶附近按单向板计算，底板附近按双向板计算。

对于壁板中间部分，为计算方便，沿其高度方向分成若干个单位高度的水平框架，不考虑每个水平框架之间的连续约束作用。水平框架上的荷载按均布荷载考虑，其值近似取本框架所承受的最大水平压力或平均水平压力。

对于靠近上、下端附近的部分，由于受边缘板的约束作用，应按双向受力板进行分析。根据半无限长板理论分析可知，当池壁边缘受约束时，在荷载作用下，端部约束作用产生的竖向弯矩沿高度方向迅速衰减。因此，一般近似地取距约束端 1 倍边长的区域，按双向板计算，其边界条件为两侧近似为固定，靠近壁板中间部分的边缘为自主端，靠近底、顶（当有顶板时）边缘部分视其边界约束条件而定。

② 浅池池壁　根据板的理论可知，浅池池壁板两侧边的约束作用对中间部分影响很小，可以忽略不计。这样，浅池池壁板可以分成两个计算区域，即池壁水平向中间部分和靠近两侧的边缘部分。中间部分按竖向工作的单向板计算；靠近两侧水平向角隅边缘部分按双向板计算。

对于壁板中间部分，可取单位宽度的竖向板条作为计算单元，底端为固定端，顶端视具体约束情况而定。当为开口水池，或盖板搁置在池顶且无连接措施时，顶端视为自由端；当盖板与池顶设有连接钢筋时，顶端视为铰接。

对于靠近两侧角隅边缘部分，由于受到板角处的约束作用，应按双向受力板计算。

③ 中深池池壁　在横向荷载作用下，中深池池壁沿双向传递内力，由于矩形水池壁板间的空间约束作用，其内力的精确计算是比较困难的，因此工程设计中往往采用弯矩分配法等近似法进行计算。

弯矩分配法的具体做法是：首先在相邻板的共同棱边加上人为约束形成固定端，按双向板计算边缘固端弯矩；然后将共同棱边处弯矩叠加，计算不平衡弯矩；最后放松人为约束，在相邻板之间进行弯矩分配和传递。有人对矩形水池八种约束情况进行了分析，并给出了各种情况下分配的弯矩系数表，可供设计时查用（见中国建筑工业出版社《给水排水工程结构设计手册》）。

矩形水池采用扶壁式或扶壁加横肋式时，其内力计算可参照挡土墙结构。

8.1.2　砖砌水池的构造要求

（1）砌体材料　为了提高砌体水池池壁的强度、整体性以及抗渗和抗裂能力，在砌筑中、小型水池时，可采用普通粘土机制砖，强度等级不低于 MU10，或强度等级不低于 MU30 的石料，砌筑砂浆应采用纯水泥砂浆，强度等级一般不低于 M7.5。

（2）池壁形式　水池池壁形式主要有以下几种：

① 等截面无筋砌体池壁，适用于小型水池，见图 8.3a；

② 变截面无筋砌体池壁，见图 8.3b；

③ 配筋砌体池壁，即灰缝内配置适量的直径为 4 mm 的环向钢筋，以提高砌体的抗拉强

度和整体性，见图8.3c；

④ 砌体与钢筋混凝土环梁组合构造的池壁。这种池壁一般由钢筋混凝土环梁承担全部环向拉力，使得池壁做得薄而且也加强了池壁的刚度。容量较大的水池常采用这种形式，见图8.3d。

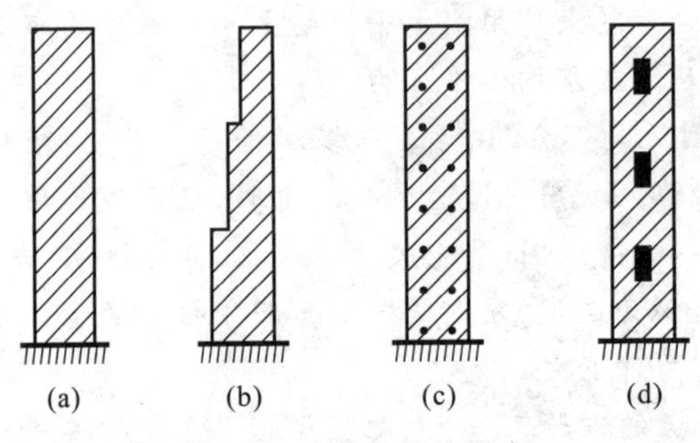

图8.3 砌体池壁的形式

此外，还可以在砌体池壁内外加设钢筋网水泥砂浆，构成组合结构，也可对砌体池壁施加预应力。

(3) 池壁构造 砌体水池池壁的厚度应满足前面章节所述砌体结构的有关规定。砌体水池池壁与底板、顶板的连接宜采用滑动或铰接，常用的构造措施如图8.4所示。

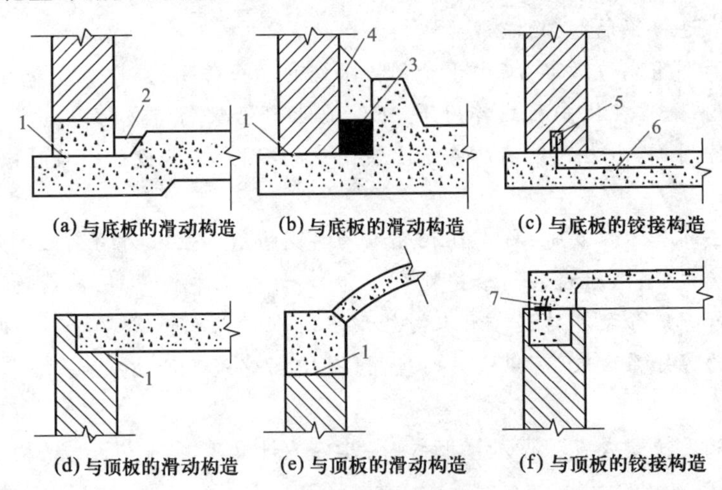

图8.4 池壁端部连接构造示意图

1—涂油分离层；2—止水片；3—沥青；4—水泥砂浆；5—钢筋混凝土槛；6—钢筋；7—电焊连接

8.2 挡土墙

8.2.1 挡土墙简介

挡土墙在工程结构中的作用是防止土体的坍塌和失稳。当建筑物两侧土的高度不同时,较高的一侧土对结构产生水平推力,为保持建筑结构的稳定,需设置挡土墙。挡土墙在建筑、水利和交通工程中应用非常广泛,如图 8.5 所示。按照结构形式划分,常用的挡土墙有重力式(图8.6a)、悬臂式(图8.6b)、扶壁式(图8.6c)和板桩式(图8.6d)等几种。

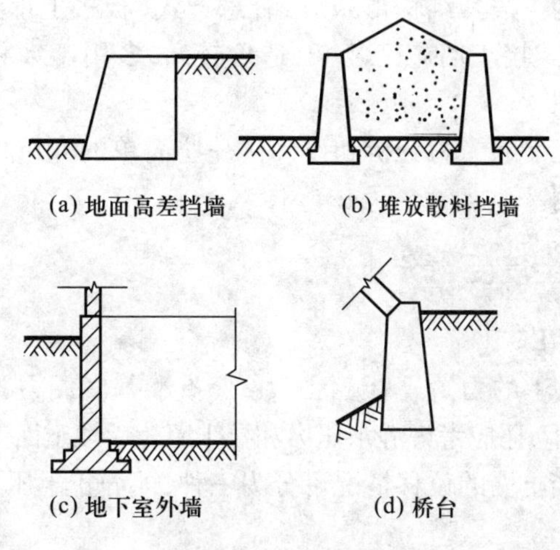

图 8.5 挡土墙应用示例

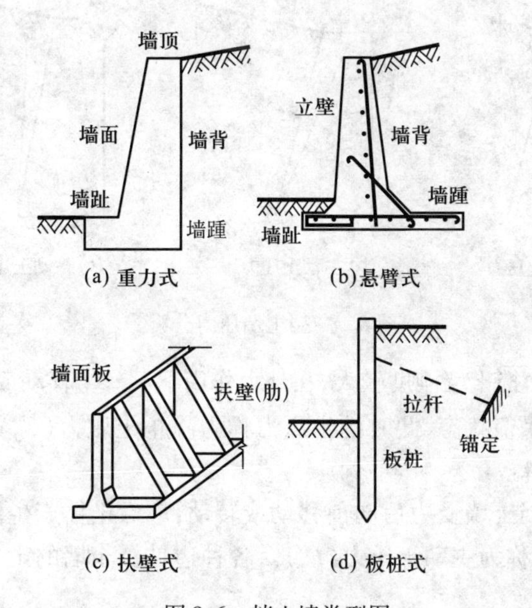

图 8.6 挡土墙类型图

重力式挡土墙靠本身的重量保持墙身的稳定,通常采用砌体材料或素混凝土修建,因而其墙体抗弯能力较差。但它具有结构简单、施工方便、就地取材等优点,应用非常广泛。

悬臂式挡土墙由立壁、墙趾悬臂和墙踵悬臂三个悬臂板组成。它墙身较薄,结构轻巧,多为钢筋混凝土结构。适用于墙高大于 5 m,地基土质较差,缺少石料地区的重要工程。

在悬臂式挡土墙内侧或外侧，沿墙的长度方向每隔一定间距设置一道扶壁(肋)，用以增强挡土墙立壁的抗弯性能，并减少壁厚，保证挡土墙的稳定性，这就是扶壁式挡土墙。扶壁式挡土墙多用于墙高大于8 m的软弱地基上。一般采用钢筋混凝土结构。

板桩式挡土墙是一种采用钢板桩、木板桩和钢筋混凝土板桩墙，支承侧向土体压力的永久性或临时性的挡土结构。按其结构形式分，有悬臂式(板桩上部无支撑)和锚定式(板桩上部有支撑)两种。板桩式挡土墙施工复杂、造价较高，多用于水利工程，工业与民用建筑深基坑的护坡桩也常采用。

本书只就重力式挡土墙的受力分析和设计作一些简单的介绍，并对砌体重力式挡土墙的构造要求作必要的说明。

8.2.2 重力式挡土墙受力分析简介

1. 挡土墙受到的作用

作用在重力式挡土墙上的力主要有：土压力，自重和基底反力，在地震区还要考虑地震作用。此外，在一定条件下，还应考虑静水压力和挡土墙背后填土面上荷载引起的附加应力。

(1) 土压力　根据挡土墙的位移情况可分为三种，即静止土压力、主动土压力和被动土压力，如图8.7所示。

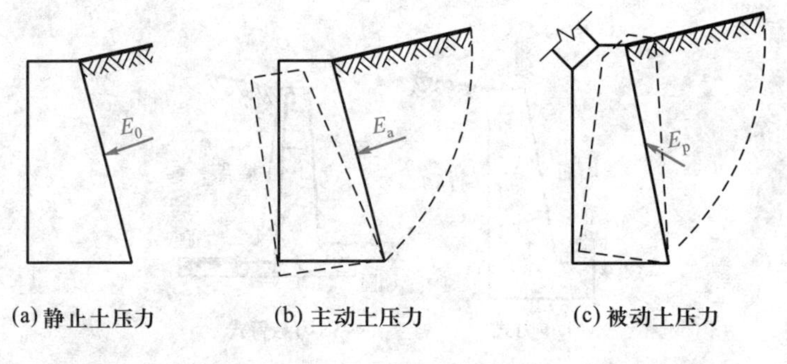

(a) 静止土压力　(b) 主动土压力　(c) 被动土压力

图8.7　挡土墙压力分类

① 静止土压力　当挡土墙刚度较大，在外力作用下不产生移动或转动而保持原来的位置，墙后土体处于弹性平衡状态，此时的土压力称为静止土压力(E_0)。地下室外墙的土压力，应按静止土压力计算。

② 主动土压力　挡土墙受力后向前移动或转动，墙后土体产生滑裂面，并提供抗剪能力，从而减小了土压力，称为主动土压力(E_a)。各种边坡挡土墙的土压力，应按主动土压力计算。

③ 被动土压力　在外力作用下，挡土墙向后移动或转动，挤压土体也向后移动，当达到被动极限平衡状态时，产生滑裂面，并产生抗剪力，增大了土压力，称为被动土压力(E_p)。

在相同条件下，主动土压力、静止土压力、被动土压力三者的关系是：

$$E_a < E_0 < E_p$$

(2) 墙体自重　组成重力式挡土墙的砌体本身的重量。

(3) 基底反力　基底上作用有法向分力和切向分力。假定法向分力沿基底为直线分布。

(4) 其他作用力　当挡土墙背后填土上部有均布荷载时,可折算成当量土重,以计算主动土压力;当墙背后填土处于地下水位以下时,墙背上的侧向力由主动土压力和静水压力组成。土压力应分别按天然重度和浸水重度计算。

*2. 静止土压力的计算

挡土墙无位移,墙背土体无变形,土中某一点的水平应力即为作用在墙背上的静止土压力。静止土压力强度 σ 可按下式计算

$$\sigma = K'_0 \gamma H_y \tag{8.5}$$

静止土压力分布呈三角形,作用点在墙高下部 $H/3$ 处,垂直墙背方向,静止土压力合力 E_0 为:

$$E_0 = \gamma H^2 K_0 / 2 \tag{8.6}$$

式中　K_0——静止土压力系数,由试验求得,无试验资料时,砂土取 0.4 ~ 0.5,粘性土取 0.5 ~ 0.6;

γ——墙后填土重度;

H——墙高。

*3. 主动土压力计算

由平面滑裂面的假定,可得到土压力表达式,墙背上主动土压力的合力为下式,其计算简图如图 8.8 所示。计算公式如下

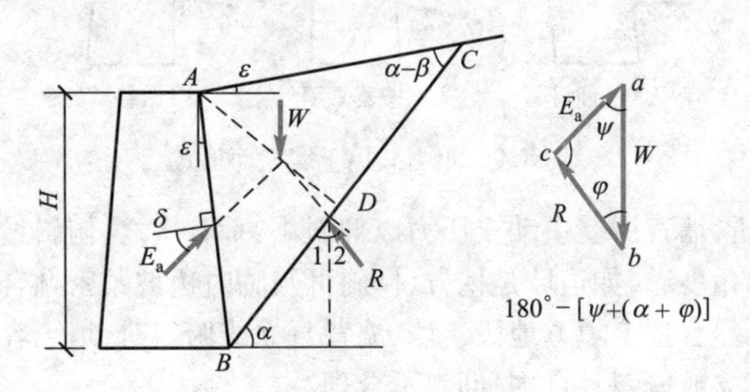

图 8.8　主动土压力计算图

$$E_a = \frac{1}{2} \gamma H^2 K_a \tag{8.7}$$

式中　γ——填土重力密度;

H——挡土墙高度;

K_a——主动土压力系数,有计算公式计算,一般可根据墙后填土的内摩擦角 ϕ,墙背的倾斜角 ε,墙后填土的倾斜角 β,墙背与填土之间的摩擦角 δ 查土力学的相关表格得到。

E_a——主动土压力合力。

主动土压力的合力距离挡土墙底的高度 z 为

$$z=\frac{H}{3}\times\frac{1+3q/\gamma H}{1+2q/\gamma H}$$

当 $q=0$ 时,$z=H/3$。

以上土压力计算公式,常用于3~6 m高的挡土墙中。

8.2.3 重力式挡土墙设计要点

设计重力式挡土墙,一般步骤如下:

(1) 根据土层构成、地下水情况、土质性能以及施工、经济、美观等因素选择挡土墙的类型;

(2) 根据经验估算并确定墙体的形状和截面尺寸;

(3) 荷载计算;

(4) 挡土墙的验算,包括抗倾覆、抗滑移验算、地基承载力验算和墙身强度验算。

重力式挡土墙由墙顶、墙身和墙基三部分组成。墙身又分为墙面和墙背两侧;墙基的前缘称为墙趾,后缘称为墙踵。

1. 墙背选型

墙背按倾斜情况分为仰斜、垂直和俯斜三种形式,如图8.9所示。

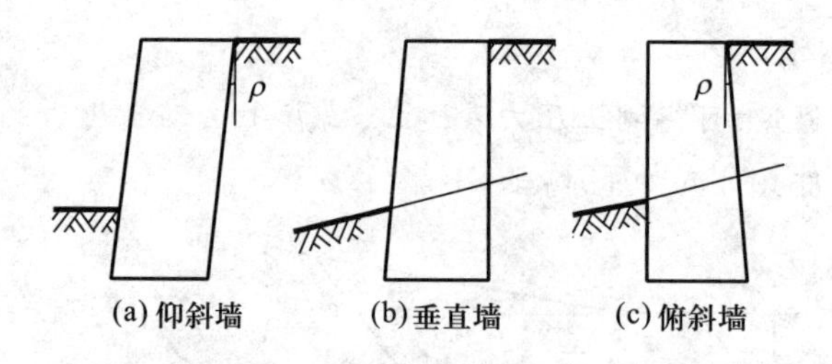

图8.9 重力式挡土墙截面形式

从受力情况分析,墙背所受主动土压力以仰斜小,垂直次之,俯斜最大。

从填、挖土方的角度看,如边坡是挖方,仰斜可与临时边坡紧密贴合,以仰斜合理。直立和俯斜均需填方,不尽合理。填方地段筑墙,墙背直立或俯斜时,填土容易夯实,而仰斜不易夯实,故此时墙背直立或偏斜较合理,仰斜不合理。

另外,若墙前地形平坦,用仰斜为宜,若地形陡峭,用直立墙和俯斜墙较好。为保证墙趾与墙前土坡有一定距离,仰斜墙还会增加一定高度。

总之,重力式挡土墙应优先选用仰斜式,其次为直立式,尽量不选用俯斜式。

2. 截面选择

(1) 挡土墙的坡度规定 墙背坡度越大,主动土压力越小,且施工困难,故一般不超过1:0.25。墙面坡度,当墙前地面较陡峭时,可取1:0.05~1:0.2,亦可直立;墙前地面较平坦时,可取至1:0.4。尽量使挡土墙受力较大处截面也较大。

基底坡度,为增加挡土墙抗滑移能力,可将基底作成斜坡状。对一般土质,坡度不大于1:0.1;对基岩,不大于1:0.2。坡度过大,有可能使土块一起滑动,或按基础底面与水平面的夹角控制,对于砂土或粘性土,不宜大于6°;对于碎石土和岩石不宜大于11°。

(2) 墙趾台阶和墙顶宽度　挡土墙增设墙趾台阶,用以增大基础底面积,减少基底压力,并增加抗倾覆能力。每步台阶的宽度不大于200 mm,高宽比为2:1。

墙顶的宽度,当墙体为毛石砌筑时,不应小于500 mm;当为料石砌筑时,不应小于200 mm。

*3. 重力式挡土墙的验算

(1) 稳定性验算　挡土墙的整体稳定性验算包括抗倾覆验算和抗滑移验算两部分。砌体结构作为一个刚体验算整体稳定时,起有利作用的永久荷载分项系数取0.8,起不利作用的永久荷载分项系数取1.2,起不利作用的可变荷载分项系数取1.4。

① 倾覆稳定验算　在倾覆稳定验算中,将土压力 E_a 分解成水平分力 E_{az} 和竖向分力 E_{ax},如图8.10所示。

$$\left.\begin{aligned} E_{az} &= E_a\cos(\delta-\alpha) \\ E_{ax} &= E_a\sin(\delta-\alpha) \end{aligned}\right\} \tag{8.8}$$

对墙趾 O 点的倾覆力矩为

$$M_1 = E_{ax}z_f \tag{8.9}$$

对墙趾 O 点的抗倾覆力矩为

$$M_2 = Wx_0 + E_{az}x_f \tag{8.10}$$

为了保证挡土墙的倾覆稳定,必须使抗倾覆力矩大于倾覆力矩,即

$$0.8M_2 - 1.2M_1 \geqslant 0 \tag{8.11}$$

式中　W——每米挡土墙自重;

x_0——挡土墙重心离墙趾的水平距离;

x_f——土压力竖向分力至墙趾的垂直距离,$x_f = b - z\cot\alpha$;

z_f——土压力水平分力至墙趾的垂直距离,$z_f = z - b\tan\alpha_0$,其中 α_0 为挡土墙基底倾角;z 为土压力作用点离墙踵的高度;b 为基底水平投影宽度。

当地基土较软时,在倾覆的同时,墙趾可能陷入土中,使得力矩中心 O 点将向内移动,从而抗倾覆能力降低,导致抗倾覆安全储备降低。因此在应用式(8.10)时要注意地基土的压缩性。

② 滑移稳定验算　在滑移稳定验算中,将土压力 E_a 和自重 W 分解成平行和垂直于基底的两个分力,在平行于基底的分力作用下,挡土墙将可能产生平行于基底的滑移,参见图8.11,此滑动力为

$$E_1 = E_{at} - W_t = E_a\sin(\alpha-\alpha_0-\delta) - W_t\sin\alpha_0 \tag{8.12}$$

抗滑力为垂直于基底的分力在基底产生的摩擦力,即

$$E_2 = \left(W_a + E_{an}\right)\mu = [W\cos\alpha_0 + E_a\cos(\alpha-\alpha_0-\delta)]\mu \tag{8.13}$$

为了保证抗滑动稳定,应满足

$$0.8E_2 - 1.2E_1 \geqslant 0 \tag{8.14}$$

式中　μ——挡土墙基底对地基土的摩擦系数,按表8.3选用。

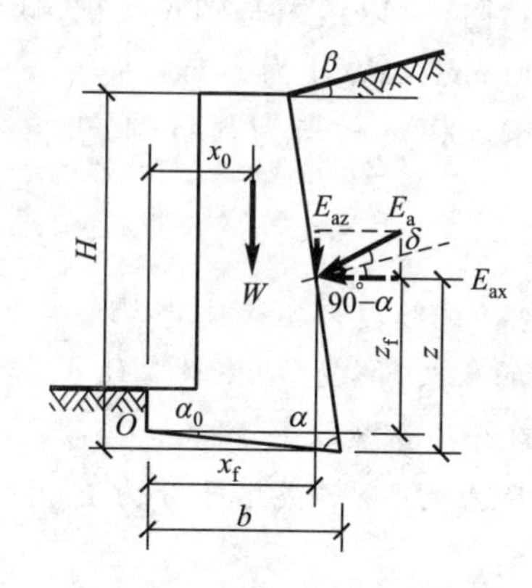

图8.10 挡土墙稳定验算

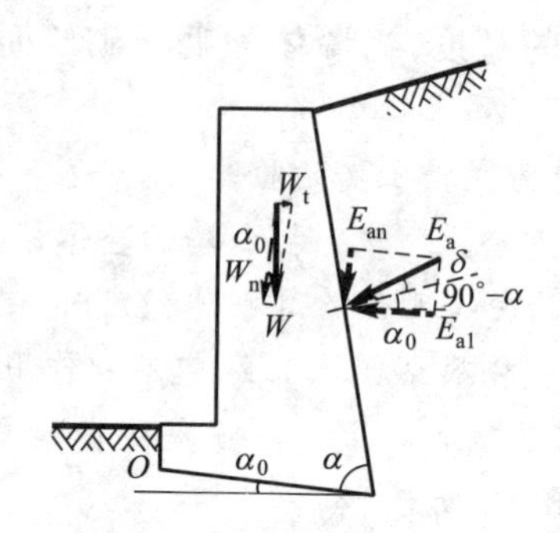

图8.11 挡土墙抗滑移验算

表8.3 挡土墙基底对地基土的摩擦系数μ值

土的类别		摩擦系数μ
粘性土	可塑	0.25～0.30
	硬塑	0.30～0.35
	坚硬	0.35～0.45
粉土	$s_t \leqslant 0.5$	0.30～0.40
中砂、粗砂、砾砂		0.40～0.50
碎石土		0.40～0.60
软质岩石		0.40～0.60
表面粗糙的硬质岩石		0.65～0.75

注:1. 对易风化的软质岩石和塑性指数$l_p>22$的粘性土,基底摩擦系数应通过试验确定;

2. 对碎石土,可根据其密实度、填充物状况、风化程度等确定。

当基底下有软弱夹层时,还可能出现沿地基某一曲面滑动破坏,因此需应用圆弧滑动面法进行地基稳定性验算(略)。

(2) 地基承载力验算　挡土墙地基承载力验算,与一般偏心受压基础地基承载力验算方法相同,见图8.12。

首先,求出作用于基础底面上的合力及其作用点位置。利用平行四边形法则求出挡土墙重力及土压力二分力的合力E,将此合力沿作用线延至基底m点,再分解为垂直于基底的分力E_0和平行于基底的分力E_t。

然后,求出基底台力$N(E_n)$的偏心距e。先将土压力E_a分解为垂直分力E_{az}及水平分力E_{ax},根据合力矩等于各分力矩之和的原理,将诸分力对墙趾O点取距,便可求得合力N作用点对O点的距离C及地基底形心的偏心距e。

(3) 墙体承载力验算　挡土墙承载力的验算,一般包括墙体抗压承载力验算和墙身抗剪承载力验算两项内容。

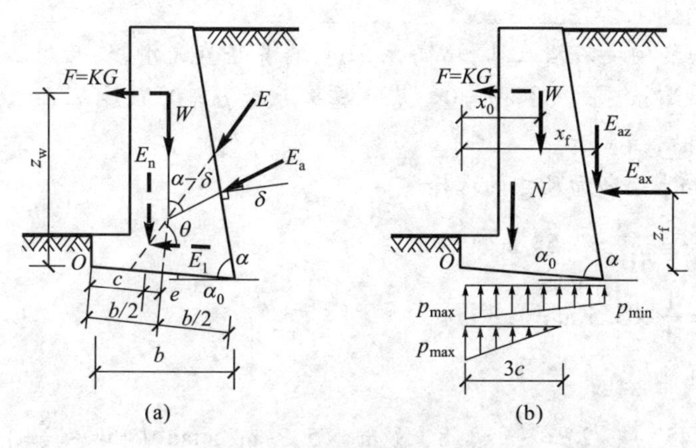

图 8.12　地基承载力分析

先选择挡土墙墙身薄弱截面为计算截面，然后计算该截面以上墙体的自重和墙体所受的主动土压力的合力及其位置，再计算该截面处荷载效应计算值 N、M 和 V。这些工作都做好后，就可以进行墙体承载力验算了。

① 挡土墙墙体抗压承载力验算　按无筋砌体受压构件的承载力计算方法验算挡土墙墙身截面的受压承载力，即

$$N \leqslant \gamma_a \varphi A f \tag{8.15}$$

式中　N——由设计荷载产生的纵向力；

γ_a——砌体强度设计值调整系数，取 $\gamma_a = 1.0$；

φ——纵向力影响系数，根据砂浆强度等级 M，β、e/h、查表 3.1 ~ 表 3.3 求得，其中 β 为高厚比 $\beta = H_0/h$，求纵向力影响系数时，β 值应先乘以砌体类别系数，此系数对砖砌体取 1.0，对粗料石和毛石砌体取 1.5；H_0 为计算墙高，取 $H_0 = 2H$，H 为墙高，h 为墙的平均厚度；e 为纵向力的计算偏心距，$e = e_k + e_a$，e_k 为标准荷载产生的离心距，为附加的偶然偏心距，$e_a = H/300 \leqslant 20$ mm；

A——计算截面面积，取 1 m 长度；

f——砌体抗压设计强度。

② 墙身抗剪承载力验算　按无筋砌体受剪构件的承载力计算方法计算截面承载力，按下式计算

$$V \leqslant (f_v + \alpha\mu\sigma_0) A \tag{8.16}$$

式中　V——由设计荷载产生的水平剪力；

f_v——砌体的抗剪强度设计值；

A——水平截面面积；

α——修正系数，对砖砌体，当永久荷载分项系数 $\gamma_G = 1.2$ 时，$\alpha = 0.60$；当 $\gamma_G = 1.35$ 时，$\alpha = 0.66$；

μ——剪压复合受力影响系数，α 与 μ 的乘积值可查《规范》表 5.5.1；

σ_0——永久荷载设计值产生的平均压应力。

［例8.2］ 一浆砌块石挡土墙，墙高5.5 m，墙背竖直光滑，墙后填土水平，土的物理力学指标：$\gamma=18\ \text{kN/m}^3$，$\varphi=38°$，$c=0$。基底摩擦系数$\mu=0.5$，地基土承载力设计值$f=180\ \text{kN/m}^2$，试设计该挡土墙。

［解］ (1) 挡土墙断面尺寸的选择

顶宽采用 $\frac{h}{10}=\frac{5.5}{10}=0.55\ \text{m}$

底宽取 $\frac{h}{3}=\frac{1}{3}\times5.5\ \text{m}=1.8\ \text{m}$

(2) 土压力计算

$$E_a=\frac{1}{2}\gamma h^2\tan^2(45°-\varphi/2)=\frac{1}{2}\times1.8\ \text{kN/m}^3\times5.5^2\ \text{m}^2\times\tan^2\left(45°-\frac{38°}{2}\right)=64.7\ \text{kN/m}$$

土压力作用点$z_f=\frac{1}{3}h=\frac{1}{3}\times5.5\ \text{m}=1.83\ \text{m}$

(3) 计算挡土墙自重及重心

将挡土墙的截面分成一个三角形和一个矩形，浆砌块石重度取22 kN/m^2，其重量分别为：

$$W_1=\frac{1}{2}\times1.25\times5.5\ \text{m}\times22\ \text{kN/m}^2=75.63\ \text{kN/m}$$

$$W_2=0.55\times5.5\ \text{m}\times22\ \text{kN/m}^2=66.55\ \text{kN/m}$$

W_1、W_2作用点至墙外O点的水平距离分别为

$$x_1=\frac{2}{3}\times1.25\ \text{m}=0.833\ \text{m}$$

$$x_2=1.25+\frac{1}{2}\times0.55\ \text{m}=1.525\ \text{m}$$

(4) 倾覆稳定性验算，如图8.13所示。

$$K_t=\frac{W_1x_1+W_2x_2}{E_az_f}=\frac{75.63\ \text{kN/m}\times0.833\ \text{m}+66.55\ \text{kN/m}\times1.525\ \text{m}}{64.7\ \text{kN/m}\times1.83\ \text{m}}=1.39$$

$$\frac{1.5-1.39}{1.5}\times100\%=7.3\%>5\%$$

偏于不安全，应加大挡土墙截面尺寸。

取顶宽0.70 m，底宽取2.2 m。

$$W_1=\frac{1}{2}\times1.5\times5.5\ \text{m}\times22\ \text{kN/m}^2=90.75\ \text{kN/m}$$

$$W_2=0.7\times5.5\ \text{m}\times22\ \text{kN/m}^2=84.70\ \text{kN/m}$$

$$x_1=\frac{2}{3}\times1.5\ \text{m}=1.0\ \text{m}$$

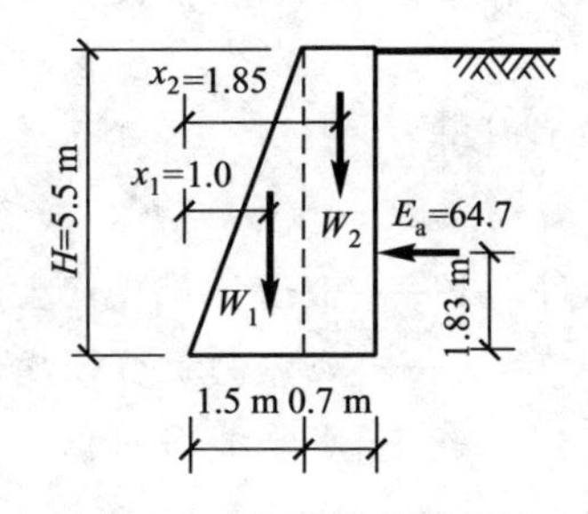

图8.13 倾覆稳定性验算

则

$$x_2=1.5\ \text{m}+\frac{2}{3}\times0.7\ \text{m}=1.85\ \text{m}$$

$$K_t=\frac{90.75\ \text{kN/m}\times 1.0\ \text{m}+84.70\ \text{kN/m}\times 1.85\ \text{m}}{64.7\ \text{kN/m}\times 1.83\ \text{m}}=2.09>1.5$$，满足要求。

(5) 滑动稳定性验算

$$K_s=\frac{(W_1+W_2)\mu}{E_a}=\frac{(90.75\ \text{kN/m}+84.70\ \text{kN/m})\times 0.5}{64.7\ \text{kN/m}}=1.36>1.3$$，满足要求。

(6) 地基承载力验算，如图8.14所示。作用在基底的总竖向力

$$Q=W_1+W_2=90.75\ \text{kN/m}+84.70\ \text{kN/m}=175.45\ \text{kN/m}$$

合力作用点至 O 点的距离 x_0。

$$x_0=\frac{W_1x_1+W_2x_2-E_az_f}{N}=\frac{90.75\ \text{kN/m}\times 1.0\ \text{m}+84.70\ \text{kN/m}\times 1.85\ \text{m}-64.7\ \text{kN/m}\times 1.83\ \text{m}}{175.45\ \text{kN/m}}$$

$$=0.74\ \text{m}$$

偏心距 $e=\frac{b}{2}-x_0=\frac{2.2\ \text{m}}{2}-0.74\ \text{m}=0.36\ \text{m}\approx\frac{b}{6}=\frac{2.2\ \text{m}}{6}=0.367\ \text{m}$

$$P_{\max}=\frac{2Q}{3\times(b/2-e)}=\frac{2\times 175.45\ \text{kN/m}}{3\times\left(\frac{2.2\ \text{m}}{2}-0.36\ \text{m}\right)}=158.06\ \text{kN/m}^2<1.2f=1.2\times 180\ \text{kN/m}^2$$

$$=216\ \text{kN/m}^2$$

$$P=\frac{1}{2}(P_{\max}+P_{\min})=\frac{1}{2}\times(158.06\ \text{kN/m}^2+0)=79.03\ \text{kN/m}^2<f=180\ \text{kN/m}^2$$

(7) 墙身强度验算，如图8.15所示。

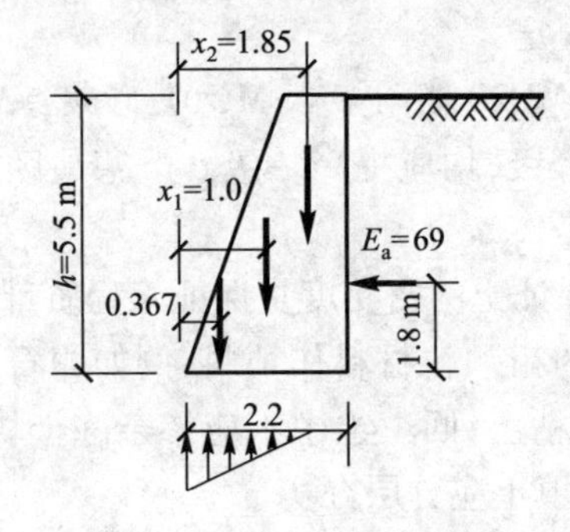

图8.14 地基承载力验算

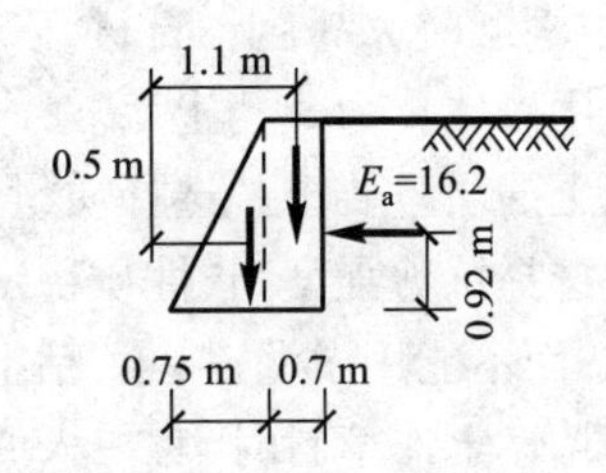

图8.15 墙向强度验算

采用MU20毛石，M2.5混合砂浆砌筑，$f_c=440\ \text{kN/m}^2$ 验算挡土墙半高处截面的抗压强度。该截面的土压力

$$h_1=h/2=5.5\ \text{m}/2=2.75\ \text{m}$$

$$E_{a1}=\frac{1}{2}\gamma h_1^2\tan^2\left(45^\circ-\frac{\varphi}{2}\right)=\frac{1}{2}\times 18\ \text{kN/m}^3\times 2.75^2\ \text{m}^2\tan^2\left(45^\circ-\frac{38^\circ}{2}\right)=16.2\ \text{kN/m}$$

作用点至该截面的距离 $z_{f1}=\frac{1}{3}h_1=\frac{1}{3}\times 2.75\ \text{m}=0.92\ \text{m}$

截面以上挡土墙自重：

$$W_3=\frac{1}{2}\times 0.75\times 2.75\ \text{m}\times 22\ \text{kN/m}^2=22.69\ \text{kN/m}$$

$$W_4 = 0.7 \times 2.75\ \mathrm{m} \times 22\ \mathrm{kN/m^2} = 42.35\ \mathrm{kN/m}$$

W_3、W_4 作用点至 O_1 点的距离：

$$x_3 = \frac{2}{3} \times 0.75\ \mathrm{m} = 0.5\ \mathrm{m}$$

$$x_4 = 0.75\ \mathrm{m} + 0.70\ \mathrm{m}/2 = 1.1\ \mathrm{m}$$

截面上的总法向应力 $\sum W = W_3 + W_4 = 22.69\ \mathrm{kN/m} + 42.35\ \mathrm{kN/m} = 65.04\ \mathrm{kN/m}$

$\sum W$ 作用点至 O_1 点的距离

$$x_{01} = \frac{W_3 x_3 + W_4 x_4 - E_{a1} z_{f1}}{N_1} = \frac{(22.69\ \mathrm{kN/m} \times 0.5\ \mathrm{m} + 42.35\ \mathrm{kN/m} \times 1.1\ \mathrm{m} - 16.2\ \mathrm{kN/m} \times 0.92\ \mathrm{m})}{65.04\ \mathrm{kN/m}}$$

$$= 0.66\ \mathrm{m}$$

偏心距 $e_1 = \frac{b_1}{2} - x_{01} = \frac{1.45\ \mathrm{m}}{2} - 0.66\ \mathrm{m} = 0.065\ \mathrm{m}$

截面上的法向力

$$\sigma_{\min}^{\max} = \frac{\sum W}{b_1}\left(1 \pm \frac{6e_1}{b_1}\right) = \left(\frac{64.05\ \mathrm{kN/m}}{1.45\ \mathrm{m}}\right)\left(1 \pm \frac{6 \times 0.065\ \mathrm{m}}{1.45\ \mathrm{m}}\right) = \frac{56.010}{32.334}\ \mathrm{kN/m^2} < f_c = 440\ \mathrm{kN/m^2}$$

满足要求。

8.2.4 砌体重力式挡土墙的构造要求

砌体重力式挡土墙设计中尚应遵循下述构造规定：

（1）材料要求　常用材料的强度等级，石材≥MU20；粘土砖≥MU10；砂浆≥M5。在严寒地区，且很潮湿时，混凝土、石材、砂浆最低强度等级，均应提高一级。严寒地区或盐渍土地区不宜选用砌体重力式挡土墙。

墙后填土的质量要求。选择质量好的填料和保证土的密实度是保证工程质量的关键问题。填料应选择抗剪强度高、性质稳定、透水性好的粗颗粒材料作填料，例如卵石、砾石、粗砂、中砂等。而不能用淤泥、耕土、粘土块和膨胀性粘土，回填土中不应掺杂冻土块、木块等杂物。当用粘性土作填料时，宜掺入一定量块石。填土应分层夯实。

对常用的砖、石挡土墙，当砌筑砂浆达到设计强度70%时，方能回填。

（2）挡土墙埋置深度　挡土墙的埋置深度应根据持力层地基承载力和冻结深度等因素确定。一般应在地面下不小于0.80 m；有冲刷时，在冲刷线以下不小于1 m，应在冰冻线以下不少于0.25 m；基底为岩石、卵石、砾石、粗砂或中砂等，则不受冻深限制。

基础底面下为风化岩层时，除应将风化层清除外，一般须加挖0.15～0.25 m；若风化层较厚则不全部清除。此时挡土墙嵌入岩层厚度 h、宽度 l 尺寸如下：

轻微风化硬质岩石　$l \geq 0.5\ \mathrm{m}$，$h \geq 0.25\ \mathrm{m}$；

风化岩石或软质岩石　$l \geq 1.0\ \mathrm{m}$，$h \geq 0.6\ \mathrm{m}$；

坚实的粗粒土　$l \geq 2.0\ \mathrm{m}$，$h \geq 1.0\ \mathrm{m}$。

(3) 沉降缝及伸缩缝　为了防止由于墙高、墙后土压力及地基压缩性的差异造成的不均匀沉降,挡土墙宜设置沉降缝。

为了避免因混凝土及砖石砌体的收缩硬化和温度变化等作用引起的开裂,挡土墙宜设置伸缝。两种缝宜合一设置。挡土墙每隔 10 ~ 20 m 设置一道伸缩缝,在地基变化处,宜加设沉降缝。缝宽约 20 mm,缝内嵌填柔性防水材料。

(4) 排水措施　挡土墙应设泄水孔,纵横间距一般为 2 ~ 3 m,外斜 5%,泄水孔一般根据排水量而定,可分别采用 50 mm × 100 mm,100 mm × 100 mm,150 mm × 200 mm 的矩形孔,或采用直径为 50 ~ 100 mm 的圆孔。墙后的泄水孔附近做 400 ~ 500 mm 厚滤水层和必要的盲沟,以免淤塞。应在最低泄水孔下铺设粘土层并夯实,使其不漏水。在墙前的回填土应分层夯实,并设散水或排水沟,以防止墙前积水渗入基础。在墙顶地面宜做防水层。在墙后有山坡时,还应在坡下设置截水沟,如图 8.16 所示。

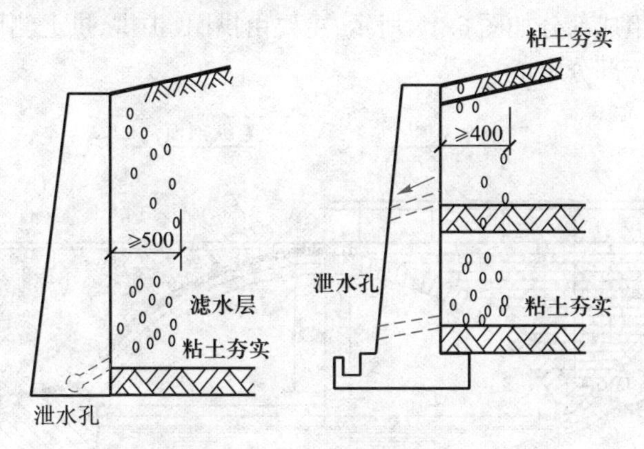

图 8.16　挡土墙排水措施

8.3　砌体小桥涵

8.3.1　概述

小桥涵是公路上最常见的小型排水构筑物。有时公路为了跨越相交道路、管线或其他障碍物时,也常采用小桥涵。

就个体而言,小桥涵工程量较小,费用低。但对一条公路来说,因小桥涵遍布全线,数量多,其工程量占很大的比重。小桥涵的工程投资约占公路投资的 15% ~ 20%,其投资总额为大、中桥的 1 ~ 3 倍左右。由此可见,小桥涵的设计是否合理,对于整条公路的造价和使用质量有很大的影响。同时,小桥涵的设计还与农田水利、灌溉有着密切的关系。

根据交通部发布的《公路工程技术标准》(JTG B01—2003)的规定,小桥和涵洞按其单孔跨径 L_0 来区分,5 m ≤ L_0 < 20 m 者为小桥,L_0 < 5 m 者为涵洞。

小桥涵按建筑材料可分为木桥涵、砾石桥涵、混凝土桥涵等。按洞身构造形式又可分为管涵、盖板涵、板涵、拱涵、拱桥、箱涵等。

砌体拱桥涵是山区公路常采用的一种类型。其主要特点是:

① 能充分利用天然石料,不需钢材,只需少量水泥,因而造价低,工程费用少;

② 施工技术简单,专用设备少,适于地方修建;

③ 结构坚固,自重及超载潜力大,使用寿命长。

与板式桥涵相比,拱式结构有如下缺点:需要较大的建筑高度;不能进行工厂预制现场装配;遭受破坏后难于修复;施工时占用劳工较多,工期较长以及对地基要求较高。因而砌体拱桥涵在使用范围上受到限制。

石拱桥涵通常适用于盛产石料的地区,要求路堤填土高度在 2 ~ 2.5 m 以上,跨径等于或大于 2 m,地基条件较好。

8.3.2 砌体拱桥涵的组成

砌体拱桥涵各组成部分如图 8.17 所示,主要由拱圈、护拱、拱上侧墙、涵台、基础、铺底、沉降缝及排水设施等部分组成。

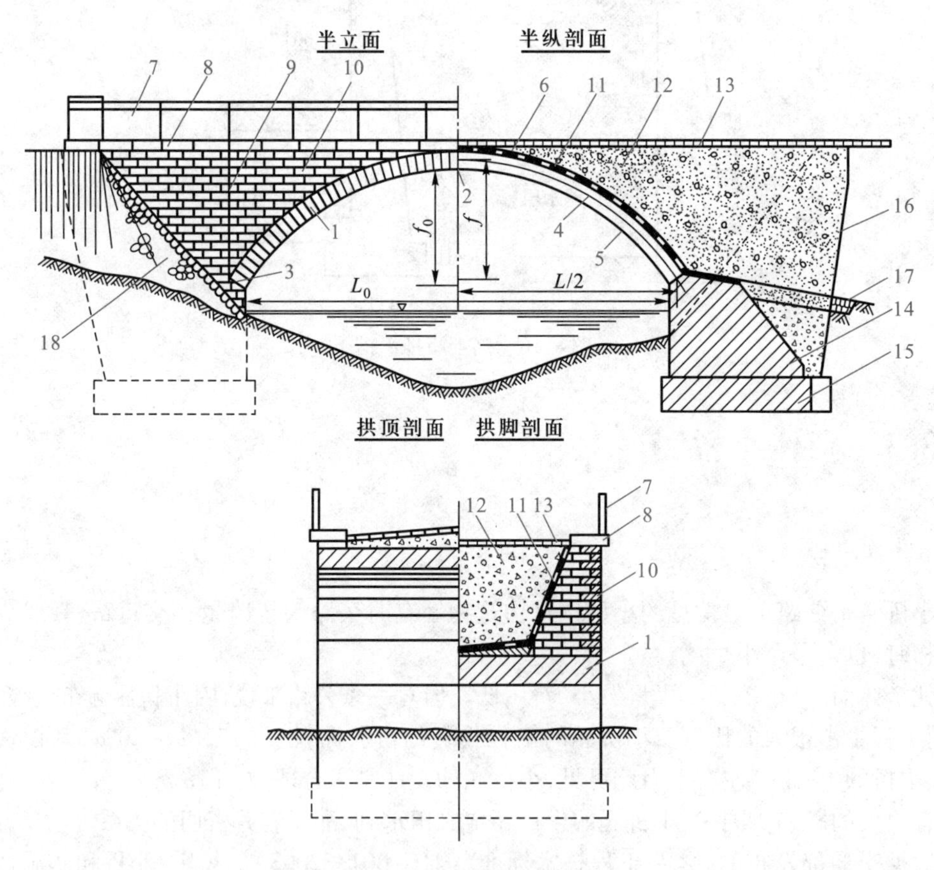

图 8.17 拱桥的主要组成部分

1—拱圈;2—拱顶;3—拱脚;4—拱轴线;5—拱腹;6—拱背;7—栏杆;8—路缘石;9—变形缝;10—拱上侧墙;11—防水层;12—拱腔填料;13—桥面防水层;14—桥墩;15—基础;16—侧墙;17—盲沟;18—锥坡

1. 拱圈

拱圈是拱涵的承重结构部分,可由石料、混凝土、砖等材料构成。常采用等厚的圆弧拱。矢跨比常用1/2、1/3、1/4,一般不小于1/4,矢跨比小于1/6的称为坦圆拱,坦圆拱仅在建筑高度受限制时采用。

拱涵的常用跨径为1 000 mm、1 500 mm、2 000 mm、2 500 mm、3 000 mm、4 000 mm。拱涵拱圈厚度一般为250 ~350 mm。

石拱圈可有干砌和浆砌两种,浆砌拱圈多用M2.5或M5水泥砂浆砌片石。拱圈厚度可按经验公式初步拟定,也可从有关标准图中查得,或通过力学计算确定。

2. 涵台(墩)

涵台(墩)是支撑拱圈并传递荷载至地基的圬工构筑物。台(墩)高一般为500 ~4 000 mm,台顶宽为450 ~1 400 mm,台身底宽为700 ~2 600 mm,墩身宽度为500 ~1 400 mm。

涵台基础视地基土壤情况,分别采用整体式或分离式。整体式基础主要用于卵形涵及小跨径涵洞。对于松软地基上的涵洞,为了分散压力,也可采用整体式基础。对于较大跨径的涵洞,宜采用分离式基础。

3. 护拱

护拱主要用于保护拱圈,防止荷载冲击。通常用白灰砂浆或水泥砂浆砌片石构成。护拱高度一般为矢高之半。

4. 拱上侧墙、铺底

多用水泥砂浆砌片石构成。

5. 排水设施及沉降缝

排水设施设于拱背及台背,其作用主要是排除路基渗水,使拱圈免受水的侵蚀,以确保路基稳定。在北方及干燥少雨地区可不设排水设施。为了防止不均匀沉降,在适当部位应设沉降缝,沉降缝的设置部位及构造见有关规范。

拱式桥的主要承重结构是拱圈或拱肋(图8.18a)。这种结构在竖向荷载作用下,桥墩或桥台将承受水平推力(图8.18b)。同时,这种水平推力将显著抵消荷载所引起在拱圈(或拱肋)内的弯矩作用。因此,与同跨径的梁相比,拱的弯矩和变形要小得多。鉴于拱桥的承重结构以受压为主,通常就可用抗压能力强的圬工材料(如砖、石)来建造。

应当注意,为了确保拱桥能安全使用,下部结构和地基必须能经受住很大水平推力的不利作用。

8.3.3 砌体拱桥涵的材料

同砌体房屋建筑一样,砌体拱桥涵也是由块体和砂浆构筑而成。

1. 块体

组成砌体拱桥的块体通常有砖和石两类。

砌筑拱桥涵的石材又包括片石、块石、粗料石、细料石和混凝土预制块。

片石是由爆炸作业开采,不作任何加工的不规则的石料,使用时形状不限,但最小处厚度不得小于150 mm。

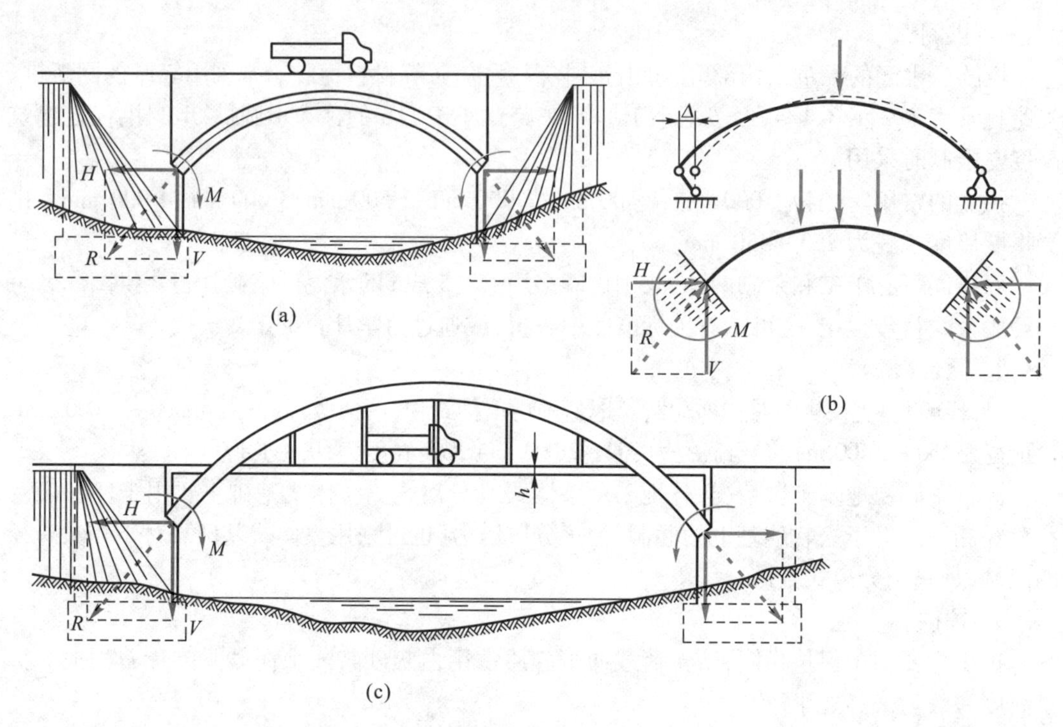

图 8.18 拱桥涵的受力特点

块石一般是按岩石层理放炮或用锲劈而成的石料,形状大致方正,上下面大致平整,厚度不小于 200 mm,宽度为厚度的 1 ~ 1.5 倍,长度为厚度的 1.5 ~ 3 倍。块石不经修凿加工,但应敲去其尖角突出部分。

粗料石是由岩层或大块石料劈开并经粗略修凿而成的石料,厚度为 200 ~ 300 mm,宽度为厚度的 1 ~ 1.5 倍,长度为厚度的 2.5 ~ 4 倍,外形方正,表面凸凹差在 20 mm 以内。

细料石是经细凿加工的符合规定形状的石料,尺寸要求同粗料石,其表面凸凹相差要求在5 mm以内,且每一面凹陷部面积应不超过该接触面积的 50%,细料石在小桥涵设计中多用作拱圈拱口石与镶面石料。

混凝土预制块,可以预先按要求的尺寸进行浇制,其尺寸与表面要求不低于粗料石。它比料石节约用工,又可作成各种形状。

砌筑拱桥涵的砖又包括粘土砖、灰砂砖、矿渣砖及硅酸盐砖。

砖拱涵常使用在交通量不大的道路上。一般情况下,因砖拱涵耐久性差,尽量不用。修建砖桥涵多用粘土实心砖。

砖多半用来砌筑拱涵的拱圈、涵墩台。一般要求砖质均匀良好,断面质地紧密一致,且不应有脱层、裂缝和空隙,形状要求方正。

根据选用块材的不同,常用砌体桥涵分为片石砌体桥涵,块石砌体桥涵,粗料石砌体桥涵、混凝土预制块体桥涵和砖砌体桥涵。

片石砌体桥涵砌筑时片石应交错排列,互相咬接,大头朝下,放置平稳,避免空隙过大,并用小石块堵塞空隙,使砂浆用量不超过砌体体积的 40% 为宜,并保证砂浆饱满。

块石砌体桥涵砌筑时块石应平砌，每层块石高度一致，并错缝砌筑，砌缝宽度：水平缝不得超过 30 mm，竖直缝不得超过 60 mm。

粗料石砌块体桥涵砌筑前应按石块料厚度与砌缝计算层次、选好石料；砌筑时，粗料石应安放端正，保持砌缝平直，砌缝宽度不大于 20 mm，应错缝砌筑，错缝距离不小于 100 mm。

混凝土预制块砌体桥涵的砌筑要求同料石砌体，但砌缝不大于 10 mm。

砖砌体桥涵砌筑时砌缝宽不大于 10 mm，上下错缝砌筑，内外搭砌。

由于砌体中由砂浆构成的砌缝很难密实均匀，且砂浆强度往往比块材强度少很多，因此，采用错缝砌筑，可以合理分散砌体中的砌缝这一薄弱环节，保证砌体整体受力。

为了节约水泥，又提高强度，在砌筑片石时，改用小石子混凝土作胶结材料。它比同强度等级的砂浆砌体强度高。

2. 砂浆

在石拱桥涵的砌筑过程中砂浆主要用于砌体的勾缝、砌筑和抹面。砂浆的作用是将砌体内部的各块材连成一整体，并填平块材之间各缝隙，使其受力均匀。因此，正确做好砂浆设计是保证结构安全的内容之一。砂浆设计主要是砂浆强度等级的选择及配合比的设计。在设计中应根据工程部位和所处地区正确选用砂浆的强度等级。选择时可参考表 8.4。

表 8.4　建筑砂浆的流动性(沉入量:mm)

砌体种类	干燥气候或多孔砌体	寒冷气候或密实砌体	抹灰工程	机械施工	手工操作
砖砌体	80～100	70～80	准备层	80～90	110～120
普通毛石砌体	70～80	40～50	底层	70～80	70～80
振捣毛石砌体	20～30	10～20	面层	70～80	90～100
炉渣混凝土砌体	70～90	70～80	石膏浆面层	—	90～120

注："沉入量"为用 300 g 重、顶角为 30°的标准圆锥体自由落入砂浆中沉入数量。

桥涵砂浆必须有良好的和易性与一定的保水性。

纯水泥砂浆的和易性和保水性均差，因而砂浆砌体不易达到质量要求，使砌体强度有所降低。石灰砂浆结硬期长，一般 28 d 龄期才能达到 0.4 MPa，一年后才达到 1 MPa 的强度，一般水下工程和桥涵工程砌筑采用纯水泥砂浆。

本章小结

1. 水池受到的荷载有池顶面荷载、池壁水压力及土压力、池底反力等。在水池壁强度计算时，这些荷载应按三种不同受力阶段进行荷载组合：即试水阶段、复土阶段和使用阶段。

2. 圆形水池计算简图的确定方法基本上同圆形水池，仅其平面尺寸只由使用要求决定，不受其他限制。矩形水池内力分析时，根据池壁的高宽比分为深池、浅池、中深池三种不同情况，其内力计算时的考虑也各不相同。

3. 不管是圆形水池还是矩形水池，在构造上均应考虑砌池壁的材料（砖、石及砂浆的强度等级）、池壁的截面形式以及池壁与顶板和底板的连接。

4. 砌体拱桥涵的适用范围，构造形式及受力特点和构筑砌体拱桥涵通常使用的材料。

思考题

1. 水池受到的荷载有哪些？水池壁强度设计时，为什么要按不同受力阶段考虑其荷载组合？怎样进行荷载组合？

2. 试述圆形水池计算简图的确定方法。

3. 圆形水池池壁的内力计算有哪些方法？它们各适用于什么情况？

4. 试述矩形水池池壁的内力分析分几种情况进行。

5. 对砖砌水池的材料有何要求？

6. 砌体水池池壁的截面有几种形式？各适用何种情况？

7. 砌体水池池壁和顶、底板的连接如何？试绘节点详图说明。

8. 砌体拱桥涵的构造和受力特点如何？

9. 砌体拱桥涵通常由哪些材料砌筑而成？

附　录

砌体结构设计强制性条文

节选自《砌体结构设计规范》(GB 50003—2011)

3.2.1 龄期为28 d的以毛截面计算的砌体抗压强度设计值，当施工质量控制等级为B级时，应根据块体和砂浆的强度等级分别按下列规定采用：

1. 烧结普通砖、烧结多孔砖砌体的抗压强度设计值，应按表3.2.1－1采用。

表3.2.1－1 烧结普通砖和烧结多孔砖砌体的抗压强度设计值 MPa

砖强度等级	砂浆强度等级					砂浆强度
	M15	M10	M7.5	M5	M2.5	0
MU30	3.94	3.27	2.93	2.59	2.26	1.15
MU25	3.60	2.98	2.68	2.37	2.06	1.05
MU20	3.22	2.67	2.39	2.12	1.84	0.94
MU15	2.79	2.31	2.07	1.83	1.60	0.82
MU10	—	1.89	1.69	1.50	1.30	0.67

注：当烧结多孔砖的孔洞率大于30%时，表中数值应乘以0.9。

2. 混凝土普通砖和混凝土多孔砖砌体的抗压强度设计值，应按表3.2.1－2采用。

表3.2.1－2 混凝土普通砖和混凝土多孔砖砌体的抗压强度设计值 MPa

砖强度等级	砂浆强度等级					砂浆强度
	Mb20	Mb15	Mb10	Mb7.5	Mb5	0
MU30	4.61	3.94	3.27	2.93	2.59	1.15
MU25	4.21	3.60	2.98	2.68	2.37	1.05
MU20	3.77	3.22	2.67	2.39	2.12	0.94
MU15	—	2.79	2.31	2.07	1.83	0.82

3. 蒸压灰砂普通砖和蒸压粉煤灰普通砖砌体的抗压强度设计值，应按表3.2.1－3采用。

表3.2.1－3 蒸压灰砂普通砖和蒸压粉煤灰普通砖砌体的抗压强度设计值 MPa

砖强度等级	砂浆强度等级				砂浆强度
	M15	M10	M7.5	M5	0
MU25	3.60	2.98	2.68	2.37	1.05
MU20	3.22	2.67	2.39	2.12	0.94
MU15	2.79	2.31	2.07	1.83	0.82

注：当采用专用砂浆砌筑时，其抗压强度设计值按表中数值采用。

4. 单排孔混凝土砌块和轻集料混凝土砌块对孔砌筑砌体的抗压强度设计值，应按表3.2.1－4采用。

表 3.2.1-4　单排孔混凝土砌块和轻骨料混凝土砌块对孔砌筑砌体的抗压强度设计值　MPa

砌块强度等级	砂浆强度等级					砂浆强度
	Mb20	Mb15	Mb10	Mb7.5	Mb5	0
MU20	6.30	5.68	4.95	4.44	3.94	2.33
MU15	—	4.61	4.02	3.61	3.20	1.89
MU10	—	—	2.79	2.50	2.22	1.31
MU7.5	—	—	—	1.93	1.71	1.01
MU5	—	—	—	—	1.19	0.70

注：1. 对独立柱或厚度为双排组砌的砌块砌体，应按表中数值乘以 0.7；

2. 对 T 形截面墙体、柱，应按表中数值乘以 0.85。

5. 单排孔混凝土砌块对孔砌筑时，灌孔砌体的抗压强度设计值 f_g，应按下列方法确定：

1）混凝土砌块砌体的灌孔混凝土强度等级不应低于 Cb20，且不应低于 1.5 倍的块体强度等级。灌孔混凝土强度指标取同强度等级的混凝土强度指标。

2）灌孔混凝土砌块砌体的抗压强度设计值 f_g，应按下列公式计算：

$$f_g = f + 0.6\alpha f_c \quad (3.2.1-1)$$

$$\alpha = \delta\rho \quad (3.2.1-2)$$

式中 f_g——灌孔混凝土砌块砌体的抗压强度设计值，该值不应大于未灌孔砌体抗压强度设计值的 2 倍；

f——未灌孔混凝土砌块砌体的抗压强度设计值，应按表 3.2.1-4 采用；

f_c——灌孔混凝土的轴心抗压强度设计值；

α——混凝土砌块砌体中灌孔混凝土面积与砌体毛面积的比值；

δ——混凝土砌块的孔洞率；

ρ——混凝土砌块砌体的灌孔率，是指截面灌孔混凝土面积与截面孔洞面积的比值，灌孔率应根据受力或施工条件确定，且不应小于 33%。

6. 双排孔或多排孔轻骨料混凝土砌块砌体的抗压强度设计值，应按表 3.2.1-5 采用。

表 3.2.1-5　双排孔或多排孔轻骨料混凝土砌块砌体的抗压强度设计值　MPa

砌块强度等级	砂浆强度等级			砂浆强度
	Mb10	Mb7.5	Mb5	0
MU10	3.08	2.76	2.45	1.44
MU7.5	—	2.13	1.88	1.12
MU5	—	—	1.31	0.78
MU3.5	—	—	0.95	0.56

注：1. 表中的砌块为火山渣、浮石和陶粒轻骨料混凝土砌块；

2. 对厚度方向为双排组砌的轻骨料混凝土砌块砌体的抗压强度设计值，应按表中数值乘以 0.8。

7. 块体高度为 180 ~ 350 mm 的毛料石砌体的抗压强度设计值，应按表 3. 2. 1 – 6 采用。

表 3.2.1 – 6　毛料石砌体的抗压强度设计值 MPa

毛料石强度等级	砂浆强度等级			砂浆强度
	Mb7. 5	Mb5	Mb2. 5	0
MU100	5. 42	4. 80	4. 18	2. 13
MU80	4. 85	4. 29	3. 73	1. 91
MU60	4. 20	3. 71	3. 23	1. 65
MU50	3. 83	3. 39	2. 95	1. 51
MU40	3. 43	3. 04	2. 64	1. 35
MU30	2. 97	2. 63	2. 29	1. 17
MU20	2. 42	2. 15	1. 87	0. 95

注：对细料石砌体、粗料石砌体和干砌勾缝石砌体，表中数值应分别乘以调整系数 1. 4、1. 2 和 0. 8。

8. 毛石砌体的抗压强度设计值，应按表 3. 2. 1 – 7 采用。

表 3.2.1 – 7　毛石砌体的抗压强度设计值 MPa

毛石强度等级	砂浆强度等级			砂浆强度
	Mb7. 5	Mb5	Mb2. 5	0
MU100	1. 27	1. 12	0. 98	0. 34
MU80	1. 13	1. 00	0. 87	0. 30
MU60	0. 98	0. 87	0. 76	0. 26
MU50	0. 90	0. 80	0. 69	0. 23
MU40	0. 80	0. 71	0. 62	0. 21
MU30	0. 69	0. 61	0. 53	0. 18
MU20	0. 56	0. 51	0. 44	0. 15

3.2.2　龄期为 28 d 的以毛截面计算的各类砌体的轴心抗拉强度设计值、弯曲抗拉强度设计值和抗剪强度设计值，应符合下列规定：

1. 当施工质量控制等级为 B 级时，强度设计值应按表 3. 2. 2 采用。

表 3.2.2 沿砌体灰缝截面破坏时砌体的轴心抗拉强度设计值、弯曲抗拉强度设计值和抗剪强度设计值 MPa

强度类别	破坏特征及砌体种类		砂浆强度等级			
			≥M10	M7.5	M5	M2.5
轴心抗拉	沿齿缝	烧结普通砖、烧结多孔砖	0.19	0.16	0.13	0.09
		混凝土普通砖、混凝土多孔砖	0.19	0.16	0.13	—
		蒸压灰砂普通砖、蒸压粉煤灰普通砖	0.12	0.10	0.08	—
		混凝土和轻骨料混凝土砌块	0.09	0.08	0.07	—
		毛石	—	0.07	0.06	0.04
弯曲抗拉	沿齿缝	烧结普通砖、烧结多孔砖	0.33	0.29	0.23	0.17
		混凝土普通砖、混凝土多孔砖	0.33	0.29	0.23	—
		蒸压灰砂普通砖、蒸压粉煤灰普通砖	0.24	0.20	0.16	—
		混凝土和轻骨料混凝土砌块	0.11	0.09	0.08	—
		毛石	—	0.11	0.09	0.07
	沿通缝	烧结普通砖、烧结多孔砖	0.17	0.14	0.11	0.08
		混凝土普通砖、混凝土多孔砖	0.17	0.14	0.11	—
		蒸压灰砂普通砖、蒸压粉煤灰普通砖	0.12	0.10	0.08	—
		混凝土和轻骨料混凝土砌块	0.08	0.06	0.05	—
抗剪	烧结普通砖、烧结多孔砖		0.17	0.14	0.11	0.08
	混凝土普通砖、混凝土多孔砖		0.17	0.14	0.11	—
	蒸压灰砂普通砖、蒸压粉煤灰普通砖		0.12	0.10	0.08	—
	混凝土和轻骨料混凝土砌块		0.09	0.08	0.06	—
	毛石		—	0.19	0.16	0.11

注：1. 对于用形状规则的块体砌筑的砌体，当搭接长度与块体高度的比值小于 1 时，其轴心抗拉强度设计值 f_t 和弯曲抗拉强度设计值 f_{tm} 应按表中数值乘以搭接长度与块体高度比值后采用；

2. 表中数值是依据普通砂浆砌筑的砌体确定，采用经研究性试验且通过技术鉴定的专用砂浆砌筑的蒸压灰砂普通砖、蒸压粉煤灰普通砖砌体，其抗剪强度设计值按相应普通砂浆强度等级砌筑的烧结普通砖砌体采用；

3. 对混凝土普通砖、混凝土多孔砖、混凝土和轻骨料混凝土砌块砌体，表中的砂浆强度等级分别为：≥Mb10、Mb7.5 及 Mb5。

2. 单排孔混凝土砌块对孔砌筑时，灌孔砌体的抗剪强度设计值f_{vg}，应按下式计算：

$$f_{vg}=0.2f_g^{0.55} \tag{3.2.2}$$

式中　f_g——灌孔砌体的抗压强度设计值，MPa。

3.2.3　下列情况的各类砌体，其砌体强度设计值应乘以调整系数γ_a：

1. 对无筋砌体构件，其截面面积小于0.3 m^2时，γ_a为其截面面积加0.7；对配筋砌体构件，当其中砌体截面面积小于0.2 m^2时，γ_a为其截面面积加0.8；构件截面面积以m^2计；

2. 当砌体用强度等级小于M5.0的水泥砂浆砌筑时，对第3.2.1条各表中的数值，γ_a为0.9；对第3.2.2条表3.2.2中数值，γ_a为0.8；

3. 当验算施工中房屋的构件时，γ_a为1.1。

6.2.1　预制钢筋混凝土板在混凝土圈梁上的支承长度不应小于80 mm，板端伸出的钢筋应与圈梁可靠连接，且同时浇筑；预制钢筋混凝土板在墙上的支承长度不应小于100 mm，并应按下列方法进行连接：

1. 板支撑于内墙时，板端钢筋伸出长度不应小于70 mm，且与支座处沿墙配置的纵筋绑扎，用强度等级不应低于C25的混凝土浇筑成板带；

2. 板支撑于外墙时，板端钢筋伸出长度不应小于100 mm，且与支座处沿墙配置的纵筋绑扎，并用强度等级不应低于C25的混凝土浇筑成板带；

3. 预制钢筋混凝土板与现浇板对接时，预制板端钢筋应伸入现浇板中进行连接后，再浇筑现浇板。

6.2.2　墙体转角处和纵横墙交接处宜沿竖向每隔400～500 mm设拉结钢筋，其数量为每120 mm墙厚不少于1根直径6 mm的钢筋，或采用焊接钢筋网片，埋入长度从墙的转角或交接处算起，对实心砖墙每边不小于500 mm，对多孔砖墙和砌块墙不小于700 mm。

6.4.2　外叶墙的砖及混凝土砌块的强度等级，不应低于MU10。

7.1.2　厂房、仓库、食堂等空旷单层房屋应按下列规定设置圈梁：

1. 砖砌体结构房屋，檐口标高为5～8 m时，应在檐口标高处设置圈梁一道，檐口标高大于8 m时，应增加设置数量；

2. 砌块及料石砌体结构房屋，檐口标高为4～5 m时，应在檐口标高处设置圈梁一道，檐口标高大于5 m时，应增加设置数量；

3. 对有吊车或较大振动设备的单层工业房屋，当未采取有效的隔振措施时，除在檐口或窗顶标高处设置现浇混凝土圈梁外，尚应增加设置数量。

7.1.3　住宅、办公楼等多层砌体结构民用房屋，且层数为3～4层时，应在底层和檐口标高处各设置一道圈梁。当层数超过4层时，除应在底层和檐口标高处各设置一道圈梁外，至少应在所有纵、横墙上隔层设置。多层砌体工业房屋，应每层设置现浇混凝土圈梁。设置墙梁的多层砌体结构房屋，应在托梁、墙梁顶面和檐口标高处设置现浇钢筋混凝土圈梁。

7.3.2　采用烧结普通砖砌体、混凝土普通砖砌体、混凝土多孔砖砌体和混凝土砌块砌体的墙梁设计应符合下列规定：

1. 墙梁设计应符合表7.3.2的规定：

表 7.3.2 墙梁的一般规定

墙梁类别	墙体总高度/m	跨度/m	墙体高跨比 h_w/l_{oi}	托梁高跨比 h_b/l_{oi}	洞宽比 b_h/l_{oi}	洞高 h_h
承重墙梁	≤18	≤9	≥0.4	≥1/10	≤0.3	$\leqslant 5h_w/6$ 且 $h_w - h_h \geqslant 0.4$ m
自承重墙梁	≤18	≤12	≥1/3	≥1/15	≤0.8	—

注:墙体总高度指托梁顶面到檐口的高度,带阁楼的坡屋面应算到山尖墙 1/2 高度处。

2. 墙梁计算高度范围内每跨允许设置一个洞口,洞口高度,对窗洞取洞顶至托梁顶面距离。对自承重墙梁,洞口至边支座中心的距离不应小于 $0.1l_{oi}$,门窗洞上口至墙顶的距离不应小于 0.5 m。

9.4.8 配筋砌块砌体剪力墙的构造配筋应符合下列规定:

1. 应在墙的转角、端部和孔洞的两侧配置竖向连续的钢筋,钢筋直径不应小于 12 mm;

2. 应在洞口的底部和顶部设置不小于 2 φ 10 的水平钢筋,其伸入墙内的长度不应小于 40 *d* 和 600 mm;

3. 应在楼(屋)盖的所有纵横墙处设置现浇钢筋混凝土圈梁,圈梁的宽度和高度应等于墙厚和块高,圈梁主筋不应少于 4 φ 10,圈梁的混凝土强度等级不应低于同层混凝土块体强度等级的 2 倍,或该层灌孔混凝土的强度等级,也不应低于 C20;

4. 剪力墙其他部位的竖向和水平钢筋的间距不应大于墙长、墙高的 1/3,也不应大于 900 mm。

5. 剪力墙沿竖向和水平方向的构造钢筋配筋率均不应小于 0.07%。

10.1.6 配筋砌块砌体抗震墙结构房屋抗震设计时,结构抗震等级应根据设防烈度和房屋高度按表 10.1.6 采用。

表 10.1.6 配筋砌块砌体抗震墙结构房屋的抗震等级

<table>
<tr><td colspan="2" rowspan="2">结构类型</td><td colspan="7">设防烈度</td></tr>
<tr><td colspan="2">6</td><td colspan="2">7</td><td colspan="2">8</td><td>9</td></tr>
<tr><td rowspan="2">配筋砌块砌体抗震墙</td><td>高度/m</td><td>≤24</td><td>>24</td><td>≤24</td><td>>24</td><td>≤24</td><td>>24</td><td>≤24</td></tr>
<tr><td>抗震墙</td><td>四</td><td>三</td><td>三</td><td>二</td><td>二</td><td>一</td><td>一</td></tr>
<tr><td rowspan="3">部分框支抗震墙</td><td>非底部加强部位抗震墙</td><td>四</td><td>三</td><td>三</td><td>二</td><td>二</td><td colspan="2" rowspan="3">不应采用</td></tr>
<tr><td>底部加强部位抗震墙</td><td>三</td><td>二</td><td>二</td><td>一</td><td>一</td></tr>
<tr><td>框支框架</td><td colspan="2">二</td><td>二</td><td>一</td><td>一</td></tr>
</table>

注:1. 对于四级抗震等级,除本章有规定外,均按非抗震设计采用;

2. 接近或等于高度分界时,可结合房屋不规则程度及场地、地基条件确定抗震等级。

参考文献

[1] 丁大钧. 砌体结构学[M]. 北京: 中国建筑工业出版社, 1997.
[2] 施楚贤. 砌体结构理论与设计[M]. 北京: 中国建筑工业出版社, 1995.
[3] 罗国强. 砌体结构[M]. 长沙:湖南大学出版社, 1989.
[4] 东南大学, 郑州工学院. 砌体结构[M]. 北京: 中国建筑工业出版社, 1995.
[5] 施楚贤. 砌体结构[M]. 2版. 武汉:武汉工业大学出版社, 1992.
[6] 国阵喜, 纪晓惠. 砌体结构设计例题与计算用表[M]. 北京: 北京科学技术出版社, 1991.
[7] 徐占发. 特殊砌体建筑结构设计及应用实例[M]. 修订版. 北京: 中国建材工业出版社, 2001.
[8] 袁建力. 建筑结构[M]. 北京: 中国水利电力出版社, 1998.
[9] 林宗凡. 多层砌体房屋结构设计[M]. 上海: 上海科学技术出版社, 1999.
[10] CURTIN W G. 配筋及预应力砌体设计[M]. 赵梦梅, 戚大庆, 高峰, 等,译. 北京: 中国建筑工业出版社, 1992.
[11] 石裕翔,江见鲸, 叶知满. 混凝土与砌体结构设计[M]. 北京: 地震出版社, 1994.
[12] 姚玲森. 桥梁工程(公路与城市道路工程专业用)[M]. 北京: 人民交通出版社, 2006.
[13] 孙家驷. 公路小桥涵勘测设计[M]. 3版. 北京: 人民交通出版社. 2004.